遠山茂樹

歴史の中の植物
花と樹木のヨーロッパ史

八坂書房

【扉の図】
P.-J. ルドゥテ『バラ図譜』(1817-24 年) より、
古代のバラ「ロサ・ガリカ」の交配種

まえがき

古来、植物は祭儀や人間の社会・物質生活においてきわめて大きな役割を担ってきた。本書は、人間の歴史と植物の関わりをさぐる一つの試みである。取り上げる植物はおおむねよく知られたものである。各々の植物について、学名、原産地、名前の由来などを挙げ、あるものはそれにまつわる神話や伝説、またあるものは歴史上の出来事や逸話を紹介し、それが描かれている絵画の読み解きもおこなってみる。

植物は、おおむね歴史の表舞台に登場した時代に沿って叙述されるが、その時間軸は大まかなものであることをお断りしておく。以下、本書の構成と内容を若干の例とともにみていこう。

第Ⅰ部「聖書と神話の植物」では、ナツメヤシ、オリーブ、ブドウ、リンゴ、カーネーション、ユリ、バラなど、古代からの草木にスポットを当てる。

常緑のナツメヤシは世界で最も古くから栽培されている植物のひとつで、古代エジプトでは「永遠の生」を象徴するものとして、よくミイラを納めた棺の上に置かれた。砂漠の遊牧民やオアシスに住む人たちにとって、ナツメヤシは「生命の樹」であり、その実は大切な食料となっている。キリスト教では、ナツメヤシの葉を手にする人びとは救済を約束された者であり、宗教画にもしばしば登場する。

古代オリンピックの勝者に与えられたのはオリーブの冠だが、オリーブは古代ギリシアの時代から平和と結びつけられてきた。現在、オリーブの葉は平和の象徴として、国際連合の旗のデザインにも使われている。

そのルーツは旧約聖書に登場する「ノアの方舟」の物語にある。神話や聖書の時代、そして現代に至るまでオリーブは平和の象徴なのだ。それと同時に、きわめて有用な樹であることは、オリーブ油の多様な用途を想起するだけでよい。

第Ⅱ部「ヨーロッパを変えた植物」では、いわゆる大航海時代に中南米・南米からヨーロッパに持ち込まれた植物や品種改良によって作出された植物を取り上げる。

大航海時代にアンデスから持ち込まれ、その後のヨーロッパ人の食生活を変えた食用植物の中でジャガイモほどポピュラーなものはないだろう。当初はそのいびつな形や地中にできる作物への偏見もあり、なかなか受け入れられなかったが、時代の経過とともに普及していった。イギリス産業革命期の労働者の食生活を支えたのもジャガイモだった。それに比べると注目度は低いが、西インド諸島から持ち込まれたパイナップルも十七世紀後半以降、王侯貴族の間では大変な人気を博した。十九世紀に蒸気船が登場するとパイナップルは大量に輸入され、ロンドンの青果市場、コヴェント・ガーデンを賑わした。

ところで、印象派の画家モネといえば、誰もが連作《睡蓮》を思い浮かべるだろう。作品の舞台は、セーヌ河流域の寒村ジヴェルニー。ここに画家は庭をつくり、池を掘り、水を引いて、スイレンを浮かべた。それにしても、なぜスイレンだったのか。その美しさがモネの心を惹きつけたことは容易に想像がつくが、彼がわざわざ池まで掘って浮かべようと思ったきっかけは一体何だったのか。詳しくは本書に譲るが、モネがスイレンを描こうと決心した背後には、ある園芸商が作出した新種のスイレンとの出会いがあった。

オランダはチューリップの国だが、十七世紀のオランダ風景画にみられるポプラ並木も詩趣に富む。伝統的な木靴の材料はポプラが多いが、楽器も然りで、それはフェルメールの絵にもみてとれる。

また、イギリス東インド会社は紅茶のみならず、バラとも深い関係があった。十九世紀は「バラのルネサンス」といわれるが、本書ではモダン・ローズ誕生の歴史をたどり、「薔薇の名前」からバラと東インド会社の関係をさぐってみる。

第Ⅲ部「プラントハンターの世紀」では、十八世紀から二十世紀初頭にかけて、珍しい植物を求めて世界を駆けめぐったプラントハンターの足跡をたどり、十九世紀イギリスの植物熱について取り上げる。

アジア・アフリカの植物のヨーロッパへの導入は、そのほとんどがイギリスのプラントハンターによるものといってよい。これに関連して、一般的にはあまり知られていないが、ヴィーチ商会が送り出したロブ兄弟の活動も見逃せない。肖像画すら残されていないこの二人のプラントハンターの活躍によって、インド北東部アッサム地方の「青いラン」や南米パタゴニア産のモンキーパズルツリーが導入されたのである。

プラントハンターがもたらした異国の珍しい植物はヨーロッパの人びとを魅了し、ラン、シダ、シャクナゲの一大ブームを巻き起こした。それは一種の社会現象と化していたと言ったら、言い過ぎだろうか。ランは一大スキャンダルを巻き起こしたフランスの画家マネの作品にも登場する。他方で、十九世紀のイギリスでは、針葉樹ブームも起こっていた。

観賞用植物のみならず有用植物をもヨーロッパにもたらしたプラントハンターの存在なくして、今日の園芸文化あるいは広義の産業史は語れない。プラントハンターの活躍は植物を通じた東西交流史の一側面でもある。

歴史の中の植物◉目　次

I　聖書と神話の植物　古代からの草木

II

ヨーロッパを変えた植物

大航海がもたらした植物と花のルネサンス

III プラントハンターの世紀 大英帝国の植物熱

I 聖書と神話の植物

古代からの草木

最古の栽培植物　ナツメヤシ

世界で最も古くから栽培されている植物のひとつであるナツメヤシは、北アフリカからペルシア湾岸地域が原産で、メソポタミアでは紀元前六〇〇〇年頃にはすでに栽培が始まっていたと考えられている。テーベ（現ルクソール）にある古代エジプト第十八王朝の墳墓壁画には、他の樹木と共に庭に生えるナツメヤシが描かれている。ナツメヤシは常緑で「永遠の生」を象徴するものであったため、葬儀の際にはナツメヤシの葉を携えて行列し、ミイラやそれを納めた棺の上に置いた。

ナツメヤシは有用性の高い植物である。果実からは蜜を採取し、酒を作った。果実《デーツ》はビタミンや糖分を多く含み、古くから食用に供されてきた。干した実は保存がきくため、遊牧民やオアシスに暮らす人びとにとっては欠かせない食料となった。実の核は、粉に挽くか、水に浸してラクダや羊の飼料にした。樹幹は建材として使用され、葉は籠やむしろ、網を編むのに使われたほか、屋根をふく材料にも使われた。古代ギリシアの歴史家ヘロドトスは「バ

古代エジプトの壁画にみられるナツメヤシ
（前 1350 年頃　ロンドン、大英博物館）

ビロニア地方は（中略）平野には至るところナツメヤシが生えており、その大部分は実を結び、彼らはこの実から食物や酒や蜜を作る」と記している。ナツメヤシは蜂蜜の代用品にされることが多いので、旧約聖書にいう「乳と蜜の流れる地」の「蜜」は蜂蜜ではなく、ナツメヤシの実のことであると思われる。ともあれ、ナツメヤシは用途の広い植物で、文字通り恵みの木であった。

ギリシア神話によれば、太陽神アポロンはデロス島のナツメヤシのもとで生まれた。そのためナツメヤシの木はアポロンに捧げられ、聖樹となった。ナツメヤシは勝利の女神ニケの聖樹でもあり、勝利を意味した。ナツメヤシの葉で作られた葉冠が古代ギリシアの競技会や古代ローマの拳闘試合の勝者に与えられたのはそのためである。

また、古代ローマやヘレニズム世界の硬貨には、ナツメヤシの葉を手にした有翼のニケ（ローマ神話のウィクトリア）の図像がよく登場する。ナツメヤシと勝利の女神は分かちがたく結びついていた。ナツメヤシの木は紀元前二世紀にはユダヤ人の間でも勝利と歓びのシンボルとみなされ、その枝葉を戦勝者に与える慣習は古くからあったことが知られている。

古代ローマの博物学者プリニウスは絶えず再生し、枯死した葉の落ちたところから新しい葉が出てくるナツメヤシを「不死」の象徴とみなした。ローマ軍は征服地を行進するとき、ナツメヤシの葉を掲げた者に先導させたという。これはローマの勝利を誇示すると同

マケドニア王国の硬貨に描かれたニケ（前 330 年頃）

時に、みずからを「救済者」として示すものであった。ナツメヤシの葉は救済者ローマを表象している。

ローマ皇帝のカリギュラ（在位三七～四一）はローマのカンポ・ディ・マルスにイシス神殿を建立したが、その祭壇浮彫りには死者の魂を冥府に導くアヌビスの姿がみえる。「死者の守護神」アヌビスは、左手に壺とともにナツメヤシの葉をもち、右手には神々の伝令が携えるカドゥケウス杖をもっている。そして、足には翼のついたサンダルを履いている。まさしく「霊魂の導者《プシュコポンポス》」の姿である。

古代オリエント世界では、オアシスに群生するナツメヤシは風景の一部となっていた。パルミラはシリアのダマスカスの北東にあるローマ時代の都市遺跡である。パルミラの地名はラテン語のパルマすなわちナツメヤシに由来する。砂漠のなかにあるとはいえ、近くに塩原があり、水と塩に恵まれた土地だった。シルクロードを行きかう隊商が立ち寄ったパルミラは、紀元前一世紀から紀元三世紀にかけて地中海と中央アジアを結ぶ交易路の中継都市として繁栄した。ナツメヤシはアレクサンドロス大王の東方遠征によってインドにもたらされたという。従軍した兵士たちがナツメヤシの実を携帯し、野営地のまわりに種を吐き出したのである。

モーゼに連れられて荒野をさまよい歩いたイスラエルの民がたどり着いたエリムには、十二の泉と

古代ローマのアヌビス（1世紀中頃　ローマ、カピトリーノ美術館）

七十本のナツメヤシがあったという（旧約聖書「出エジプト記」第十五章、第二十七節）。また、七十本のナツメヤシは最初にエジプトに移住したイスラエル人七十人と対応しており、イスラエルの民を象徴している。旧約聖書の「詩篇」第九十二篇、第十二節に「正しい者はナツメヤシのように栄え」とあるように、ナツメヤシは義人（正しいことをおこなう人）の象徴でもあった。

死海の北西約十五㎞の所に位置するエリコは、世界最古の町ともいわれ、紀元前八〇〇〇年頃に出現した集落遺跡が残されている。エリコの名は旧約聖書にもよく出てくるが、古来「ナツメヤシの町」として知られていた（「申命記」第三十四章、第三節）。現在でも遺跡のあちこちにナツメヤシの木が繁茂しており、往時をしのばせる。近くに見える山は「誘惑の山」（海抜三六六ｍ）で、イエス・キリストが荒野で悪魔の誘惑を受けたとされる場所である。聖書によれば、この山腹の洞窟でイエスは四十日間断食をおこなった。空腹になったイエスの前に悪魔が現れ、三つの誘惑を仕掛けたが、イエスはそれらすべてを退け、悪魔の誘惑に耐えたといわれる。

キリスト教では、ナツメヤシはキリストに象徴される生命の樹、さらにはキリストの復活を象徴する勝利の樹とみなされた。「創世記」（第二章、第九節）によれば、神はエデンの園の中央に「生命の樹」と「知恵の樹」（善悪を知る樹）を植えた。生命の樹の実を食べると、永遠の命を得るとされた。多くの木のなかでもとりわけナツメヤシは、砂漠の多い乾燥地帯にあっても枯渇することのない生命力を象徴するものとなった。砂漠のオアシスに群生するナツメヤシの木は、まさに楽園の生命の樹であった。

実際、ナツメヤシを不死、あるいは生命と勝利の象徴とみなす伝統は、ルネサンスの時代に広く受

マルティン・ショーンガウアーの作品にもとづく銅版画
《荒野のキリストと 6 人の天使》
1490 年頃　シカゴ美術研究所

容されている。十五世紀ドイツの銅版画《荒野のキリストと六人の天使》には、キリストの背後にナツメヤシが描かれており、その左側に猿のいる、冥界をあらわすザクロの木が、右側には鳥のいるオークの木がそれぞれ立っている。オークは腐らないと考えられていたので、永遠の象徴とみなされた。ナツメヤシは彼岸と此岸を表象する木の間に立っており、一説によれば、ここで地上の生と死をはじめとするあらゆる対立が発展的に解消されるのである。

ナツメヤシはゲッケイジュやオリーブと並んで、栄光のしるしでもあった。余談だが、毎年夏に開催される全国高等学校野球選手権大会の優勝校に与えられる深紅の優勝旗にはラテン語でVICTORIBUS PALMAE（勝者に栄光あれ）と刺繍されている。palma《パルマ》はラテン語でナツメヤシを意味するが、「名誉」や「栄光」の意味もある。ナツメヤシは勝者にふさわしい植物なのである。

◉キリストのエルサレム入城場面のナツメヤシ

ルネサンス期のイタリア、シエナ派を代表する画家の一人ピエトロ・ロレンツェッティ（一二八〇頃～一三四八）のフレスコ画《キリストのエルサレム入城》は、過越《すぎこし》の祭を祝うため弟子たちとともにガリラヤからエルサレムに向ったイエスが、ロバに乗ってエルサレムに入城する場面を描いたものである。群衆に向かって祝福を与えるイエスとそれにつき従う十二使徒たちは、あたかも行列をなしているかのようだ。一方、ナツメヤシの枝を手にしてイエスを迎える大勢の群衆は都市を囲む城壁の門から溢れ出ている。灰緑色の木、ピンク色の建物、イエスの青い衣など色彩豊かで、全体にどこか幻想的な雰囲気が漂っている。

新約聖書の「ヨハネの福音書」によれば、エルサレム入城のとき、民衆はナツメヤシの枝葉を手にもってイエスを迎え、「万歳」と叫んだという。民衆はその姿に「救い主」を重ね合わせたのであろう。さらに、それはのちに磔刑に処せられるキリストの復活を予示するものだった。ナツメヤシの葉は「死に対する勝利」の象徴であり、「死の克服」を意味した。それゆえに殉教の象徴となったのである。カタコンベ（初期キリスト教時代の地下墳墓）の浮彫り装飾にナツメヤシの葉が描かれたのもそのためである。

「ヨハネ黙示録」は、終末の日に救済されたキリストの前に立つ人びとはナツメヤシの葉を手にすると伝えている。ナツメヤシの葉を手にする人びとは、救済を約束された者である。

復活祭に至る一週間前の日曜日（エルサレム入城の日に当たる）を「棕櫚の主日」あるいは「枝の祝日」というが、四世紀以降、その日はナツメヤシの枝葉を持って行進するようになった。

●殉教者聖ルチアとナポリ民謡「サンタルチア」

北イタリアのフェラーラに生まれ、ボローニャで活躍したフランチェスコ・デル・コッサ（一四三六頃～七八）の描く《聖ルチア》（図版二〇頁）は、幾筋もの金の光線を背に聖女の透明感のある美しさが映える。その手は優雅で、よく見ると縁取りのような反射光の表現が施されており、幻想的な雰囲気に包まれている。だが、瞼が重そうで、視線が定まらない感じだ。右手に持っているのは大きなナ

17 ── 最古の栽培植物　ナツメヤシ

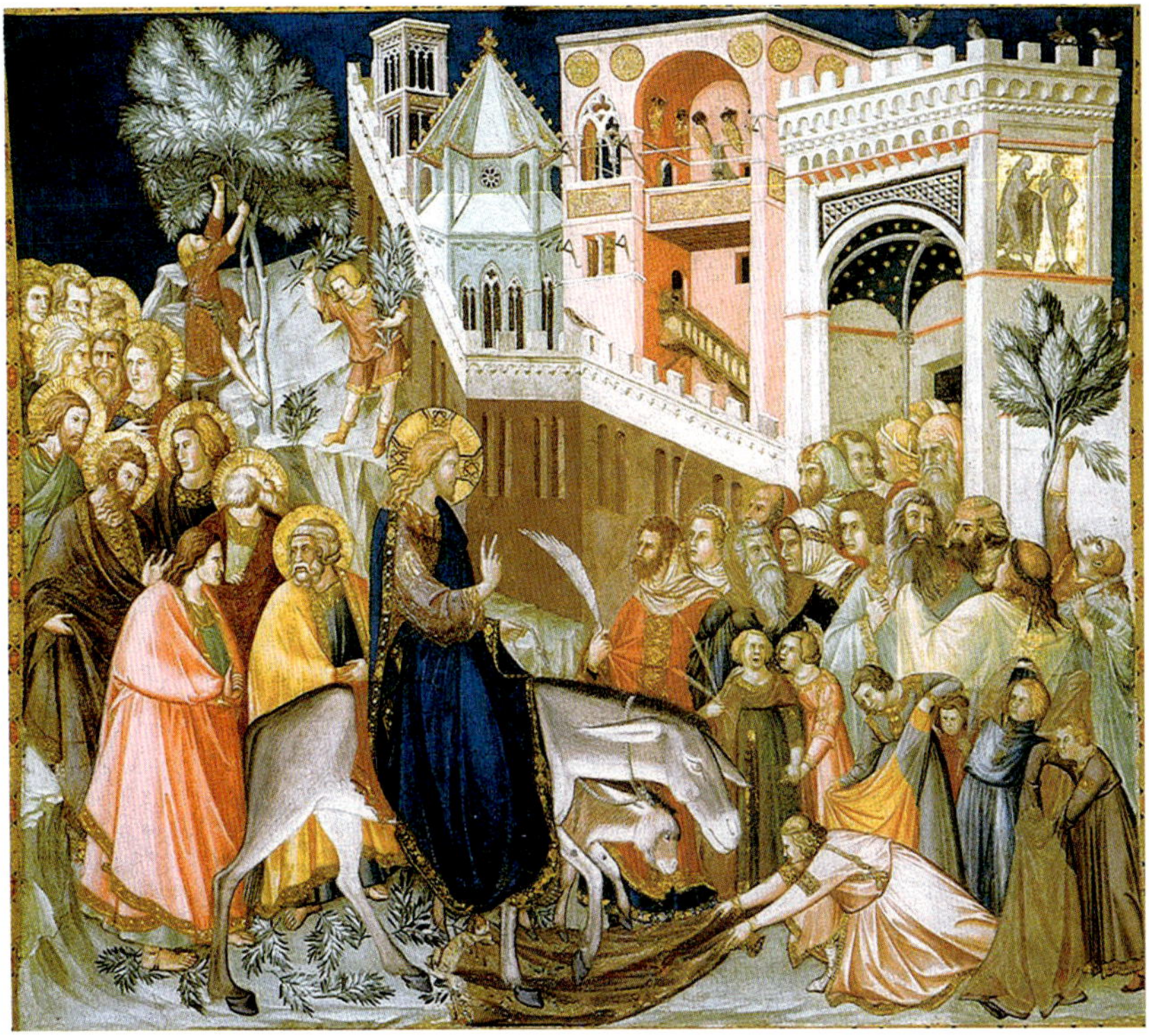

ピエトロ・ロレンツェッティ
《キリストのエルサレム入城》1320 年頃
アッシジ、サン・フランチェスコ修道院

ツメヤシの葉で、上述したように、これは殉教者のしるしである。左手には二つの眼球。眼球は芽吹いたばかりのような小さな葉についている。意味ありげで怖い感じがしないでもない。

シチリア島のシラクサ生まれの聖ルチアには、次のような伝説がある。ルチアの母親は長年難病を患っていたが、キリスト教の聖人アガサに祈り続けた結果、奇跡がおこり病気が治癒した。この出来事を機に、ルチアはその生涯をキリストに捧げることを決意する。熱心なキリスト教信者となったルチアに対して、母親はこともあろうに異教徒の男性を結婚相手として薦めた。思いを寄せるルチアに結婚を拒まれた男性は憤り、彼女がキリスト教徒であることをローマ当局に密告した。

当時はディオクレティアヌス帝（在位二八四～三〇五）の時代で、キリスト教徒に対する大迫害がおこなわれていた。ルチアは厳しい拷問を受け、両目もえぐり取られた。ところが、再び奇跡がおきた。ルチアは目がなくても、ものを見ることができたのだ。最後まで決して信仰心を棄てることはなかったルチアは、短剣で首を突かれ、息絶えた。

絵画や彫刻では、ルチアは眼球を手にした姿、あるいは黄金の皿の上に自分の眼球を載せた姿で描かれる。本作品でもえぐり取られた自分の眼球を手にしているが、目は開いている。目の形がいささか歪んで見えるのは、眼球を取られせいかもしれない。

ルチアはシラクサで殉教したが、多くの人びとに敬愛され、シチリア島、ナポリ、そしてイタリア全土にその名は広まった。聖ルチアは眼病を患った人びとの守護聖人とされるようになり、さらに、ルチアがlux《ルクス》（ラテン語で「光」の意）に由来することから、暗闇を照らす光の守護神ともなった。

よく知られるイタリアの民謡「サンタルチア」は、「聖ルチア」を意味する伝統的なカンツォーネ・ナポリターナで、聖ルチアはナポリの船乗りたちの守護聖人としても信仰されてきた。サンタルチア港は香港・リオデジャネイロとならぶ世界三大美港に数えられ、その風光明媚な景色は「ナポリを見てから死ね」という格言を生んだ。

◉聖地巡礼とナツメヤシ

中世には聖地巡礼を果たしたものは、土産にナツメヤシの葉を持ち帰った。それは巡礼を果たしたしるしであった。ここから、巡礼者は「ナツメヤシを持つ人」(palmer) と呼ばれた。歴史小説で名を博したウォルター・スコット卿（一七七一〜一八三二）も『マーミオン』（一八〇八）のなかで、「手にしたナツメヤシの小枝で、聖地帰りとすぐ知れた」と記しているように、聖地巡礼にナツメヤシはつきものだった。

ヤン・ファン・スコーレルの描いた《エルサレム巡礼者たち》（一五二九）は、ハールレムのエルサレム兄弟会（一五〇三創設）

ヤン・ファン・スコーレル《エルサレム巡礼者たち》
1529年　ハールレム、フランス・ハルス美術館

フランチェスコ・デル・コッサ
《聖ルチア》1473 年
ワシントン、ナショナル・ギャラリー

21 ──最古の栽培植物　ナツメヤシ

シリア砂漠の中に建つ
ローマ時代の都市パルミラの遺跡と
オアシスに群生するナツメヤシ

のメンバーの集団肖像画である。確認されている集団肖像画の最も早い例のひとつとされているが、この作品には一五二〇年にエルサレムの聖墳墓教会への巡礼を果たした画家スコーレル自身も右から三番目に登場している。聖墳墓教会は左端の上部、召使いが手にしている絵に描かれている。この教会はキリストが磔刑にされたと伝えられるゴルゴダの丘に建っており、中世の十字軍士や巡礼者の最終目的地となった所である。

兄弟会の面々は整然と並んでいるが、彼らはそろって同じ時に巡礼をおこなったわけではない。別々にエルサレムに赴いた者同士がのちに集まって親交を結んだのである。メンバー全員が金色のナツメヤシの大枝を持っている。ナツメヤシの枝は巡礼の記念品で、「エルサレムの羽根」と呼ばれていた。左から二番目の男は二本の枝を肩に載せているが、これは彼が二回聖地巡礼をおこなったことを意味している。肖像の頭上に描かれているのはメンバーの紋章で、そのすぐ下に各自のモットーが書かれている。肖像の下にみえる羊皮紙には彼らの名前や職業、巡礼の年などが記されている。こうした集団肖像画は、団体の集会所を飾るために制作された。

◉美しき時代《ベル・エポック》の女神サラ・ベルナールとミュシャのナツメヤシ

時代は下って十九世紀末。フランスを中心に広がったアール・ヌーヴォーといえば、植物文様や流れるような曲線が特徴であるが、この「新しい芸術」を代表する芸術家の一人、アルフォンス・ミュシャ（一八六〇〜一九三九）の代表作にもナツメヤシが登場する。

ミュシャはチェコ（当時はオーストリア＝ハンガリー帝国）のモラヴィア生まれ。二十七歳のときにパリに渡り、絵画を学ぶ。その後、挿絵の仕事などに従事しながら、鳴かず飛ばずの生活をおくっていた。ところが、三十四歳のときに、思いがけず大女優サラ・ベルナール（一八四四〜一九二三）主演の舞台『ジスモンダ』のポスターを手がけることになった。

『ジスモンダ』は、古代アテネを舞台にした恋愛劇で、描かれているのは王妃ジスモンダである。原作は、当時フランス演劇界の第一人者であった劇作家ヴィクトリア・サツドゥによるものだった。

ルネサンス座から印刷業者ルメルシエのもとにポスター制作の発注があったのは一八九四年の師走。折しもクリスマス休暇で、デザイナーはみんな出払っていた。年明け四日からの公演に合わせて、元旦にはポスターを貼り出したいという劇場のたっての要望で、大至急制作しなければならなかった。スタッフはミュシャしかいない。ポスター制作は未経験だったが、彼がやるほかなかった。

『ジスモンダ』のポスターは暮れも大詰の十二月三十一日に刷り上がった。元日、パリの広告塔に一斉に貼り出された縦二m、横七十五㎝のポスターは、たちまち注目をあつめ、大評判になった。ベルナールもこのポスターに大満足し、すぐさま契約を結び、次々に仕事を依頼するようになった。

極端に縦長のポスターに描かれたのは、エルサレム入城の日、「枝の祝日」の行列に加わろうとしているジスモンダ妃。彼女が手にしているのは、舞台のクライマックスシーンを象徴するナツメヤシの葉で、最上部に芝居のタイトル「ジスモンダ」、すぐ下に主演女優「サラ・ベルナール」の名前がみえる。最下部の巻紙には劇場ルネサンス座の文字が書かれている。ジスモンダに扮したサラの威厳に満ちた姿も印象的だが、その優美で繊細なラインとビザンティン風の装飾が多くの人びとを魅了したといわれる。このポスターには、麗しい女性像、溢れるエキゾチズム、そして植物文様というミュシャ・スタイルの三要素がそろっている。人物の背後にアーチ状の窓が描かれ、上下に文字の帯、そして中央には女性という構図もミュシャの基本形である。

これによって、ミュシャは無名の挿絵作家から一気にデザイナー界のスターダムにのしあがる。勝

アルフォンス・ミュシャ《ジスモンダ》
一八九四年　リトグラフ

利と栄光のナツメヤシを描いた《ジスモンダ》は、まさにミュシャの出世作となったのである。

ナツメヤシの学名は *Phoenix dactylifera*《フェニクス・ダクトリフェラ》、「棕櫚《シュロ》」と邦訳されることが多いが、両者は異なる。ナツメヤシの葉は羽根状で、左右に対をなして並び、文字通り大きな鳥の羽を連想させる。葉は幹上に数十枚が束生するが、その長さは五mに達するものもある。これに対してシュロ（和棕櫚《ワジュロ》ともいう。学名 *Trachycarpus fortunei*《トラキカルプス・フォーチュネイ》）は中国南部を中心に分布し、日本では南九州に自生、深く裂けた葉を扇状に伸ばす。この名前の混乱は、日本ではかつてシュロが唯一知られたヤシ科植物であったために起きたものである。

日本のシュロは、シーボルトによって一八三〇年にヨーロッパに持ち込まれた。学名につくフォーチュネイは幕末の日本にもやって来たイギリスのプラントハンター、ロバート・フォーチュン（四〇五頁参照）にちなむ。フォーチュンは一八四八年、中国の杭州から揚子江渓谷を進み、安徽《あんき》省の緑茶栽培地を目指していた途中、この木を発見した。

地中海沿岸の岩礫地に生えるチャボトウジュロ（学名 *Chamaerops humilis*《チャメロプス・フミリス》）は高さ二〜三mほどだが、ナツメヤシは樹高が二十〜三十mにもなる。

ナツメヤシの葉

シュロの葉

平和と勝利を運ぶ有用樹　オリーブ

オリーブ（学名*Olea europaea*《オレア・エウロパエア》）は中近東・地中海沿岸・北アフリカ原産の常緑広葉樹で、高さ三〜十mにもなる高木である。オリーブのような木は硬葉樹と呼ばれる。これは夏に降水量の少ない地中海地域では、乾燥に耐えるため葉が小さく、硬くなるためである。対生する葉は表面が光沢のある濃い緑色だが、裏面には細毛が密生していて銀白色になる。クレタ島では紀元前三〇〇〇年頃に栽培されていたといわれている。

古代ギリシアの植物学者テオフラストス（前三七二頃〜二八八頃）によれば、オリーブの根は水分をよく吸収し、岩だらけのところでも間隙をぬってはびこる。そのうえ乾燥にも強い。まことにオリーブはギリシアの風土に適した樹木なのである。

古代ギリシアでは紀元前七〇〇年頃から栽培がはじまり、オリーブ油は「黄金の液体」とうたわれるほど富と繁栄の源泉となった。古代ギリシア人は前八〜六世紀にかけて地中海各地に進出して植民活動を展開し、多くの植民都市を設けた。その過程で、オリーブの木は地中海沿岸に移植されていったのである。オリーブ油の用途は多様で、食用、化粧用、灯火用、薬用、工業用としても使われた。

古代地中海世界の歴史はオリーブとワインから始まったといってもよい。哲学者プラトンは「神はわれわれにオリーブと大理石を与え給うた」と述べているが、オリーブは資源の乏しいギリシアにとってはまさに神の恵みであった。古代ローマの奴隷制大農場《ラティフンディウム》でも、栽培されていた主要作物はオリーブとブドウであった。古代ローマの博物学者プリニウス（二三頃〜七九）は『博物誌』のなかで、重要なのはオリーブの油の汁を取る技術であるとし、まだ熟し始めていない青いオリーブが、味の点では最もすぐれていると述べている。しかも、彼によれば、これを圧搾機にかけたときに最初に出てくる油が最も良く、その後は質が落ちるという。

共和政期ローマの時代に活躍した政治家カトーは、同時にすぐれた著述家でもあった。彼はその著『農業論』においてオリーブ栽培をすすめているが、その理由としてブドウ畑よりも維持費がかからず、管理にあたる人手も少なくてすむ点を挙げている。オリーブは生長するのに長い年月を要する。それを物語るイタリアのことわざに、次のようなものがある。「私はブドウの木を植え、父は桑の木を植えた。だが、祖父はオリーブの木を植えた。」オリーブは三千年もの樹齢をもつ木でも実をつける。長寿でも現役なのだ。フランスの歴史家フェルナン・ブローデル（一九〇二〜八五）が言うように、オリーブは地中海そのものを特徴づける木なのである。

古来珍重されてきたオリーブは、現在でもギリシア人にとって、なくてはならない食材である。毎年十一月になると、たわわに実った果実の収穫がはじまる。低い枝の実は手で摘み取り、高い枝の実は棒でたたいて地面に敷いたマットの上に落とす。オリーブの収穫は、文字通り家族総出の農作業である。今日でもギリシア人の生活に深くかかわっているオリーブは、ギリシアの国樹となっている。

日本へは一五九四年、スペインの国王から樽に入ったオリーブの実が献上された。オリーブの木自体が入って来たのは江戸時代末で、フランスから取り寄せた苗木を横須賀に植えたのが栽培のはじまりとされている。日本に現存する最古のオリーブ樹は、神戸の湊川神社のものといわれており、明治十一年にフランスから持ち込まれたものである。

◉知恵の女神アテナの木

ギリシア神話では、オリーブは女神アテナの木である。知恵の女神アテナと海の神ポセイドンがある町の支配権をめぐって争ったとき、最高神ゼウスのひと言で、人間に最も役立つものを与えてくれた方に支配権を与えようということになった。ポセイドンは三叉の鉾《ほこ》で地面をつき、馬を創造した。馬は多産と平和の象徴であり、海の波の具象化であるといわれている。アテナは力と勇気の象徴であるオリーブを創り出し、アクロポリスの丘に植えて恵みをもたらした。オリーブは雨の少ない痩せた土地でも育ち、その実は食料になる。さらに絞れば良質の油もとれるし、美容と健康にも良い。

軍配はアテナにあがった。乾燥に強く、人びとにより実用的な利益をもたらすオリーブが勝利したのである。こうして、アテナがその町を所有することになり、町はアテナイと呼ばれるようになった。今日のアテネである。勝利したアテナは勝利の証として、オリーブの木を植えたという。

女神アテナはアテネの守護神となった。言い伝えによれば、女神アテナが植えた聖なるオリーブの木は、ペルシア兵が侵攻してきて木を燃やしたときも、次の日には蘇って葉を茂らせ、女神アテナの力を示したという。こうしてオリーブは聖なる木としてギリシア各地に広まった。アクロポリスの丘に立つ壮大なパルテノン神殿は、アテネの守護神アテナを祀った神殿である。神殿の横に立つエレクティオン神殿の脇にもオリーブの木が植えられている。

オリーブは平和や勝利の象徴であった。古代ローマでは平和の女神パクスの持ちものとなり、試合の勝者や凱旋将軍あるいは兵士に贈られた。古代キリスト教徒の地下墓所カタコンベの壁画にもオリーブの木枝が描かれたが、これは死後の魂の平安を表わしていた。

◉古代オリンピックとオリーブ冠

古代オリンピックは最高神ゼウスに捧げる祭典であった。その誕生は紀元前八世紀といわれている。当時ギリシアでは各地に都市国家《ポリス》が誕生し、国家間の戦争がたえなかった。ペロポネソス半島西部を治めていたオリンピアの王イフィトスは何とか戦争をやめさせようと、パルナソスの山腹にあるデルフォイ神殿に赴き、神託を求めた。そこにはアポロンを祀る神殿があり、アポロン神の声を聞くことができる。古代ギリシア人はそう信じていた。アポロンのお告げはこうであった。「ギリシア全土から人びとを集め、最高神ゼウスに捧げる祭典（競技会）を開催せよ。その期間は戦争をしてはならない。」

この神託を受けて、イフィトスはギリシア全土から代表者を集め、休戦を提案し、ゼウスに奉納する祭典をおこなうことを決意する。ギリシア各地を巡回し、オリンピックの開催を告げる使者は三人のポリス市民で、彼らは同時に休戦を告げる使者でもあった。それゆえ、「休戦運び人《スポンドフォロイ》」と呼ばれた。

オリンピック参加者は休戦の証として、自らの冑を神殿に納めた。休戦の誓いをたてた者はオリーブの冠をかぶっていたが、オリーブが平和の象徴とされたルーツのひとつはここにある。

オリンピックの開催時期は現在の暦で八月の下旬にあたり、日中は気温が四十度以上にもなる猛暑の季節である。このような季節が選ばれたのは、ちょうど麦の刈り入れが済み、農閑期に当たるためである。オリンピックは収穫祭も兼ねた祭典（オリンピア祭）でもあった。それにしても、この時期のオリンピアの暑さは尋常ではなかったとみえ、ローマ時代の笑い話で、主人が働きの悪い召使に対してこう忠告したという。「おまえを粉挽き場などへはやらず、オリンピアへ送ってやるぞ。」粉挽きの仕事よりも、猛暑のオリンピアに送られる方がはるかに辛いというわけである。

オリンピア祭は四年に一度開催されたが、近代オリンピックはこれを踏襲している。とはいえ、古代オリンピックに参加できたのはポリスの市民権をもつ男性に限られ、犯罪歴のある者や市民権を与えられていなかった女性は参加できなかった。また、競技は裸でおこなわれた。古代ギリシアの彫像や壺絵に描かれたギリシアの神々を見ると、男性は裸体で表現されているのに対して、女性は着衣をまとっている。古代オリンピックの競技者が全裸で競技をおこなったのも、神々に似せてのことだった。肉体を鍛えたのも同様で、「完璧な美」をそなえた神々に近づくためである。

選手は自分の肉体をできるだけ美しくみせるため全身にオリーブ油を塗った。オリーブ油が香油として使用されていたことは、ホメロスの叙事詩にも記されている。オリンピックでは、競技の勝者に栄光の印としてオリーブ冠が与えられた。これはオリーブの枝葉を編んだ輪（葉冠）で、本来ヘラクレスが植えたといわれるゼウス神殿の西側のオリーブの木から摘んだものを用いた。このオリーブは神木であり、両親がまだ存命の少年が黄金の鎌で切り取るのが慣わしだった。表彰式が終わると、優勝者たちは迎賓館《プリュタネイオン》に招かれ、晩餐会に参加した。

古代オリンピックはローマ帝国がギリシアを征服・併合した後も、一度も中断することなく続けられ、ローマ皇帝も競技に参加するほどであった。ローマはギリシア文化を積極的に取り入れていたが、三九二年にテオドシウス一世が異教祭典禁止令を発布し、キリスト教を国教としたため、ゼウスの祭礼オリンピックは三九三年の開催を最後に、約一一七〇年に及ぶ歴史に幕を閉じることになった。

それから一五〇〇年余りを経た一八九六年、第一回の近代オリンピックがアテネで開催された。期間は四月六日〜十五日の十日間であった。記録によれば、十四の国から二百四十一名が参加、その半数以上がギリシア人で、全員男子であった。優勝者にはオリーブの冠と銀メダル、第二位には銅メダルと月桂冠、三位には何も与えられなかった。聖火には完熟したオリーブの実から抽出されたオリーブ油が使われたという。

◉国連旗とノアの方舟

オリーブの葉は、平和の象徴として、国際連合の旗のデザインにも使われている。一九四七年に開催された第二回総会で制定された国連旗は、淡い青の地に白い図柄で構成されており、北極を中心として描かれた世界地図を平和の象徴であるオリーブの枝葉が包んでいる。これは、国際連合が全世界の平和を目的として活動する組織であることを示したものである。地色の淡いブルーは古くから自由と平和を表す色とされている。緯度を三十度ごとに描いた五つの同心円は同時に五大陸、全世界を表している。

国連旗の図案は、旧約聖書「創世記」第六〜八章に登場する「ノアの方舟」と大洪水の物語に由来する。人間の邪悪な行為に怒った神は、大洪水を引き起こし、地上のものすべてを滅ぼそうと決心する。大洪水は四十日四十夜続き、地上のすべての生きものを滅ぼし尽くした。ただ、ノアの家族とあらゆる種類の動物の雄雌ひとつがいだけが方舟に乗って助かる。ノアは信心深く、神の言葉に従順であったことが幸いした。

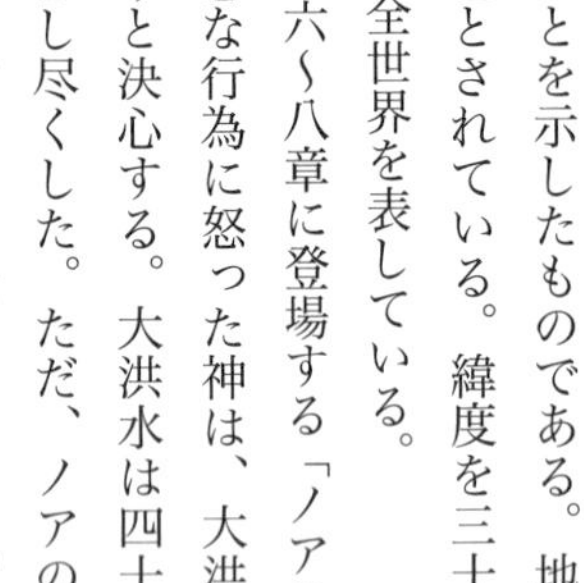

1947 年制定の国連旗

ノアは地上で洪水がひいたのを確認するため鳩を放ち、鳩がオリーブをくわえてきたことで洪水の終わりを確認する。オリーブの若葉は、近くに上陸できる陸地があるということ、そして地上に草木の生命が甦っていることの証左であった。ノアはふたたび陸地に降り立ち、新たな生活を始めた。こうして、鳩とオリーブは平和の象徴となったのである。

◉ルネサンスの都市国家シエナとオリーブ

トスカーナの丘陵地帯にあるシエナは北イタリアとローマを結ぶ要所に位置し、古くから隣町のフィレンツェと抗争を繰り広げてきた。シエナのプップリコ宮殿は現在シエナ市庁舎として使われて

アンブロージオ・ロレンツェッティ
《善政の寓意》（1338 年頃）に描かれた平和の擬人像
プッブリコ宮殿（現シエナ市庁舎）の壁画

いるが、その「平和の間」には初期ルネサンスの世俗的絵画の傑作のひとつに数えられるフレスコ壁画が残されている。大広間の正面の壁に描かれたアンブロージオ・ロレンツェッティの《善政の寓意》には、正しい市政に必要な九つの徳を表わす擬人像が配されている。九つの徳とは、信仰、慈愛、希望、賢明、剛毅、平和、雅量、節制、正義である。これは要するに、当時シエナの市政をつかさどった上層市民たちが理想とした政治的概念にほかならない。

なかでもオリーブに象徴される「平和」の擬人像は、古代風の白い衣装を身にまとい、長椅子にゆったりと体をあずけ、他の像よりも大きく目立つように描かれている。右手の肘で支えた頭にはオリーブの冠をつけ、左手でオリーブの木枝を持っている。その頭上にはPAX（平和）の文字がみえるが、これは当時のシエナ市民（その中核は共和主義者）が渇望し、希求したのは「平和」だったことを示している。擬人像のくつろいだ姿も、平和あってのものなのである。

太陽神アポロンの聖木　ゲッケイジュ

ゲッケイジュ（学名 *Laurus nobilis*《ラウルス・ノビリス》）は地中海地域原産、クスノキ科ゲッケイジュ属の常緑樹で、高さ十〜十八mにまで生長する。葉は厚く、小さな黄色い花をつける。俗に Sweet bay と呼ばれるのは、葉をもむと甘くて芳しい香りがするからである。

古代ローマの博物学者プリニウスによれば、ゲッケイジュは唯一、落雷に見舞われない樹であった。雷が大の苦手だったローマ皇帝ティベリウス（在位一四〜三七）は、都ローマが激しい雷雨に襲われると、すぐさま月桂冠を手にして頭上に載せたという。

ゲッケイジュの葉《ベイリーフ》は香りがとてもよいので、中世には床にまいて室内の香りをよくしたり、衣類の間に置かれた。また、その葉はスープ、ゼリー状の肉、ワインの香味づけに使われた。ベイリーフを水に入れてオレンジの皮といっしょに煮込むと、手洗い水ができる。イギリス最古の『バンクスの本草書』（一五二五）によれば、ゲッケイジュは「痰や胆汁をのぞくのに効く。それはまた耳の不自由な人にも効く。というのも、その汁を耳に流し込むと、……耳が聞こえるようになるからだ。」

また、ピーター・トレヴェリスによって一五二六年に出版された『大本草書』は、疝痛にはゲッケイジュの葉を入れた浴湯につかるとよい、と述べている。さらにニキビができたら、ゲッケイジュの実を粉末にしてハチミツと混ぜ、それを顔面に塗るか、もしくは顔をハチミツ液にひたすとよいとされた。

現在でも、ゲッケイジュの葉は料理の風味付けによく使われる。煮込み料理、肉料理、魚料理、ジビエの料理などにゲッケイジュの葉を入れると、繊細な香りが加わる。生でも使えるが、時間をかけて乾燥させると、より香りが強くなる。

ゲッケイジュ（ニコラ・ロベール画　17世紀　パリ、国立自然史博物館）

◉太陽神アポロンの木

古代ギリシアでは、ゲッケイジュは太陽神アポロンに捧げられた。アポロンはゼウスからデルフォイの地で神託をおこなうように命じられた。デルフォイの巫女はピュティアと呼ばれ、神のお告げを参拝者に伝える役目を担っていた。ピュティアは聖泉で身を清め、ゲッケイジュの葉を燃やした煙でさらに穢れをはらう。そしてアポロン神殿の至聖所で、トリポドスと呼ばれる銅の鼎にまたがり、錯乱状態になって奇声を発する。この言葉ならぬ言葉を神官が「翻訳」して参詣者に伝えたのである。

多くのポリスがアポロンの神託を仰いだが、それは時としてポリスの命運を左右するほど、強い影

ルカ・シニョレッリ
《ダンテ・アリギエーリ》1500 年頃
オルヴィエート大聖堂サン・ブリツィオ礼拝堂

響力をもっていた。紀元前五世紀、大挙して押し寄せたペルシア軍に対し、アテネの政治家で軍人のテミストクレスはデルフォイに神託をもとめ、「木の砦で戦え」とのお告げを聞いた。テミストクレスは「木の砦」は船を意味し、船を建造して海戦にもちこめば勝つと解釈し、実際にサラミスの海戦(前四八〇)でペルシア軍を撃破した。聖地デルフォイの名は、紀元前六世紀には遠くエジプトや小アジアにまで知れわたっていたという。

デルフォイがアポロンの聖域となったのは紀元前八世紀頃だが、アポロンは神託を始めるに際して、デルフォイを守っていた大蛇ピュトンを退治したといわれる。古代ギリシアの文化の祭典であるピュティア祭は、ピュトンの弔いの儀式として始まった。その後、この祭りはアポロンの祭典として、四年に一度デルフォイで開催された。競技種目には運動競技もあったが、メインは音楽や詩作の競演だった。アポロンが音楽、詩作、演劇など学芸の神でもあったためである。アポロンは竪琴《リラ》が上手で、古代ギリシアの陶器にはよく竪琴を持って描かれている。競技の優勝者にはゲッケイジュの小枝を丸めた冠(月桂冠)が授与された。

この風習は中世やルネサンス期のイタリアでも踏襲され、月桂冠を被ったダンテやペトラルカの肖像画が残されている。

ワーズワース(一七七〇〜一八五〇)らの偉大な詩人が桂冠詩人(Poet Laureate)と呼ばれるのは、この故事にもとづく。ノーベル賞受賞者もこれにあやかって Nobel Laureate《ノーベル・ローリエト》(ノーベルのゲッケイジュを冠された者)と呼ばれる。

◉アポロンとダフネ

ギリシア神話によれば、あるときアポロンは遊んでいるエロスが持っていた小さな弓矢を見てからかった。腹を立てたエロスは弓の威力を思い知らせてやろうと、アポロンの胸を恋愛へとかきたてる金の矢で、アポロンが恋することになるダフネの胸を見向きさせない鉛の矢でそれぞれ射抜いた。

ダフネはテッサリアの川の神ペネイオスの娘で、大変な美少女だった。そんなダフネにアポロンは一目惚れし、ひたすらダフネを追いかけた。しかし、鉛の矢の威力で、恋を拒み続けるダフネは、アポロンが追えば追うほど逃げまわるのであった。ペネイオス河畔まで追い詰められ、ついに逃げ場がなくなったダフネは、父親に清い身のままでいられるよう姿を変えてほしいと懇願する。アポロンがダフネをつかまえた途端、ダフネはみるみるうちにゲッケイジュに変わっ

ピエロ・デル・ポッライオーロ《アポロンとダフネ》
1470年頃　ロンドン、ナショナル・ギャラリー

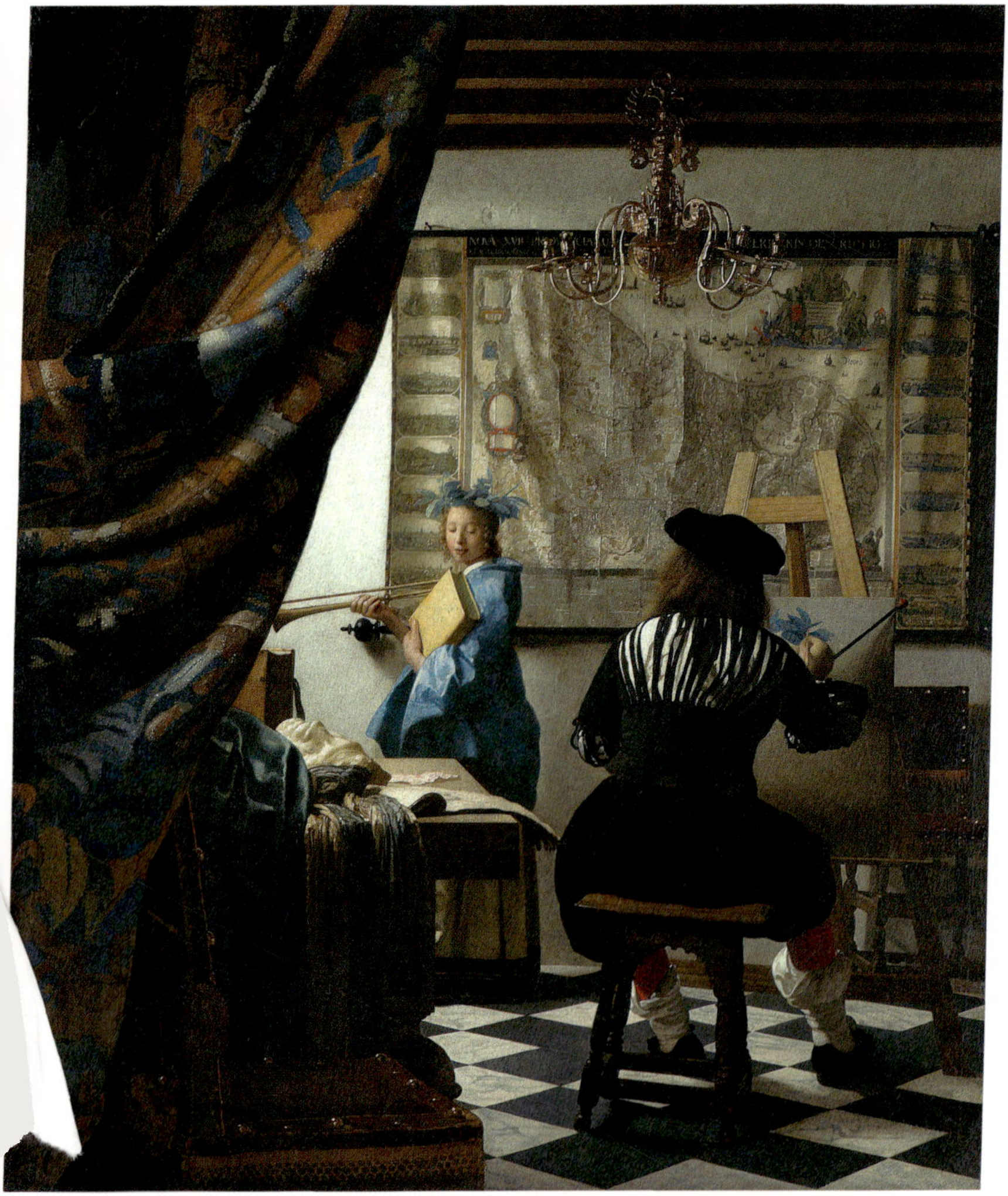

ヨハネス・フェルメール
《絵画芸術の寓意（画家のアトリエ）》
1665 年頃　ウィーン美術史美術館

ていった。思いを断ち切れないアポロンは、樹を抱きしめながら、こう言った。妻にはなれなくても、せめて自分の樹になってほしい、と。こうしてゲッケイジュはアポロンの神木となったのである。

フィレンツェの画家ピエロ・デル・ポッライオーロ（一四四一頃〜九六）の《アポロンとダフネ》には、青々とした葉の繁ったゲッケイジュに姿を変えつつあるダフネが描かれている。この絵には、最後には貞節は欲望に打ち克つという寓意がこめられているという。

◉フェルメールと月桂冠

レンブラントとともに十七世紀オランダを代表する画家フェルメールの《絵画芸術の寓意》は、画家自身が亡くなるまで手元に置いていた数少ない作品のひとつだが、この絵のなかにも月桂冠が描かれている。

この作品では、二人の人物、すなわち青いドレスを着て窓辺に立つモデルの女性とそれを描いている画家が描かれている。伏し目がちの女性は頭上に月桂冠をかぶり、右手にラッパ、左手に分厚い書物を持っている。月桂冠はフェルメールが描いたときは緑であったにちがいない。それが長い年月を経て色褪せ、現在の色になったのである。

チェーザレ・リーパの図像学事典『イコノロギア』（一五九三）によれば、歴史を司る女神クレイオは、月桂冠とラッパ、それに古代ギリシアの歴史家トゥキディデスの『歴史』を携えているという。であるとすれば、モデルの女性はクレイオに扮しているとみて間違いないだろう。これは十七世紀には歴史画が最も重要なカテゴリーであったことに由来する。

こちらに背中を向け制作に没頭する画家の衣装はブルゴーニュ風で、フェルメールが生きていた頃にはすでに時代遅れの代物となっていた。一五六八年に始まったオランダ独立戦争では、カトリックの宗主国スペインを相手に北部七州は最後まで戦ったが、カトリック教徒が多かった南部十州（現在のベルギー）は途中で脱落する。壁に掛かるネーデルラント十七州の地図はオランダ独立（一五八一）以前のネーデルラントを表わした「歴史」的な古地図で、ここにも歴史との関連がみてとれる。

シャンデリアには神聖ローマ帝国ハプスブルク家の紋章である双頭の鷲がついており、スペイン・ハプスブルク家によるネーデルラント支配を象徴している。双頭の鷲は元来ローマ皇帝のシンボルだったが、その後神聖ローマ帝国の紋章となり、神聖ローマ帝国消滅後はオーストリア帝国の紋章に引き継がれた。この紋章にも長い「歴史」があるのだ。

女性の頭上の月桂冠はギリシアの昔から「名誉」や「栄光」の象徴であった。また、ラッパはその「名声」が広く世間に鳴り響くことを暗示しており、手に持つ書物は人間の偉業を記録し、後世に伝えることを示す。こう考えると、この作品は画家という職業が名誉あるものであることを暗示しており、ラッパに象徴される名声も画家の名声にほかならないという解釈も成り立つ。

一見したところ、画家のアトリエを再現した風俗画のようだが、絵画芸術の理想を追求し、具現した寓意画である。歴史の女神クレイオは、のちに芸術の女神に変わっていく。月桂冠をかぶったクレイオは歴史の女神であると同時に、芸術の象徴にもなったのだ。

死と再生のイトスギ

イトスギ（イトスギ属の総称。学名*Cupressus*《クプレッスス》）は、アフガニスタン以西、地中海沿岸に分布する常緑針葉樹であり、樹高五十ｍくらいまで生長する高木である。「スギ」という名がついているが、和名でセイヨウヒノキと呼ばれるように、ヒノキ科の植物である。古いものだと樹齢四千年を越すものもある。

ヨーロッパではマツの木と並んで最もありふれた針葉樹で、公園樹や造園樹としてよく使われる。堅くて耐久性があり、腐りにくいところから、古来家具や建材、楽器などに用いられてきた。たとえば、軽くて柔らかい木質のイトスギはフラメンコギターの側板・裏板としては最上の材とされている。木目が緻密でありながら弾力があるためである。スペインの伝統的な舞踏であるフラメンコの本場はアンダルシア地方といわれているが、この地方には随所にイトスギが聳えている。

イトスギはすぐれた耐久性に加えて香りもよいため、エジプトではミイラの棺にも利用されたほか、神殿の屋根を葺くのにも用いられた。また、古代ペルシアでは、宗教的に重要な意味をもつものとされていた。紀元前六世紀に興ったゾロアスター教（拝火教）の創始者ゾロアスターは、神託を伝えるために天から降りてきたとき三つのものを手に持っていたといわれている。それは火と聖書とイトスギである。円錐形の樹形が火炎を連想させるところから、火を尊ぶゾロアスター教では、イトスギは聖なる木として寺院の前によく植えられたのである。イトスギは永続性と力強さを兼ね備えた英雄の象徴でもあった。

イトスギはイスラム世界では聖樹として神聖視されている。天に向かって垂直に伸びる緑豊かなイトスギは、永遠の命を象徴する「生命の樹」として、装飾文様にも多用されている。イトスギ模様は更紗や絨毯などの織物にも使われているが、とくにイスラム教徒が聖地メッカに向って祈るときに使用する敷物によく染められているという。

イトスギはイスラムアートの伝統的なモチーフとなり、オスマン帝国の宮殿やモスク、あるいは陶器にも描かれた。イスラム建築のひとつの頂点をなすトプカプ宮殿のハレムは、イトスギ模様とチューリップを組み合わせた美しいイズニク・タ

イトスギをデザインしたイスラムのタイル
イスタンブール、トプカプ宮殿ハレム
十六世紀後半

イトスギ模様のインド更紗

イルの壁画で覆われている。イトスギはイスラムの楽園を反映する樹でもあった。オスマン帝国のスルタンはイトスギの林立する楽園で悦楽に浸っていたのである。

インド更紗にみられる先端の尖ったイトスギ模様のルーツは、ゾロアスター教とイスラム教にあるとされている。よく知られたペイズリー模様はイトスギ模様から派生したともいわれている。

◉ギリシア神話とキリスト教のイトスギ

地中海沿岸からイランにかけて多く分布しているのはホソイトスギ（イタリアイトスギ）で、学名は*Cupressus sempervirens*《クプレッスス・センペルウィレンス》。属名のクプレッススはギリシア神話に登場する美少年キュパリッソスに由来する。種小名のセンペルウィレンスは「常緑の」という意味で、イトスギが四季を通じて緑葉をたたえているところからつけられた。哲学者プラトンが不老不死と結びつけたように、古来、この木は「永遠の生命」の象徴とされてきた。

属名のもとになったギリシア神話のキュパリッソスは黒い瞳の美少年で、アポロンにとても好かれていた。ある日、槍投げに興じていたときのこと、彼の投げた槍がこともあろうに可愛がっていた金色の角を持つ雄鹿に命中し、死なせてしまった。最愛の遊び友達を殺してしまったキュパリッソスは深く嘆き悲しみ、ひたすら自分の死を願うと同時に、永遠に喪に服したいと神々に懇願した。苦悶するその姿を見たアポロンは、やむなく願いを聞き入れ、彼をイトスギに変えたという。イトスギは伝統的に「死」や「悲しみ」を象徴する木とされてきたが、それはこの神話がもとになっている。

トルコの南、東地中海に浮かぶキプロス島の島民は古くからイトスギを崇拝していた。一説によれば、この島の名前はイトスギの英名 cypress に由来するという。また、シチリア島にあるエトナ山はヨーロッパ最大の活火山として知られており、太古の昔から頻繁に噴火を繰り返している。ローマ神話によると、地下神ケレースはエトナ山の噴火口を巨大なイトスギの幹で塞ぎ、火と鍛冶の神ウルカヌスを山の下にある鍛冶場に封じ込めてしまった。エトナ山が爆発するのは、仕事場に封印されたウルカヌスが逃げ出そうとするためだという。英語の volcano（火山）の語源は、このウルカヌスにある。

墓地に植えられたイトスギ
（L. フィギエ『植物の世界』1867 年）

キリスト教ではイトスギは楽園に生える木とされ、不死の象徴となった。伝説によれば、キリストが礫にされた十字架はイトスギで作られていたという。こうしてイトスギは死者を哀悼する木となり、よく墓地に植えられえるようになった。キリスト教徒の棺がイトスギで作られ、石棺がイトスギの文様で飾られたのはこのためである。

十九世紀のヨーロッパではかつて墓地につきまとっていた不潔なイメージが払拭され、明るく清潔な近代的共同墓地が出現する。その背景には庭園の発達があった。都市問題に付随して墓地問題も起こるが、イギリスではガーデン・セメトリーなるものが造られ、一流の造園家がその設計に乗り出す。大都市の周縁に造成された「墓地公園」の建設には、庭園設計の理念と技術が援用されたのである。

◉ヒトラーに魅入られた《死の島》

巨岩で囲まれた暗い島。そこに近づいていく小舟。白い衣服で全身を包んだ人物が運んでいるのは棺桶に入った遺体である。岩の島には背の高いイトスギが繁茂しており、祭壇とおぼしき建物が見られる。人工的に穿《うが》った洞窟らしき場所は埋葬所なのであろう。漂う死の気配は、紛れもなく「死の島」であり、この島全体が墓所ということになる。それでも不思議と死の恐怖は感じられない。むしろ畏怖の念すら覚える静謐な絵である。

《死の島》の作者はバーゼル生まれの画家アルノルト・ベックリン（一八二七〜一九〇一）。一八四二年にパリで二月革命に遭遇し、自ら死の恐怖を体験して以来、死をテーマにした作品を描くようになった。ベックリンは一八八〇〜八六年の間に《死の島》と題する少しずつ異なる作品を五点描いているが、このタイトルは第三作以降、画商フリッツ・グルリットがつけたものだ。最初の二作については、ベックリン自身は「静かな場所」あるいは「静かな島」と呼び、のちの手紙では「墓の島」と書いている。幼くして亡くなった娘マリアが眠るフィレンツェのアトリエ近くの墓地などからヒントを得たといわれ、岩の小島のモデルとしてはナポリ湾に浮かぶイスキア島などが挙げられている。《死の島》が描かれたのはまさに世紀末。なにやら人類の悲劇を予感させる。タイトルとは裏腹に、この絵は当時大変な人気で、多くのドイツ人がこの絵の銅版画や絵葉書を買い求めたという。そのなかにはヘルマン・ヘッセやフロイト、そしてアドルフ・ヒトラーもいた。ヒトラーはベックリンの熱烈な信奉者で、一八八三年に描かれた三枚目の《死の島》が一九三三年に売りに出されたとき、みずから購入したほどだった。もともとヒトラーは画家志望で、名門ウィーン美術アカデミーを受験し、失敗した苦い経験をもっていた。彼の美術に対する情熱は相当なもので、ゆくゆくはナチ美術館を建設する構想を抱き、そこにはベックリンとフェルメールの作品を飾るつもりだったという。

伝承によれば、人類の祖であるアダムが死んでエルサレムの南方約三十㎞に位置するヘブロンの谷に埋葬されると、その遺体から三本の木が生えてきたという。すなわち、レバノンスギ、イトスギ、そしてナツメヤシである。これらは「贖《あがな》いの樹」であり、父（レバノンスギ）・子（イトスギ）・聖霊（ナツメヤシ）の三位一体を象徴するものでもあった。三本の木は互いに絡まりあって一本の木になった。そして、レバノンスギは「不死」を、イトスギは「喪」を、ヤシは「復活」をそれぞれ象徴するものとされた。こうして、死の象徴であるイトスギは墓地に植えられるようになり、古くから棺にも使われたのである。

「死の島」はイトスギの島でもあり、死者の霊魂が宿っている。

アルノルト・ベックリン
《死の島》1883 年
ベルリン美術館

ヒトラーが買い求めた第三作目の《死の島》。現在はベルリンの美術館群に含まれる旧国立美術館に所蔵されている。

ブドウ栽培とワイン

●古代のブドウ栽培とワイン

ブドウはブドウ科ブドウ属（学名 *Vitis*《ウィティス》）の蔓性落葉低木で、果実を生食あるいはワインの醸造などに用いる。原産地はコーカサス山脈南山麓、小アジア、メソポタミアで、これらの地域から地中海東岸地域を経て地中海沿岸地域に広まったといわれている。イラン北部の山中で発見された紀元前五〇〇〇年頃の土の壺にワインが入っていたことが明らかになっているところから、その頃にはブドウ栽培が始まっていたことがわかる。チグリス・ユーフラテス両川の間にシュメール文明を築いたシュメール人は古くからブドウ栽培をおこなっていたようで、ウルイニムギナ王（前二二五〇頃）が残した楔形文字に「ブドウ栽培」の文字が見える。

古代エジプトではナイル川のデルタ地帯でブドウ栽培がおこなわれ、王の庭にはブドウ畑がつくられていた。エジプトでは、ブドウの木は「生命の樹」と呼ばれているが、多くの実をつける生命の糧であるブドウは、豊饒・多産を象徴する聖なる樹とみなされたのである。

地中海沿岸地域は昼と夜の気温差が大きく、雨量もブドウの生長に好都合であった。古代ギリシアの詩人ホメロスは、ワインは心をなごませてくれるが、深酒をすれば正気をなくし、過ちを犯すこともあると語り、恐ろしい酒で人を墜落させると警告を発している。古代ギリシアの地理学者ストラボン（前六三頃～二三頃）によれば、イタリアのヴェスヴィオ山麓、シシリー島、小アジアの火山灰土のあるところでは、とくに良質のブドウを産するという。

古代ギリシアのアンフォラの壺絵には、女神にねぎらわれる英雄ヘラクレスがブドウの木の下で休息している様子が描かれている。ブドウから造られるワインはギリシア人にこよなく愛された。興味深いことに、ギリシア人はワインを水割りにして飲んでいた。それがマナーであったらしく、生地で飲む者は異国人とみなされた。水割りにするための陶器製の混酒器《クラテル》なるものがあり、ホメロスの叙事詩『オデッセイア』の中にも金銀細工の混酒器が登場する。宴会の時には、この器で水割りされたワインを皿状の大盃に移し、まわし飲みしていたのである。

古代ギリシア人は水割りにしただけでなく、蜂蜜を入れたり、チーズや小麦粉など混ぜたり、オリーブ油で割ったりしていた。クレタ島の北東、トルコ共和国沿岸に位置するコス島では、ワインに塩水を入れていた。海水は一種の保存剤と考えられていたようだが、古代ギリシア人は現代人には考えられないような飲み方をしていたのである。

アンフォラに描かれたアテナとヘラクレス
（前520年頃　ミュンヘン、州立古代収集古代彫刻館）

古代エジプト、テーベのセンネフェルの墓（紀元前 1400 年頃）には、
ブドウ棚のようにみえるブドウの木が天井一面に描かれている。

フランス、ブルゴーニュ地方クロ・ド・ヴージョのシャトー。ブルゴーニュワインの生産は、十二世紀にこの地の修道院から広まった。

植物学者のテオフラストスはブドウの耕作における施肥、植樹、切枝などについて詳述し、ブドウの樹種を葉型で分類し、赤と白という二種類のブドウの木の結合によって赤と白のブドウが同時に一本の樹から採れることを実証した。

ギリシア三大銘醸と呼ばれたのは、地中海東部に位置するキオス島、レスボス島、キプロス島のワインである。ワインを仲間と一緒に酌み交わすことをギリシア語でシンポシオンといった。今日ではシンポジウムといえば「討論会」の意味だが、もとはといえば一緒に酒を飲む「宴会」のことだった。

ブドウは生命力が強く、移植も簡単で、切り枝を地面にさすだけで根をおろした。北アフリカやイベリア半島にブドウを運んだのは古代の海洋民族フェニキア人であった。ローマ人もギリシア人と同じように、ワインを愛飲した。ケルト人が住んでいたガリアでは、もともとビールの方が好まれていた。カエサルはガリア総督（前五八～前五〇）としてガリアに赴任し、ガリア戦争を遂行、ガリア全土をほぼ平定する。その結果、ガリア全域にブドウ栽培が広がり、ワインが浸透していった。カエサルのガリア征服は、食文化の点からみても重要な意味をもっていたのである。

ローマ帝国の拡大とともにブドウ栽培、ワイン醸造も各地に普及していった。紀元前後の一世紀間に、ボルドーから大西洋岸へ、パリ周辺からノルマンディー、そしてネーデルラントにまで及んだ。南はスペインのアンダルシア地方、バルセロナ、バレンシアなどの諸地方、さらには北アフリカにまで拡大した。モーゼル川上流からライン河畔に到達するのもこの頃である。

ワイン皇帝の異名をもつプロブス帝（在位二七六～二八二）はワイン造りを奨励し、兵士らを用いてブドウ畑を開拓していった。その結果、ドイツではファルツ、ヴェルテンベルクなどライン川以南一帯にブドウ畑が拓かれ、フランスでもブルターニュ海岸にまでブドウ栽培が拡大していった。

ゲルマン民族の大移動の過程でブドウ畑の多くが荒廃し、ワイン造りは一挙に下火になった。八世紀にイスラム教徒がヨーロッパに侵入すると、ブドウ栽培やワイン造りも衰退した。彼らには禁酒の習慣があったためである。そうしたなか、中世にワイン造りを伝えていったのはキリスト教徒であった。

●中世のブドウ栽培とワイン

フランク王国のカール大帝は、八一二年にワイン造り改善のための布告を発布し、ブドウの果実を搾る前に桶の中で踏み出す作業では、農婦たちが素足で踏みつぶすのを禁じた。不潔でありワインへの冒瀆であるというのが、その理由であった。その代わり棒でブドウを潰すよう命じた。またStraußwirtschaft《シュトラウスヴィルトシャフト》と呼ばれる自家醸造ワイン直売所を考案したのもカール大帝だった。ブドウ園の所有者は通行人に自家製ワインを飲んでもらうため、街道の人目につく場所に花輪や葉束を掲げておくこととされた。最も上等のワインは通常自家用か王侯に献上するため取り置かれ、通りに並べられることはまれだった。そのため当時の人びとは皮肉をこめて「上物には花輪なし」と言ったらしい。今日ではシュトラウスヴィルトシャフトといえば、ワイン生産地でのみ営業が認められているワイン居酒屋のことを指すが、営業中であることを示すために玄関に花輪や葉束を飾る中世以来の習慣は今でも残っている。

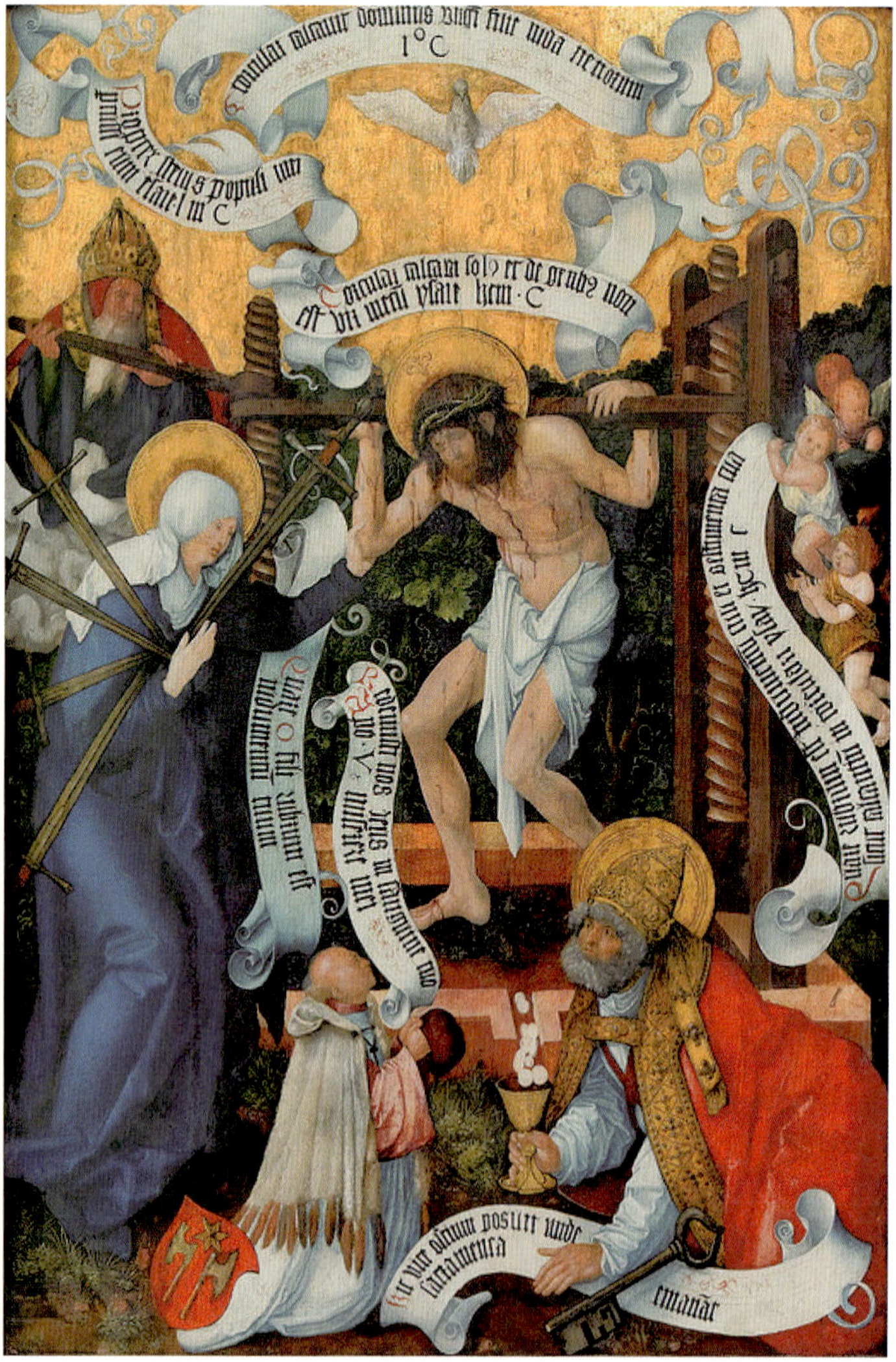

デューラー派《葡萄圧搾機としてのキリスト》
1511 年頃　アンスバッハ、ザンクト・グンベルト聖堂

カール大帝の後を継いだルイ帝の時代、八一六年に開かれたアーヘンの宗教会議で聖職者のブドウ栽培が奨励された。その結果、フランスではいくつかの司教座が新設され、ボルドー、リヨン、パリといった河川のある都市の近くにブドウ畑が拓かれた。古諺にあるように、「ブドウ畑からは川が見えなければならない。」のである。これは川沿いに広がっているブドウ畑は日当たりが良く、ブドウの栽培には最適であるうえ、川がブドウやワインの輸送にも利用されたことを反映している。

キリスト教の教義ではワインがキリストの血とされたこともあり（六二頁参照）、聖体拝領の儀式にはワインが欠かせなかった。そのため、ブドウ栽培は各地の修道院で盛んにおこなわれることになった。中世の大修道会は大抵、領地の一部にブドウ畑を所有していた。ベネディクト会創設者の聖ベネディクトゥス（聖ベネディクト）は、「祈り、かつ働け」をモットーとする戒律を定めた。その戒律の中に、一日に四分の一リットルのワインがあれば足りるが、不足する場合は修道院長の裁量に任せるゆえ、飲み過ぎには注意すべしとの規定がある。基本的にワインの飲酒を認めるこの規定の後押しもあり、ベネディクト修道会はフランス各地にブドウ畑を切り拓き、ワイン生産に心血を注いだ。ワインだけでなくベネディクティーヌという有名なリキュールもベネディクト修道会士がつくったものである。このリキュールは十六世紀初めにノルマンディー北部のフェカン修道院で生み出され、一五三四年にそこを訪れたフランス国王フランソワ一世が命名した。

やがて、ベネティィクト修道会は多くの土地の寄進を受けるなどして奢侈に流れる。そうした風潮に批判的な修道士たちによって、一〇九八年に、より厳格なシトー修道会が創設されることになるが、その禁欲生活はワイン造りを妨げるものではなかった。否、むしろ「祈り、かつ働け」の原点に回帰したシトー修道会は、正規の修道士のほかに助修士と呼ばれる労働修士を多数抱えており、彼らを使って森の開墾や経済活動をおこなったのである。修道院にとって、ワイン造りは重要な仕事であった。

貴族たちによる土地の寄進が増大し、シトー修道院の領地が急速に拡大するのはイギリス人のステファヌス・ハルディングが修道院長（在位一一〇九〜三四）に就任してからである。シトー修道会の修道士たちはとりわけブドウ栽培に熱心で、彼らは一一一五年頃、ブルゴーニュの領主たちから寄進された土地にブドウを栽培し、クロ・ド・ヴージョのブドウ畑を拓いている。のちにクロ・ド・ヴージョとして知られることになる銘醸ワインは、この畑から生み出されるのである。「クロ」とは周囲を石で囲まれた畑のことで、このあたりのブドウ畑は今でも石の壁で囲まれている。

ブルゴーニュ地方におけるシトー会派のブドウ栽培は、クロ・ド・ヴージョ修道院から広まった。当修道院の所有するブドウ畑は、優良なブルゴーニュ・ワインを産出することで知られる。修道院とそのブドウ畑、そして醸造されたワインの銘柄にもすべて「クロ・ド・ヴージョ」の名がついている。

ともあれ、十二世紀からフランス革命によって修道院が解体されて全財産が競売に付される一七九〇年まで、フランスのワイン地図はシトー会修道院の設立地図とほとんどひとつになっているといわれるほど、シトー会修道院とワイン造りには密接な関係があったのである。

◉ブルゴーニュの黒ブドウと白ブドウ

ピノ・ノワールは赤ワインを造る代表的な黒ブドウの品種で、これを用いて造られる代表的なワインがロマネ・コンティである。このブルゴーニュ最高峰のワインは、コート・ド・ニュイ地区の比較的涼しい気候の下、ボーヌ・ロマネ村にあるロマネ・コンティの畑で造られる。二ヘクタール弱のこの小さな畑は鉄分の多い石灰岩質の土壌で、十三〜十七世紀までは、サン・ヴィバ修道院が神に献上するワインを造っていた。十八世紀からロマネのブドウ畑はコンティ公の所有となるが、より詳しく言えば、コンティ公ルイ・フランソワ一世がフランス国王ルイ十五世の愛人マダム・ポンパドゥールと争って、一七六〇年にこの畑を獲得し、畑に自分の名を残したのである。フランス革命後は競売に掛けられ、十九世紀からヴィレーヌ家の所有となった。

一方、シャルドネは白ワインをつくる代表的な白ブドウの品種で、「白ワイン品種の女王」と称される。一説によると、ブルゴーニュ地方のマコネ地区が発祥で、名称はシャルドネ村に由来するという。主要なワイン産地では必ずといってよいほど広く栽培されているブドウ品種で、ブルゴーニュの白ワインは例外なくシャルドネである。ブルゴーニュの白ワイン、コルトン・シャルルマーニュはカール大帝（シャルルマーニュ）を記念して造られたもので、七七五年に大帝がソーリューの大修道院に寄進した畑で採れるブドウで造られている。

◉ボルドーワイン

大西洋に近いフランス南西部のボルドーには、紀元前五六七年にケルト人のビトゥリゲス・ウィビスキ族が住みつき、交易をおこなっていた。ボルドーはイタリアに比べて気温が低く、雨量が多い。そのため、総じていえばブドウ栽培には難しい土地柄なのである。しかし、ビトゥリゲス・ウィビスキ族は、ローマ帝国の支配下に入ると、イタリアから新品種のビトゥリカを持ち込み、ブドウ畑を開拓し、栽培技術の改良を重ねた。こうして、彼らはボルドーワインの開拓者となったのである。

博物学者のプリニウスによれば、ビトゥリカは生長が早いうえに、風雨に耐える。古代ローマの農学者コルメラも同様に、ビトゥリカは嵐や風に耐え、痩せた土地でも収穫量が多く、豊富なワインを生むと称賛している。ボルドーはローマ時代ブルディガラと呼ばれていたが、当時からワイン交易の中心であった。帝政末期のボルドー出身の詩人アウソニウス（三一〇～三九四）は、ボルドー近郊に自分のブドウ畑を持っていた。銘醸シャトー・オーゾンヌは彼の名にちなむ。

イギリスではボルドー産の赤ワインをクラレットと呼んでいる。クラレットとは赤紫色のという意味だが、これはフランス語のclairet《クレレ》（薄い、淡色の）に由来し、かつては淡い薄紅色のワインだったらしい。現在のボルドー産赤ワインは、濃厚な赤紫色に変貌している。

ボルドー産のワインがイギリス人にとってなじみ深いワインになったのは、中世にボルドーを中心としたアキテーヌ地方がイングランド王の領地となったことが大いに関係している。ボルドーを含むフランス南西部を所領としていたアキテーヌ公は娘アリエノールが十五歳のときに没する。その結果、女子相続人のアリエノールは、北はロワール川から南はピレネー山脈まで、東はオーヴェルニュの中央高原から西は大西洋までのフランス南西部を相続することになる。心配した周囲は強い後ろ盾が必要だとして、すぐさまアリエノールをのちのフランス国王ルイ七世と結婚させるが、それによって徐々にボルドー地方のワイン産地としての名声も広まっていった。

やがて、奔放な性格のアリエノールは、フランス王に謁見したアンジュー伯アンリ（のちのイングランド王ヘンリー二世）に一目惚れする。彼女が三十歳頃のことである。アリエノールは、淡白で修道士になることを望んでいたといわれるルイ七世に愛想を尽かしていた。一一五二年にルイと離婚すると、わずか二ヶ月でアンジュー伯と再婚する。夫のアンリが一一五四年にイングランド王ヘンリー二世として戴冠すると、アキテーヌ公領とそこで生産されるワインもすべて彼のものになったのである。ボルドーはこれ以降、百年戦争で陥落する一四五三年までイングランド王のものであり続ける。

この間、ボルドーから盛んにこの地方のワインがイングランドに出荷されたため、中世のイングランド人はボルドーの赤ワインを飲んでいた。そのため、イングランド人にとってクラレットはなじみ深いワインとなったのである。

上述したブルゴーニュのワイン造りのルーツは中世の修道院にあった。これに対して、ボルドーワインのルーツは、貴族の城館《シャトー》でつくられる自家製ワインにあった。ボルドーワインがシャトーワインと呼ばれる所以である。現在、シャトーといえばワインの醸造所を持つブドウ園のことだが、ボルドーワインの産地として名高いサンテミリオンは「千のシャトーの丘」という意味で、実際に代々ワインをつくり続けているシャトーがひしめきあっている。

◉キリスト教とワイン

最後の晩餐でイエスは、パンは私の体であり、ワインは私の血であると語った（「マルコによる福音書」第十四章、二十二～二十五節）。ここから派生して、イエス自身が自らの体を絞り、血を流している「ブドウ圧搾機としてのキリスト」という主題の絵が生まれた。なかでもドイツ、ルネサンス期のデューラー周辺の画家が描いたとされる作品（図版五六頁）では、イエスがブドウを足で踏みつぶし、自分も圧搾機にかかり、血液を搾り取る様子が描かれている。圧搾機のネジをまわすのは司教で、ブドウを踏みつぶしているキリスト自身も圧搾機につぶされるブドウとなっているのだから凄まじい。

その身体から絞り出された血液は、桶のなかのブドウと混じり合い、赤い葡萄酒ではなく、白い聖餅《ホスティア》となって下にこぼれ落ちている。それを立派な髭をたくわえた聖人が聖杯で受けとめている。キリストの左脇にいてキリストの右肘を支えているのは聖母マリアで、五本の剣で胸を刺し貫かれている。聖母の哀しみが剣に喩えられているのだ。剣のように鋭い葉をもつアイリスが、我が子の苦しみを目の当たりにした聖母マリアの悲哀を象徴する花であることが思い起こされる。

◉ローマ神話の酒神バッカス

ブドウはキリスト教世界では最も神聖な果物となったが、ギリシア・ローマ神話では酒神バッカスや秋の擬人像の持物《アトリビュート》でもあった。

ディエゴ・ベラスケス（一五九九～一六六〇）はバロック期のスペインを代表する画家で、スペイ

秋の擬人像。収穫したブドウを造酒用の桶に移している。
（フランドル派の銅版画　1580 年頃）

ン国王フェリペ四世の庇護をうけ、宮廷画家として多くの傑作を残した。作品の多くは王侯貴族の肖像画だが、性格描写の鋭さは比類がない。この作品はベラスケスにはめずらしく、酒神バッカスを題材にした神話画である。

バッカスはローマ神話の酒の神として知られる。いささかややこしいが、ギリシア神話のブドウと酒の神ディオニュソスの異名がバッコスで、ローマ神話ではバックス、それが英語になるとバッカスになる。ブドウはワインの原料であるため、おのずとバッカスに捧げられる果物となった。

ブドウの葉の冠をかぶり、半裸で酒樽に座っているのがバッカスで、前でひざまずいている男にブドウの葉で編んだ冠を授けている。たくましくも無邪気に笑っている男たちは、農民だろうか。地面に置かれた水差しからワインを飲んで、みんな陽気に酔っ払っている。なかにはすでにできあがって赤ら顔の者もいる。日常のありふれた光景だが、そこに酒の神バッカスを登場させているところに構図の妙がある。しかも、ひとりバッカスだけがしらふのように見える。そのことが、酒宴に集まった農民たちの解放感をひときわ際立たせている。酒の神バッカスの勝因は「しらふ」というわけでもあるまいに。

神話画であるにもかかわらず、ベラスケスはバッカスを英雄化せず、まわりにいる人びとと同じように現実の人間として描いている。本来《バッカスの勝利》と名付けられたこの絵は、十九世紀になると《酔っ払いたち》の通称で親しまれるようになった。

ディエゴ・ベラスケス
《バッカスの勝利（酔っ払いたち）》1628年頃
マドリード、プラド美術館

健康にも効く禁断の果実　リンゴ

リンゴ（学名 *Malus domestica*《マルス・ドメスティカ》）は中央アジアのカザフスタンが原産地と考えられている。カザフスタン最大の都市アルマトイは、「リンゴの父」という意味である。リンゴは中央アジアの高峻な山々を越えて、各地に広まっていった。

紀元前六世紀、ダリウス一世の時代に栄華をきわめたペルシア帝国の宮廷で供された最高のリンゴはジョージア（グルジア）産であった。ギリシア人はリンゴを好んで食べた。五賢帝時代にローマで活躍したギリシア人の哲学者・著述家プルタルコス（四六頃～一二七頃）によれば、リンゴほどすばらしい果実はない。甘くて香りも姿形も魅力的である。リンゴは五感をいちどに魅了するため、称賛に値するという。古代ローマ人が栽培した果実のなかで最も品種が多かったのはリンゴであった。プリニウスによると、二十三種類のリンゴがあったという。どんなに立派な庭であっても、リンゴの木がなければ、完璧な庭とはいえなかった。ペルシアやローマでもリンゴは贅沢品とみなされていたので、とりわけ自分の庭で栽培したリンゴは最高の贈り物となった。

八〇〇年頃、カール大帝によってフランク王国全土の御料地を対象として発布されたカール大帝御料地令には九十種の植物が記されているが、その最後にリンゴが挙げられている。ゴズマリンガー、ゲロルデッィンガー、クレヴェデルレン、シュパイエルエプフェルの四品種で、それぞれ甘味のあるもの、酸味のあるもの、よく保存のきくもの、すぐに食べられるものである。御料地令はリンゴのほかに、セイヨウナシ、プラム、モモ、マルメロ、カリンなども植えるべきことと定めている。

十二世紀に創設されたシトー修道会はブドウ栽培やワイン造りで有名だが、リンゴの栽培もさかんにおこなった。大航海時代にはスペインやポルトガルの航海士、探検家、入植者らによってリンゴは南米大陸にも持ち込まれ、根を下ろした。一八三五年にチリに上陸したチャールズ・ダーウィンは、海岸沿いに多くのリンゴの木が生い茂っているのを目にしている。南アフリカにはオランダ人のヤン・ファン・リューベック（一六一九〜七七）がリンゴを持ち込んだ。一六五一年、リューベックは南アフリカにオランダ入植地の建設を命じられ、ケープタウンにオランダ東インド会社の食料供給基地を設立した。南アフリカではブドウ栽培を開始し、ワイン造りに励んだほか、入植者にリンゴ栽培も奨励した。リンゴはケープタウンに寄港する貿易船にも提供され、船員たちの胃袋を満たした。

リンゴは長期間に及ぶ航海中にビタミンC不足で起こる壊血病の予防に役立った。キャプテン・クックの率いた船の乗組員で、壊血病が原因で亡くなったものが一人もいなかったのは、ザウアークラウト（キャベツの塩漬け）とリンゴを積んでいたためであるといわれている。十九世紀のイギリスの捕鯨船は、漁に出るときは、リンゴとシードルの入った樽をいくつも積んでいた。ほどなくして、リンゴはレモンやライムなどとともに、長期の外洋航海には欠かせないものとなった。

一八九〇年にケープ植民地首相となり、本国の植民相ジョゼフ・チェンバレンと並んで、イギリ

中世後期の写本『健康全書』に描かれたリンゴの収穫
(1385 年頃　ウィーン国立図書館)

サンドロ・ボッティチェリ
《パリスの審判》1485 年頃
ヴェネツィア、チーニ邸美術館

パリスが最も美しい女神としてアフロディテを選び、黄金のリンゴを手渡そうとしている。

ス帝国主義を推進したセシル・ローズ（一八五三〜一九〇二）は、フィロキセラ（ブドウネアブラムシ）の大量発生によって破産した南アフリカのブドウ園を買収し、一八九〇年代にリンゴの苗木を植えた。これが大成功を収め、リンゴはブドウに代わる果物として南アフリカの果樹産業を支えることになった。ローズは金やダイヤモンドを採掘する一方で、リンゴ農園の経営にも従事していたのである。

◉パリスに託された黄金のリンゴ

ギリシア神話には、しばしば黄金のリンゴが登場する。英雄ヘラクレスは不死を得られる黄金のリンゴをヘスペリデスの園から盗み出した。パリスの審判でも、黄金のリンゴが重要な役割を演じている。話はこうだ。不和と争いの女神エリスは、テッサリアの王ペレウスと女神テティスの婚礼の宴に自分だけ招かれなかった腹いせに、みずから祝宴に乗り込んで、「最も美しい女神へ」との言葉とともに黄金のリンゴを投げ入れる。我こそは、と名のり出たのは美貌自慢の三女神、すなわちヘラ（ゼウスの妻）、アテナ（戦いの女神）、アフロディテ（愛の女神）であった。新郎新婦そっちのけで、三女神はこのリンゴを奪い合うも、結論は出ずじまい。仲裁にはいったゼウスは、祝宴の場で裁定を下すのを避け、後日トロイの王子パリスにそれを委ねる。パリスは子供のころトロイのイデ山に捨てられ、羊飼いをしていた。イデ山のパリスのもとに赴いた女神たちは美青年の王子の気をひこうと躍起になり、袖の下を使う。ヘラは絶大なる権力と莫大な富、アテナは名誉と軍功、そしてアフロディテは絶世の美女を提供しようと約束する。

パリスが選んだのはアフロディテであった。絶世の美女を手に入れたいがためである。こうして黄金のリンゴは、アフロディテを特定する持物《アトリビュート》となる。パリスは妻を見捨てて美女のもとに走り、二人はトロイに愛の巣を構えて、甘い生活をはじめた。ところが、パリスが射とめた美女がこともあろうにスパルタ王の妻ヘレネであったところから、大戦争に発展する。ホメロスの英雄叙事詩『イリアス』に語られ、考古学者ハインリッヒ・シュリーマンが史実であると信じて疑わなかった、かのトロイ戦争である。王妃ヘレナ奪還のため、アガメムノンを総帥とするギリシア連合軍とトロイとの戦争の原因は、もとをただせばエリスの憤怒にあったのだ。まことにエリスは「不和と争いの女神」であった。

◉アダムとイヴの禁断の果実

よく知られているように、キリスト教ではリンゴは禁断の果実であり、原罪のシンボルとなっている。その典拠は旧約聖書の「創世記」とされるが、実際には原罪を引き起こした知恵（善悪の知識）の樹の実がリンゴであるとは、どこにも記されていない。では、禁断の果実が伝統的にリンゴとされているのはなぜだろうか。一説によると、同綴異義語に起因する誤解から生じたものではないかという。

ラテン語で「悪」はマルムで、「リンゴ」はマールム。それぞれ短母音、長母音の違いはあるもの、綴りはどちらも malum である。中世にはマルム・マールム（邪悪なリンゴ）という駄洒落も流布したらしい。ここから、リンゴが禁断の果実となったと考えられている。蛇足ながら、喉仏のことを英語

ルカス・クラーナハ（父）《アダムとイヴ》
1526 年　ロンドン、コートールド美術館

で Adam's apple《アダムのリンゴ》というが、これはイヴからもらった禁断の果実《リンゴ》をアダムが食べた際、それを喉に詰まらせたという伝説に由来する。

リンゴの木に巻き付いた蛇がイヴをそそのかし、アダムにリンゴを渡す場面は、多くの絵画に描かれている。北方ルネサンスを代表するルカス・クラーナハ（一四七二〜一五五三）の作品は、その一例だ。

ドイツの画家クラーナハはウィーンで修業を積んだあと、ヴィッテンベルクに工房を構え、領主ザクセン選帝侯フリードリヒ三世にお抱え画家として仕えた。マルティン・ルターの親しい友人で、ルターの熱心な支持者であったクラーナハは、彼の肖像画や多数の宗教画も残しているが、「アダムとイヴ」を題材にした絵も好んで描いた。

ロンドンのコートールド美術館にある《アダムとイヴ》では、蛇にそそのかされて知恵の樹の実（リンゴ）を食べたイヴが、さらにそれをアダムにも食べさせようと手渡している場面が描かれている。痩身で手足が異常に長く、なで肩のイヴ。そのツンとした唇、切れ目、きりりとした表情は、いかにも悪女めいている。クールで耽美的な官能性はクラーナハならではのものだ。一方、リンゴを受け取ったアダムは当惑ぎみで、左手で頭をかいているところが何ともユーモラスだ。なにしろ神が禁じた知恵の樹の実を食べるのであるから勇気がいるのだ。

知恵の樹に絡みついた蛇は誘惑に負けたイヴが知恵の実をアダムに手渡している様子を傍観している。アダムとイヴは禁断の果実を食べた結果、楽園から追放されてしまう。二人の下半身を隠しているのは、一般にいわれているイチジクではなく、この作品ではブドウの葉である。

聖母《マドンナ》に捧げる白ユリ

ユリはユリ科ユリ属に属する球根植物で、北半球の温帯に分布し、約百種の原種が確認されている。古来ヨーロッパの絵画などに描かれているユリは、マドンナ・リリー（学名 *Lilium candidum*《リリウム・カンディドゥム》）の愛称で親しまれているホワイト・リリーである。学名のカンディドゥムは「白い」という意味で、春の終わり頃から夏にかけて白い花を咲かせる。バルカン半島から西アジアが原産で、古代ローマ人も好んで栽培した。蛇足ながら、古代ローマでは執政官《コンスル》をはじめ公職候補者は選挙活動をおこなう際に、白いトガ（一枚衣の上着）を着用した。候補者はcandidatus《カンディダトゥス》、すなわち「白衣をまとった人」と呼ばれたが、ここから英語のcandidate《キャンディデイト》（候補者）という語が生まれた。

現存する最古のユリの絵とされているのは、クレタ島の壁画である。クノッソスの港町アムニソスのフレスコ壁画に残されているユリは紀元前一五五〇年〜一五〇〇年頃のものと推定され、やや様式化されてはいるものの、マドンナ・リリーの特徴がよく出ている。同様のユリは、クレタ島の北方に位置するサントリーニ島の古代ギリシア時代の遺跡で発見された壁画にも見うけられる。

聖書に出てくる「野のユリ」（「マタイによる福音書」第六章、第二八節）については、これまで聖書学者の間ではアネモネであろうといわれてきたが、実際にはマドンナ・リリーであることが判明して

75 ── 聖母に捧げる白ユリ

サントリーニ島、アクロティリ出土の壁画
前 1500 年頃
アテネ、国立考古博物館

クレタ島、アムニソス出土の壁画
前 1550- 前 1500 年頃
イラクリオン考古博物館

いる。これに対して、「シャロンのバラ」(「雅歌」第二章、第一節)といわれるものは、実際にはシャロネンシス種のチューリップであった。シャロンとはイスラエルの地名で、テル・アビブから北のハイファに至る地中海に面した平原地帯を指す。砂漠の多いイスラエルにあって、シャロン平原はことのほか肥沃で、草花が多い。聖書にいう「乳と蜜の流れる地」(「出エジプト記」第三章、第八節)が、シャロン平原である。「シャロンのバラ」は、今でも春になると燃えるような真っ赤な色でイスラエルの地を染め上げている。

ユリはアッシリアでは王位の象徴であった。旧約聖書や新約聖書にも出てくるほか、ホメロスやプリニウス、ウェルギリウスも言及している。ローマの貨幣にはユリの図柄と王位継承者の肖像が刻印され、「Spes populi Romani《ローマ人民の希望》」という銘が刻まれていた。エルサレムにある神殿の列柱には、ユリとザクロの柱頭模様が彫り込まれており、神聖な社《やしろ》の燭台はユリで飾られた。また、六世紀のものとされるビザンティンのモザイクには、ユリを手にした天使が描かれている。

キリスト教ではユリは聖母の花で、古代ローマ帝国で迫害されたキリスト教徒が逃げ込んだカタコンベには、殉教した少女の墓にユリの花を描いたものが多いといわれている。キリスト教徒たちは純白の花をつけるユリの花を純潔の象徴として聖母に捧げていたのである。

◉受胎告知の象徴

マリアがイエスを懐妊したことを告げられる受胎告知の場面は新約聖書「ルカによる福音書」(第

一章、第二十六節～三十八節）にみられ、これをモチーフとした絵画は多い。多くの画家は聖書のこの箇所をテクストとして用いたといわれる。あらすじはこうだ。

ある日のこと、大天使ガブリエルがガリラヤ地方のナザレに住むマリアの前に現れ、突然こう告げた。「おめでとう。恵まれた方。主があなたとともにおられる。」マリアにしてみれば、何のことやら皆目見当がつかなかったにちがいない。ひどく胸騒ぎがして、訝しく思っていると、大天使は続けた。「マリアよ、恐れることはない。あなたは神から恵みをいただいた。身ごもって男の子を産むが、その子をイエスと名づけなさい。」

そういわれても、マリアにしてみればこれほど恐ろしい話はないだろう。なにしろ見知らぬ大天使から突然、身に覚えもないのに身ごもったなどと告げられたのだ。マリアの驚きたるや、察するに余りある。このときマリアは大工ヨセフと婚約したばかりだった。マリアが「まだ男性を知りません」と言うと、大天使はこう答える。「聖霊がおまえに降《くだ》り、生まれる子は聖なる者、神の子と呼ばれるであろう。」つまり、身ごもった子は神の子だというのだ。恐れおののいていたマリアだが、結局、神に選ばれたことに感謝し、最後は神の御言葉《みことば》にしたがう。

受胎告知の場面にはきまって描かれる約束事のようなものがある。たとえば、大天使ガブリエルは背中に翼をつけ、手には白ユリを持っている。白ユリはマリアの純潔の証である。また、よく描かれる白い鳩は聖霊の象徴だ。マリアは赤い服に青いマントを着ていることが多く、室内にいて、たいてい聖書を手にしている。室内あるいは囲われた庭といった閉ざされた空間はマリアの処女性を示す。

受胎告知で描かれるマリアの表情は次の三つのいずれかに対応する。大天使ガブリエルの突然の来訪に驚くマリア。受胎したことを告げられ戸惑う、ないしは怯えるマリア。そして神の「しもべ」として神のいわれるままにすべてを天命として受け入れるマリアである。

受胎告知の象徴として、白ユリが現れるようになるのは、十四世紀のシモーネ・マルティーニ（一二八四頃～一三四四）からであるといわれている。マルティーニはイタリアのシエナ派を代表する画家で、詩人ペトラルカの友人でもあった。その代表作《受胎告知》の祭壇画は、もともとシエナ大聖堂内にあるサンタンサーノ礼拝堂のために描かれたものだ。突然来臨した大天使ガブリエルによって神の子イエスを懐妊したことを告げられ、マリアはいかにも戸惑いを隠せない様子である。画面中央にはまるで吹き出しのようにガブリエルの台詞「おめでとう。恵まれた方。主があなたとともにおられる」がラテン語で綴られている。

赤い衣服に青いマント姿のマリアは読書中だったのであろうか。困惑して身をよじり、「あんた誰よ?」とでも言いたげだ。ガブリエルが手にしているのはオリーブの小枝。本来であれば白ユリを持っているはずだが、これには世俗的な理由があった。ユリはシエナ市の仇敵フィレンツェの紋章であったため、シエナ出身の画家はあえてユリを避けてオリーブの木にしたのだ。とはいえ、白ユリがないわけではない。画面中央、奥まった床に置かれた花壺にしっかりと活けられている。マリアの純潔を象徴するためには、やはり白ユリは不可欠なのである。

79 ── 聖母に捧げる白ユリ

シモーネ・マルティーニ
《受胎告知》部分、1333 年
フィレンツェ、ウフィツィ美術館

血から生まれた風の花　アネモネ

アネモネ（学名*Anemone coronaria*《アネモネ・コロナリア》）はキンポウゲ科イチリンソウ属の多年草で、南ヨーロッパの地中海沿岸を原産地とする。ギリシア語の「風《アネモス》」にちなんでアネモネと呼ばれる。種子には長い毛があり、風によって運ばれる。古代ローマのプリニウスは『博物誌』のなかで、「アネモネは風が吹かなければ、花が咲かない。」と述べているが、実際のところアネモネは三〜四月にかけての春先に開花する品種が多い。イギリスではウィンド・フラワーとも呼ばれる。この表現は言い得て妙で、まさにアネモネは春風に乗って咲く「風の花」なのである。ちなみに、英語で「風力計」を意味するanemometer《アネモメター》もアネモネに由来する。

◉ギリシア神話のアネモネ

ギリシア神話によると、愛の女神アフロディテ（ローマ神話のウェヌス＝ヴィーナス）がある日、息子のエロス（ローマ神話のクピド＝キューピッド）と遊んでいたときのこと、エロスの射た矢が誤って母親の胸に当たった。エロスの矢に討たれた者は、最初に出会った異性に恋をするといわれていた。アフロディテは、胸の傷が癒えないうちに美少年アドニスを目撃し、彼のとりこになってしまう。

アドニスは狩りが大好きで、毎日獲物を探し求めては、野山をかけまわっていた。アフロディテはアドニスが狩りの最中に怪我をしたらどうしようとハラハラし、つね日頃から大きな獣を相手に無謀な狩りをしないよう忠告していた。そんなある日、森の中で猟犬が一頭の大きなイノシシを見つけた。アドニスはイノシシを追いかけ、槍でその獲物を突いたものの、手負いのイノシシに逆襲されてしまう。イノシシは鋭い牙でアドニスの脇腹を突き裂いた。

知らせを聞いたアフロディテは、二輪戦車に飛び乗り、愛するアドニスのもとに急行した。アドニスは木立のなかで、深手を負って横たえていた。女神は嘆き悲しみ、その傷口に香しい神酒ネクタルを注いだ。ネクタルは不老不死の飲み物である。アフロディテがアドニスの遺体を森から運びだそうとすると、血が滴り落ち、そこから赤い花が咲き出た。こうして、アドニスはアネモネに姿を変えたのである。

アドニスに神酒を注ぐアフロディテ（マルカントニオ・フランチェスキーニ画　1695年頃　ウィーン、リヒテンシュタイン美術館）

これについては、アドニスが亡くなった時に、アフロディテの流した悲しみの涙がアネモネに変わったという説もある。それはともかく、イノシシは実はゼウスの息子で、戦争の神であるアレス（ローマ神話のマルス）の化身であった。アレスはアフロディテの元の恋人で、嫉妬に狂いイノシシに化けてアドニスを牙で突き殺したのである。

ローマの伝説によると、アネモネは花の女神クロリスと西風ゼフュロスに仕えた妖精であったとされる。夫ゼフュロスが愛らしい妖精と恋仲になったことを知ったクロリスは激怒し、アネモネを花園から追放してしまう。アネモネは意気消沈し、森の中でさまよいながら瀕死の状態にあった。その時、通りかかったゼフュロスがアネモネを小さな一輪の花に変え、毎年春に甦らせるようにした。アネモネは春になると目にも鮮やかな真っ赤な花をつける。

一般にアネモネといえば、コロナリア種を指す。コロナリアは「花冠の」という意味である。古代ギリシア・ローマ時代には花冠が盛んに作られたが、そこにアネモネは欠かせない花だった。アネモネは愛のしるしでもあったため、春になるとよく愛の女神ヴィーナスの神殿や祭壇を飾った。アネモネは古代ローマ人にとっては、なによりもヴィーナスの花なのである。

◉キリスト教のアネモネ

キリスト教では、アネモネはキリストの受難の際の血と結びつけられ、マリアの悲しみを象徴するものとされている。これはキリストが磔刑にされた日の夕方、カルヴァリの丘にアネモネが生え始め、そこにキリストの血が滴り落ちたため、アネモネは赤くなったという故事によるものだ。また、アネモネはイースター・フラワー、すなわち「復活祭の花」といわれているところからもわかるように、キリスト復活の花として知られている。

初期のキリスト教会では、シャムロック（三つ葉のクローバー）と同じように、アネモネの茎の三つ股の葉が三位一体を象徴するものとして利用された。

アネモネの伝播には十字軍が関係していた。第二回十字軍の際、ピサの司教ウンベルトは聖地から帰国する十字軍士たちを乗せた船の底荷に海辺の砂礫ではなく、土を積んでくるように頼んだ。彼は死者を弔うために運ばれてきた聖地の土を墓地《カンポ・サント》にまいた。すると翌年の春、深紅の絨毯を敷き詰めたように墓地一面に見慣れない花が咲いた。誰もがその光景を見て驚いた。アネモネは土に混じって聖地パレスチナから運ばれてきたのである。巡礼者や聖職者はこれを奇跡として、その種子をヨーロッパ各地に広めたという。アネモネはまさに「奇跡の花」だった。

アネモネは「キリストの血の滴り」ともいわれるが、それは聖地を守るために東方に赴いた十字軍兵士が流した血でもあった。深紅の美しいアネモネは殉教者の血を思わせる。

◉フランスに広まったアネモネ

フランスでは、アネモネについて次のような逸話がある。十七世紀初めのこと、パリの花卉栽培家のメートル・バシュリエールは東方からみごとなアネモネを入手し、長い茎の上にカラフルな大輪の花をつける変種を生み出した。その後十年間、強い愛着心からか、独占欲からか、はたまた金銭目当てからかは定かではないが、彼は開花した花はおろか種子一粒たりとも売りに出すことをしなかった。愛好家たちは何とかそのアネモネを手に入れようと躍起になった。

そんなある日のこと、アネモネの種子が熟する頃を見計らい、悪知恵にたけたフランスの国会議員(アントワープの市長という説もある)がバシュリエールのもとを訪ねた。彼はふさふさした毛皮で縁取りされた外套を着用し、アネモネの上に落とすよう奸計をめぐらしていた。庭を案内してもらいながら、アネモネの花壇のそばを通ったとき、「偶然」腕から外套が滑り落ちた。彼の秘書は、注意深く外套を拾い上げ、ついでに綿のような種子も巻き込んで頂戴したというわけである。この種子からアネモネはフランス各地に広まっていった。フレンチ・アネモネと呼ばれるのがそれである。

◉ピカソの《ゲルニカ》とアネモネ

パブロ・ピカソ(一八八一～一九七三)の代表作《ゲルニカ》は、スペイン内乱下の惨劇、バスク地方にある古都ゲルニカの空爆(一九三七年四月二十六日)をきっかけに描かれたものである。ゲルニカの人口は約五千人。そこにフランコ将軍を支援するナチスのドイツ空軍とイタリア空軍が、わずか数時間の間に、二十二トンの重爆弾と火炎装置を投下したのである。当時パリにいたピカソは、パリ万国博覧会のスペイン館で展示される予定の壁画を制作していたが、祖国の空爆の知らせを受けると、急遽テーマを変更した。

マドリードのソフィア王妃芸術センターに展示された《ゲルニカ》の前にはいつも大勢の人垣ができている。

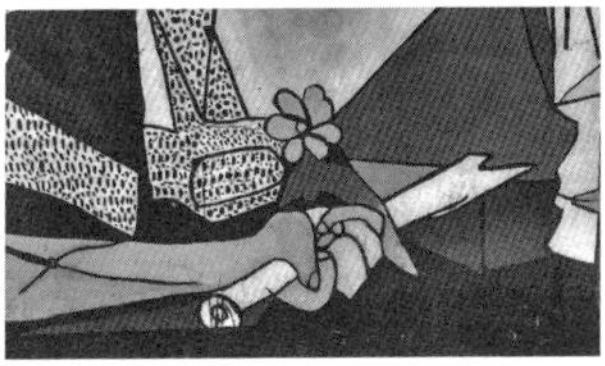

（左）作品の部分図
画面下中央部に描かれた兵士の手には折れた剣が握られ、アネモネと思しき一輪の花が咲いている。

制作にあたっては、油彩よりも乾きが早い工業用ペンキを使用し、一九三七年六月四日に作品を完成させている。ピカソは怒り、悲しみ、抗議を込めて、縦三・五m、横七・八mの大作をわずか一ケ月余りで描き上げた。

この作品は複数の視点からみた画像を一つの画面に表現する、いわゆるキュビズムの手法で描かれている。使われている色彩は黒、白、灰のモノトーンで、図像学的にはさまざまな解釈がなされている。

画面中央、狂ったようにいななく馬の頭上にある電球は四方八方に不気味な光を放っており、爆撃を連想させる。その左、手にランプをもった女性は爆撃を受けた現場の惨状を目の当たりにし、驚いた様子だ。画面右端の人物は救いの手を天高く差し伸べている。画面下の中央、切断された兵士の右手には折れた剣が握られ、一輪の花が咲いている。一説によると、この花はアドニスの流した血から生えたアネモネではないかという。アネモネは「再生」あるいは「復活」の象徴でもある。画面下の左端、兵士の左手の掌につけられた傷は、殉教の象徴であるキリストの傷跡を連想させる。画面左端には死んだ子どもを抱きかかえ、悲嘆に暮れる女性が描かれている。その姿は、磔刑に処され、十字架から降ろされた我が子イエスを抱く聖母マリアとして、西洋絵画の伝統的主題である「哀悼《ピエタ》」に結び付けられる。

爆撃時、男性の多くは出征しており、町にいたのは大半が女性と子どもたちだった。この爆撃は一般市民に恐怖を与え、士気をくじく狙いでおこなわれる戦略的な爆撃の先駆けとなり、都市の無差別爆撃は第二次世界大戦で本格化した。ゲルニカ空爆はそのための大きな実験だったのだ。

花嫁を飾るヴィーナスの花　ギンバイカ

ギンバイカ（学名 *Myrtus communis*《ミルトゥス・コムニス》）は地中海沿岸地域に自生する低木で、香りのある小さな純白の花をつける。五つの花弁のなかに多数の白い雄蕊《ゆうずい》（おしべ）が叢生しており、青々と繁る葉も美しく、果実ともども強い芳香を放つ。英語ではマートルだが、ドイツ語の花名ミルテで広く知られている。ドイツの作曲家ロベルト・シューマンの歌曲集『ミルテの花』（作品二十五）は花嫁クララに捧げられたものだが、この作品は結婚式の前日、ミルテの花とともにクララに贈られた。そこには「愛する花嫁へ」と書き添えてあったという。

古代ローマの詩人オウィディウスによれば、海の泡から生まれたヴィーナスは愛の島キュテラの海岸に漂着したとき、ギンバイカの枝でその裸身を隠したという。そのような言い伝えもあって、ギンバイカは愛の女神ヴィーナス（ギリシア神話のアフロディテ）に捧げられた。

古代ギリシア・ローマ人がこの花木を愛した理由は、その美しさと芳しい香りにあった。純白の花は純潔の象徴として、常緑の葉は不変の愛と忠誠に結びつけられ、結婚式の花輪に用いられるようになった。

古代ギリシア人が新しい植民地を求めて航海に出るときは、アフロディテの加護を得られるよう必ずといってよいほどギンバイカの木を携帯したという。ギリシア人の間ではギンバイカの枝葉で作る花輪や冠は非常に人気があり、市場の一角にはつねにギンバイカの販売所が設けられていた。

◉メディチ家の婚礼画《プリマヴェーラ(春)》のギンバイカ

有名なサンドロ・ボッティチェリの《プリマヴェーラ(春)》にはギリシアの神々が次々に登場する。この作品の解釈はさまざまだが、作品のタイトルが示しているように、春の訪れを告げ、その季節の豊饒さを擬人的に表現したものとみることができる。タンポポ、スミレ、ヒヤシンス、ヤグルマギクなどはすべてトスカーナ地方の春の花であり、登場する花の数もさることながら、その克明な描写にも驚かされる。そもそもこの画題は、『芸術家列伝』で知られる十六世紀の美術史家ジョルジョ・ヴァザーリの「この作品は春を表わしている」という記述に由来する。

画面右手奥から頬を目いっぱいふくらませた西風の神ゼフュロスが現れ、背後から大地の女神クロリスに抱きつき、とらえようとしている。春を運ぶ西風を受けたクロリスの口からは草花がこぼれ出し、左隣りのフローラ(花の女神)に変身する。花の女神フローラは優雅な薄布のギリシア風チュニックを身にまとい、頭に花の冠、首に花環、そして両手にバラを持って、周囲にまき散らしている。バラは愛と美の女神ヴィーナスを象徴する花である。同じボッティチェリの《ヴィーナスの誕生》(図版一二八頁)にもバラは描かれている。

庭の中央に立っているヴィーナスのまわりはあたかも後光がさしているかのようで、ギンバイカの

サンドロ・ボッティチェリ
《プリマヴェーラ（春）》1482 年
フィレンツェ、ウフィツィ美術館

小枝の茂みが半円形を成している。まるで壁龕《へきがん》のようなその部分の明るさは、全体の背景となっている黄金色の実をつけたオレンジの樹林の暗さとは対照的だ。ギンバイカはヴィーナスの花として、結婚式には欠かせない花だった。また、オレンジはキリスト教では純潔、慈愛のシンボルとされ、しばしば花嫁を飾るのに用いられた。ギンバイカとオレンジは、ともに婚礼にふさわしい祝いの木なのである。美しく装ったヴィーナスは、ここでは結婚の女神として描かれている。

この絵はメディチ家一族のロレンツォ・ディ・ピエルフランチェスコの結婚を祝して描かれた祝婚画だったといわれている。背景の木々にたわわに実っているオレンジは、メディチ家の象徴とされた果物であることが思い起こされる。「春」や「豊饒」の寓意画には、二人の門出を祝福し、一族の繁栄を願う気持ちが込められていたのである。

◉婚礼画《ウルビーノのヴィーナス》のギンバイカ

ルネサンス期のヴェネツィアの巨匠、ティツィアーノ・ヴェチェッリオの作品である。ウルビーノはイタリア北東部の小都市で、十五世紀には芸術文化の中心として名を馳せ、多くの芸術家が集まった町である。この作品はのちのウルビーノ公グイドバルド・デッラ・ローヴェレ二世（一五一四〜七四）が、一五三四年の自分の結婚を祝うためにティツァーノに依頼したものといわれている。その証拠に画面右側に嫁入り道具のひとつである蓋付きの長櫃《カッソーネ》が置かれ、そこから衣類をさがし出そうとしている侍女の姿がみえる。カッソーネは伝統的な結婚の贈物で、本作品は元来この衣装箱を装飾するために制作されたらしい。蓋の裏にはしばしば裸体の男女が描かれていたという。さらに立っている右側の侍女は重そうなドレスを肩に掛けている。

花嫁ジュリア・ヴァラノ（一五二三〜四七）は、結婚した時はまだ十四歳で、当時は珍しくもない政略結婚だったが、この絵には若くして嫁ぐ花嫁の「教育的」効果を意図した枕絵的な意味合いもあったようだ。当時のイタリアでは十四歳といえば、出産が望まれる年頃だった。この絵にもジュリアの受胎への願いが込められていたのである。

ちなみにヴィーナスの足元で丸くなって寝ている仔犬は、夫への貞節を表し、無条件の忠誠を象徴する。そして、窓辺に置かれているのがギンバイカの鉢植えだ。ギンバイカは結婚の象徴で、縁起の良い植物だった。そうした祝いの木であるギンバイカがきちんと剪定され、鉢植えで窓辺に置かれているさまは、結婚の準備が整ったことを暗示するかのようで興味深い。

それにしても、陰部に左手を置き、肢体をくねらせて横たわる裸のヴィーナスのなんと艶めかしいことか。背後のカーテンの切れ目にちょうど陰部が当たっているので、なおのこと観る者の視線を下腹部へと向けさせる。ベッドにかけられているシーツや枕の皺は意味深で、淫靡な雰囲気を漂わせている。ヴィーナスは宝石を身につけ、右手に赤いバラの花束を握っている。バラは愛の象徴であり、ヴィーナスの花でもある。よく見ると、バラだけではなく、ベッドや立っている侍女のスカートの色も赤で、赤色がこの絵に華やかさを与えている。

ティツィアーノ・ヴェチェッリオ
《ウルビーノのヴィーナス》1538 年
フィレンツェ、ウフィツィ美術館

ロイヤル・ブーケを手にしたキャサリン妃

●ギンバイカとロイヤル・ウェディング

イギリスでは花嫁のブーケにギンバイカの小枝、オレンジの花、ローズマリーを入れる。花嫁は挙式後、ブーケのなかのギンバイカの小枝を新居の庭に植えるのである。ギンバイカが生長して青々とした葉をつけるようになると、その家庭は円満になり繁栄するといわれた。

ヴィクトリア女王は一八四〇年にアルバート公と結婚するが、その五年後に女王が夫アルバート公の故郷ドイツを訪れた際、アルバート公の祖母から一束のブーケを受け取った。その中にギンバイカの小枝が入っていた。その昔、ドイツでは花嫁はギンバイカの花で身を飾り、花婿は上着の折り衿にギンバイカの小枝を差し挟む習慣があったのである。

ヴィクトリア女王はドイツから帰国後、ブーケに入っていたギンバイカの枝をワイト島にあった別荘のオズボーン・ハウスの庭に植えた。ギンバイカはブリテン島の南に浮かぶワイト島ですくすくと育った。そして一八五八年の娘の結婚式のときに、そのギンバイカをブーケに入れたのである。イギリス王室のロイヤル・ブーケにギンバイカを入れる習慣は、この時から始まったのである。

イギリス皇太子チャールズの長男で、女王エリザベス二世の孫にあたるウィリアム王子は二〇一一年四月二十九日、一般家庭のキャサリン・ミドルトンと由緒あるウェストミンスター寺院で華燭の典を挙げたが、このときイギリスではブーケにどのような花が使われるか、話題になった。「ギンバイカは不可欠」というのが大方の見方だったが、予想通り、キャサリン妃が手にしたブーケにはギンバイカを含め、スズラン、スイート・ウィリアム（ナデシコ）、ヒヤシンス、アイビーが入った。これらの花にはそれぞれに次のような意味が込められていた。

・ギンバイカ―愛と結婚の象徴
・スズラン―繰り返される幸せ、幸福の訪れ
・スイート・ウィリアム―勇敢
・ヒヤシンス―永遠の愛
・アイビー―夫婦愛、貞節

スイート・ウィリアムは和名ナデシコで、スイートは「芳しい香りの」という意味だが、ここでは「やさしいウィリアム」とかけている。

また、キャサリンのたっての願いで、ウェディング・ドレスはイギリスの伝統と新しさを兼ね備えたものとなった。ドレスの色はアイボリー・ホワイト。トレーン（裾）の長さは二m七十cmで、伝統的なウェディング・ドレスよりもやや短めだった。レースに施された刺繍はイギリスの伝統的な手縫いで、そこにはイングランド、スコットランド、ウエールズ、そしてアイルランドという連合王国イギリスを構成するの四つの地域を象徴する花、すなわちバラ、アザミ、ラッパズイセン、シャムロック（三つ葉のクローバー）があしらわれていた。それは伝統への敬意の表れだった。

スコットランドに自生するアザミ（オオヒレアザミ）

スコットランドを救ったアザミ

アザミはキク科アザミ属（学名 *Cirsium*《キルシウム》）とそれに類する植物の総称である。アザミ属は北半球の温帯から寒帯まで広く分布し、ほとんどが紅紫色の花をつけ、深い切れ込みがある厚い葉と、葉や総苞にさわると痛い刺をもつ。ワイルド・アーティチョークと呼ばれるものもあるが、これはアーティチョークに似た風味を持つためである。ここでは伝説に彩られたヨーロッパに自生する「アザミ」を紹介しよう。

◉スコットランドのアザミ（学名 *Onopordum acanthium*《オノポルドゥム・アカンティウム》、英名 Scotch thistle）

オオヒレアザミ属の一種で、全体が白っぽい綿毛に覆われているところから、cotton thistle または woolly thistle とも呼ばれる。葉の煎じ汁は神経症や腫れ物に効くとされ、種子から取った油は灯油や食用油となった。

アザミはスコットランドの国花である。スコットランドは現在、イングランド、ウェールズ、北アイルランドとともに連合王国であるイギリスの一角を構成するが、もとはといえば一つの「国」であった。その名残りは、たとえばラグビーの五ヶ国対抗（イングランド、ウェールズ、アイルランド、スコットランドにフランスを加えたファイブ・ネイションズ）にみられる。アザミはスコットランドのなかでも、特にハイランド地方で広範囲にわたって群生している。

国花の由来についてはいろいろな伝説がある。その中のひとつは、次のようなものだ。何世紀にもわたり、スコットランドの西部はヴァイキングの国ノルウェーの一部であった。しかし、ノルウェー王は十三世紀半ばまで、その領地にほとんど関心を示さなかった。ところが一二三六年、スコットランド国王アレキサンダー三世がノルウェーの領土であったヘブリディーズ諸島とキンタイア半島を当時のノルウェー王ハーコン四世から買い戻そうと提案する。そのことがノルウェー人の忘れかけていたスコットランドへの関心をふたたび呼び起こした。

一二六三年の晩夏、ノルウェーのハーコン四世はスコットランド征服を企て、大艦隊を派遣した。だが、悪天候と大嵐に見舞われ、船はスコットランドの西部ラーグスの浜辺に漂着し、兵士も上陸を余儀なくされた。言い伝えによると、上陸したノルウェー軍は敵陣に夜襲をかけて不意打ちをしようと画策し、兵士たちは全員靴を脱ぎすてた。闇にまぎれてこっそり移動しようというわけである。裸足で前進していくと、あたり一面アザミに覆われた場所に出た。すると運悪く、一人の兵士がアザミを踏みつけてしまい、あまりの痛さに大きな悲鳴をあげた。この悲鳴を聞いて、スコットランド陣営は敵の奇襲を察知し、狼狽するノルウェー軍を打ち破った。一二六三年十月二日のことである。

スコットランドのアザミ勲章

スコットランド軍は、アザミのおかげでノルウェー軍を撃退し、独立を守ることができたのである。こうしてアザミはスコットランドの「救国の花」あるいは守護神《ガーディアン》として敬愛され、スコットランドの国花となったのである。ちなみにアザミをスコットランドの国花に制定したのは、十五世紀のジェイムズ三世（在位一四六〇〜八八）であるといわれている。その後、一六八七年にはイングランド王ジェイムズ二世（スコットランド王としてはジェイムズ七世）によってアザミ勲章が制定され、カトリック教徒である国王に与するスコットランド貴族に授与された。

スコットランドの最高勲章であるアザミ勲章には、上記の故事にちなんで「われを襲おうとする者は無事ではすまされぬ」（Nemo me impune lacessit）という銘が入れられている。現在のイギリスでも、アザミ勲章はイングランドのガーター勲章に次ぐ第二位の勲章として、国家に多大な貢献をした人物に授与される。

◉カール大帝のアザミ（学名 *Carlina vulgaris*《カルリナ・ウルガリス》、英名 Carline thistle）

ヨーロッパに広く分布するチャボアザミ属の一種で、総苞に鋭い刺がある。これについてはフランク王国の王で神聖ローマ皇帝の祖とみなされるカール大帝（七四二〜八一四）にまつわる次のような伝説がある。

ある遠征の途中、疫病が蔓延し、兵士に病死者が続出した。さらなる犠牲者がでることを恐れた大帝は神に助けを求め、一心に祈った。すると弩を持った天使が現れ、大帝に矢を射るように命じ、その矢の落下した所にある草を疫病の薬とするよう告げた。矢はアザミの上に落ちたので、それを煎じて罹病者に飲ませたところ、たちどころに病は癒えたという。以来、アザミは大帝の名カロルス・マグヌス(仏名シャルルマーニュ)にちなんでカーリン・シスル（カール大帝のアザミ）と呼ばれるようになった。

◉聖ベネディクトのアザミ（学名 *Cnicus benedictus*《クニクス・ベネディクトゥス》、英名 Holy thistle)

キバナアザミは薬草として知られ、疫病はもとより、古くから熱病や頭痛、めまいに効くほか、血行を促進し、血液を浄めるともいわれた。シェイクスピアの喜劇『空騒ぎ』（一六〇〇）のなかに、「キバナアザミの蒸留水を作って胸に塗りなさい。めまいにはこれが一番です。」というセリフがあることからもわかるように、シェイクスピアの時代には、めまいにはキバナアザミが特効薬と考えられていたのである。

英名はホリー・シスルだが、「聖《ホリー》なる」は、聖母が十字架から抜いた釘を土に埋めたところ、そこからこの草が生えてきたという故事にちなむ。学名クニクス・ベネディクトゥスは「聖ベネディクトのアザミ」の意味をもつが、聖ベネディクト（四八〇頃〜五四七頃）は「祈り、かつ働け」をモットーにヨーロッパの修道院制度の基礎を築いた人物で、「西方修道会の父」と呼ばれる。

スコットランドのアザミ

カール大帝のアザミ

聖ベネディクトのアザミ

伝説に彩られたカーネーション

カーネーション（学名 *Dianthus caryophyllus*《ディアンツス・カリオフィルス》）の原産地はギリシアから小アジアを経てペルシアに至る地域であったといわれている。属名 *Dianthus*《ディアンツス》（和名ナデシコ属）は、「神々しい花」あるいは「神の花」を意味する。古代ギリシアでは、ディアンツスは神々の頂点に立つ「ゼウス」（Dios）に捧げられた「花」（anthos）であった。植物学者テオフラストスも、カーネーションを「神の花」と呼んでいる。古代ギリシア人はこの花を競技者が被る「花冠」（coronation）に織り込み、花輪にもした。後世、「戴冠式」（coronation）の花と呼ばれるようになったのは、これに由来するといわれている。

カーネーションは古代ローマ人には主神ユピテル（ギリシア神話のゼウス）の花として知られ、ローマ帝国領内では何世紀にもわたって栽培されていた。伝説によると、ローマ神話に登場する狩りの女神ディアナがある日、羊飼いの少年を見つけた。また、少年があまりに美男子だったため、誰かに誘惑されないようディアナは少年の両眼をくり抜き、それを地面に投げつけた。すると、そこから二輪の花が咲いた。フランス語でカーネーションのことを oeillet《ウィエ》（小さな眼）というのは、この伝説に由来する。

カーネーションにまつわる伝説は多く、この花はトロイ戦争のギリシア軍の勇士アイアスが瀕死の状態にあった時に流した血から生まれたともいわれる。ローマの博物学者プリニウスはスペイン北部のカンタブリア地方に咲くCantabrica《カンタブリカ》について言及し、この花はカンタブリア地方に居住していた好戦的な民族カンタブリア人によって皇帝アウグストゥスの時代に発見されたと述べている。プリニウスによれば、「葦のような茎が一フィートに伸び、トランペット形の籠に似た小さな花をつける」カンタブリカは、カンタブリア地方のどこにでも見つけられる草本であるという。イギリスの園芸史家ヘンリー・フィリップス（一七七九〜一八四〇）は、カンタブリカをカーネーションの祖先とみなしている。

◉フランスへの伝来

カーネーションのフランスへの伝来については、次のような伝説がある。スペイン原産のカーネーションは北アフリカのチュニスに伝播した。チュニスでは、カーネーションを煎じたものが病気予防の健康茶として愛飲されていた。一二九〇年、聖王ルイ九世（在位一二二六〜七〇）は第七回十字軍を起こした。チュニスに上陸したルイは、イスラム軍と交戦したが、当時北アフリカに蔓延していたチフス（あるいは赤痢）に感染し、チュニスで病没した。結局、十字軍に参加した兵士たちはなすべもなく帰国したが、その時カーネーションは兵士たちの手によってチュニスからフランスに持ち込まれたという。以来、カーネーションは「チュニスのお土産」と呼ばれた。

別の言い伝えによると、カーネーションはルネ・ダンジュー（一四〇九〜八〇）によって、イタリアからフランスにもたらされたという。ルネ・ダンジューはヴァロワ朝の分家であるヴァロワ＝アンジュー家出身で、一四三五年にはナポリ女王ジョヴァンナ二世の遺言によりナポリ王位を継承した。だが、その正当性にアラゴン王アルフォンソ五世が異議を唱え、両者は争った。その結果、ルネ・ダンジューは敗北を喫し、ナポリ王位を手放すことになる。一四四二年、王位を追われたルネは失意のうちにフランスに帰国するが、そのとき彼はイタリアから南地中海に面するヴァール地方（旧プロヴァンス伯領）にカーネーションを持ち込んだといわれる。この伝承によれば、フランスで最初にカーネーションを栽培したのは、善良王ルネであったということになる。

◉イギリスへの伝来

ヴィクトリア朝時代の植物愛好家ヘンリー・ニコルソン・エラコウム（一八二二～一九一六）によれば、イギリスにはノルマンディー公ウィリアムによるイングランド征服（一〇六六）を契機に持ち込まれたという。この時ノルマン人が持ち込んだか、あるいはノルマンディーから運ばれた建築用資材の石に付着していたらしい。ケント州のロチェスター城にはカーネーションが多いといわれるが、それらは築城用石材に付着して渡来したのかもしれないという。

ジェフリー・チョーサーの時代（十四世紀後期）には、clove gillflower《クローヴ・ジルフラワー》あるいは gillyflower《ジリフラワー》などさまざまな呼称が記録に残っている。クローヴ・ジルフラワーと呼ばれたのは、クローヴ（丁子）に似た香りがするところからで、イギリスでは大変な人気を博した。カーネーションの種小名 *caryophyllus*《カリオフィルス》

も「クローヴに似た」という意味である。

クローヴはモルッカ諸島原産の常緑低木で、百里香とも呼ばれるほど強い香りをもっている。開花前の花蕾を乾燥させたものをスパイスとして利用するが、乾燥したその蕾が釘の形に似ているところからフランス語では釘《クルー》と呼ばれる。英語名のクローヴはそれに由来する。クローヴの形が釘に似ているところから、イエスが十字架に打ち付けられた釘と関連づけられることが多い。幼子イエスの姿を描いた絵にカーネーションやピンクがいっしょに描かれるのはそのためである（一一〇頁の図版参照）。

イギリス植物学の父といわれるウィリアム・ターナーは『新本草書』（一五五一～六八）のなかで、incarnation《インカーネーション》（肉体化）、つまり「神の化身」という言葉を初めて記したが、そこからカーネーションの花名が出現したという説もある。カーネーションの花が「肉」（caro）の色をしていることからの連想である。

シェイクスピア（一五六四～一六一六）の『冬物語』（第四章、第四場）に、羊飼いの娘パーディクタとボヘミア王ポリクシニーズがカーネーションについて問答を繰り広げる場面がある。その中で、パーディクは夏の季節に一番きれいな花として、カーネーションとその変種とみられる縞入りのジリフラワーを挙げている。シェイクスピアの時代には、カーネーションは花冠によく使われた。十六世紀から十七世紀にかけて、カーネーション栽培はかなり普及していたようで、ジョン・ジェラード（一五四五～一六一二）も『本草書』の中で、カーネーションについては多くの人が知っていると述べている。

一六二九年に『太陽の園、地上の楽園』を著したジョン・パーキンソン（一五六七～一六五〇）によれば、カーネーションは花も葉も大きく、花の中では最も美しく、それよりも小ぶりなものがgilloflower《ジロフラワー》というこ とになる。一説によれば、gillyflower《ジリフラワー》という名前はフランス語でクローヴを意味するgiroflier《ジロフリエ》が転訛したものであるという。しかし、「七月の花《ジュライ・フラワー》」ないしは「きれいな花《ジョリ・フラワー》」に由来するといわれるのも、決して理由のないことではない。

クローヴ・ジリフラワーはとりわけカーネーションを指す言葉として使われた。それはスペイン人が夏の飲料水の香りづけによく使っていた花で、古代ローマのプリニウスの時代からそうであった。カーネーションの花弁はクローヴよりもずっと安価であったため、クローヴの代わりに使われた。こうしてチョーサーの時代のイギリス人はカーネーションのことをソップス・イン・ワインと呼ぶようになったのである。

エリザベス朝時代には、モルッカ諸島などから持ち込まれる高価な香辛料に代わって、ワインやエール（安価な地ビール）、あるいはプディングの香りづけとしてカーネーションが使われた。そのためカーネーションはソップス・イン・ワイン、あるいはワイン・ソップと呼ばれるようになったのである。ちなみに、sop《ソップ》とは、スープの中に入れるパン屑の類をいう。

チェルシー薬草園の庭師主任もつとめたイギリスの植物学者フィリップ・ミラー（一六九一〜一七七一）は、その著『庭師の辞典』（一七三一）の中で、カーネーションは主として強壮用《コーディアル》シロップを作るために使われると記している。カーネーションはジェラードやパーキンソンの時代から食用・薬用に使われ、その花弁を砂糖漬けにしたものは元気づけのために食された。その効果は十八世紀ミ

キリスト教の花として描かれたカーネーション
(『ブルターニュのアンヌの大いなる時禱書』1503-08年頃　パリ、フランス国立図書館)

ラーの時代にあっても認められており、カーネーションは大量に栽培され、市場に出回っていたという。開花期は六月及び七月で、八月に取り木をおこなって増やしていった。十八世紀には新品種も次々に開発されたようで、旧品種を栽培している者はほとんどいなかったと言われている。花卉愛好家たちはカーネーションを鉢植えで育て、冬場は寒気を遮断しつつも換気には十分留意していた。

●聖母子のカーネーション

ルネサンスを代表するラファエロの《カーネーションの聖母》（図版一一〇頁）では、聖母マリアが優しく微笑を浮かべ、なんとも幸せそうな眼差しで、やや大人びた表情の幼子イエスを見おろしている。マリアの肌はなめらかで、豊かな乳房は若々しい。透き通るような頭上のベールは実に繊

十七世紀の縞入り小型カーネーション
（ベスラー『アイヒシュテット庭園植物誌』
一六一三年　ハールレム、テイラー博物館）

細で、かぶっているというよりは付着しているという感じだ。マリアの人差し指とイエスの小指は触れあっており、母子のあたたかい絆が伝わってくる。

マリアもイエスも手にしているのはカーネーションで、赤いカーネーションは拷問を受けた際にイエスの体から飛び散った血の色を表わしている。それと同時に磔刑後に復活したイエスの象徴でもある。言い伝えによれば、磔刑に処せられたイエスの姿をみたマリアの目から流れた涙がカーネーションになったという。

なお、わが国ではこの作品は一般に《カーネーションの聖母》といわれているが、英語では《ピンクの聖母（The Madonna of the Pinks）》と呼ばれている。描かれているのは小花で、カーネーションというよりはピンク（一一二頁参照）のように見える。

●婚約の証となったカーネーション

多くの肖像画を残したハンス・ホルバイン（一四九七〜一五四三）は、北方ルネサンスを代表する画家として後世にその名を残すことになるが、活躍の舞台はおもにイギリスにあった。

ホルバインがイギリスに移住した十六世紀前半、ロンドンにはドイツ商人たちも多数居住していた。画家はヘンリー八世をはじめ歴史にその名を残すイギリス王室のメンバーや学者のほかに、異国で活躍するドイツ商人の肖像も描いている。

一一一頁に掲載した肖像画の男性は、ハンザ都市であるダンツィヒ（現グダニスク）出身の商人ゲオルク・ギーゼで、この絵は彼の婚約がととのったことを記念して描かれたものである。このときゲオルグは三十代後半であった。

彼の出身地ダンツィヒは造船業で有名だったが、当時、ケルン、ダンツィヒ、リューベック、ハンブルクなどからやってきたハンザ商人たちは、一二八〇年頃、ロンドンのブラックフライヤーズの近くにスティールヤードと呼ばれる居留地を設け、商館を設けて貿易活動の拠点とした。バルト海方面からは、穀物、木材、蜜蝋、干鱈などが持ち込まれ、イギリスからはおもに毛織物が輸出された。ハンザ商人はイギリスで最も成功を収めたといわれる。ロンドン商館ではケルンやダンツィヒの勢力が強く、それに比べてハンブルクやリューベックの影は薄かった。この絵に描かれているゲオルグ・ギーゼはロンドンの商館でもことのほか勢力をもっていたダンツィヒ出身のハンザ商人であった。

背景には様々な仕事道具が描き込まれているが、机を覆っているオリエンタルな厚手のテーブルクロスとヴェネチアン・グラスに入った花々が仕事場に彩を添えている。挿してあるのはカーネーション、ヒソップ、ローズマリーだが、とりわけ色鮮やかなカーネーションが中心的な位置を占めており、シャツの色と呼応している。グラスの透明感も秀逸だ。

当時、カーネーションは新婦が身につけるものとされ、それをさがし出すのは新郎の役目だった。カーネーションは婚約の象徴となり、とりわけ十五〜十六世紀のフランドル絵画の肖像画で描かれるようになった。カーネーションがいっしょに描かれていれば、あるいはカーネーションを持っていれば、その人物は婚約していることを意味していた。実際、ゲオルグはこの肖像画が描かれた一五三二

ラファエロ・サンティ《カーネーションの聖母》
1506 年頃　ロンドン、ナショナル・ギャラリー

ハンス・ホルバイン《商人ゲオルク・ギーゼ》
1532年　ベルリン美術館

年から三年後に故郷ダンツィヒに戻り、クリスティーヌ・クルーゲルという名の女性と結婚している。

◉ピンクとペイズリー

ナデシコ属の草本のひとつである *Dianthus plumarius*《ディアンツス・プルマリウス》は和名タツタナデシコ。英名のピンクはオランダ語の「まばたき」に由来する。縁のちぢれた花びらがまばたきを連想させるためであるといわれている。日本人女性の代名詞となっている大和撫子という言葉は、唐撫子（中国の石竹）に対して日本の在来種を指したものである。撫子《ナデシコ》と呼ばれるのは、花がかわいらしく、子供のように撫でたくなるからであるといわれている。

ピンクはジリフラワーよりさらに小さいカーネーションで、パーキンソンは「野生の、あるいは小さなジロフラワー」と記している。種小名のプルマリウスは「柔らかい羽毛の」という意味で、柔らかい羽毛のようなひらひらした花弁をもつ。

一七八〇年代には laced pinks《レースの付いたピンク》と呼ばれる新種のピンクがイギリスに登場し始める。このレース状の花弁をもつピンクは、一八二〇年代から五〇年にかけてイギリスで大流行し、品評会でも他の園芸品種を圧倒した。

十九世紀前半にピンクを育てていたのはイングランド北部のノーサンバーランドやダラムの炭坑夫たちであった。ピンクは労働者の花として、あるいは庶民の花として親しまれるようになった。なかでもスコットランド南西部の都市ペイズリーの織工たちは改良に改良を重ね、一八二九年から一八五〇年にかけて三百種類以上の園芸種を生み出したといわれている。色縞のレース状花弁をもつペイズリーピンクは、その代表格といえる。よく知られているペイズリー柄はこのスコットランドの町で生まれたが、町の職工たちが丹精こめてつくったピンクが、彼らの織り出す織物の色彩やデザインに何らかのヒントを与えたことは容易に想像がつく。

ピンクは大気汚染に弱く、ペイズリーで作られた多くの園芸品種は消滅してしまった。北国の可憐な花にも産業革命は暗い影を落としていたのである。

アメリカ、フィラデルフィアのヘンリー・A. ドレアー社の種苗カタログに載ったピンク（1892 年）

紋章に選ばれたアイリス

アヤメ科アヤメ属（学名*Iris*《イリス》）のアイリスは、古代エジプト人にとっては権力と雄弁の象徴であった。アイリスが王の笏やスフィンクスの眉の間に描かれたのは、そのためである。アイリスは古くから薬草としても利用されてきた。紀元前二十世紀頃、エジプトのセンウセルト一世はシリア戦役の戦利品としてさまざまなものを持ち帰ったが、薬草類もエジプトまで運ばせた。王はナイル川上流のテーベにあるアメン神殿の大理石にそれらの薬草を描かせたが、そのなかにアイリスの浮彫りもあった。

アイリスの根茎は悪寒、咳、頭痛、てんかん、蛇の嚙み傷などの治療に用いられた。また、血の滲んだ打撲傷の患部にアイリスの花弁をのせておくと、数日で完治したという。古代ギリシアの医師で植物学者のディオスコリデスによれば、アイリスには「寒さで冷え切り、硬直してしまった体」を温めてくれる温体効果もあった。

アイリスの花名はギリシア語のIris《イリス》（「虹」の意）に由来し、色が虹のように多彩で美しいことからつけられた。ギリシア神話によれば、虹の女神イリスはゼウスとヘラの使者で、天界と地上をつなぐ虹の橋を渡って地上に降り立ち、この花に姿を変えたという。イリスは善人の魂を天国に運ぶ役目を担っていた。そのため、古代ギリシア人はアイリスの花をよく墓地に植えたのである。

地中海沿岸に自生する*Iris florentina*《イリス・フロレンティーナ》（和名ニオイアヤメ）は、外花被片に薄黄色のヒゲ状突起があり、春に香りの強い白い花をつける。種小名のフロレンティーナ（「フィレンツェの」の意）は、かつてこの花がフィレンツェを中心に栽培されていたことを物語る。ニオイアヤメの根茎を乾燥したものは、古くから香料として利用されてきた。中世ヨーロッパでは、紫色のアイリスの花びらと明礬《みょうばん》から美しい緑色の色素がつくられ、装飾写本に使われた。

◉フランス王家の紋章

アイリスはよくユリと混同される。フランス王家の「ユリの紋章」は、実はアヤメ属のアイリスである。見方によっては、形は水を噴き上げる噴水のようでもある。

アイリスがフランス王家の紋章になったのは、次の故事による。その昔、フランク王国の初代国王クローヴィス（在位四八一〜五一一）がケルン近郊のライン川の湾曲部でゴート族に追い詰められたとき、神の思し召しにより、川床にアイリスが咲いているのを見て浅瀬の場所を知り、そこを渡って無事敵の追撃をかわした。こうして危うく難を逃れたクローヴィスは、神と川床の花に感謝し、アイリスを自らの紋章にした。それ以来、アイリスはフランス王の象徴になったといわれる。

別の故事では、五世紀末にクローヴィスが大勢の家臣を伴ってキリスト教に改宗した際、聖母が与えた花がアイリスだったため、その花を紋章に

フランス王家の紋章

イアサント・リゴー《ルイ 14 世》
1701 年　パリ、ルーヴル美術館

したともいわれる。アイリスは花びらが三枚であるところから、三位一体の象徴として宗教的にも重要な花とされ、とくに聖母マリアに捧げられた。

正式にフランス王家の紋章としてアイリスを用いたのはルイ七世（在位一一三七～八〇）であった。教皇から破門を受けたルイ七世は十字軍に参加したが、その際紫色のアイリスを王の紋章に選び、旗印にしたのである。これがフルール・ド・ルイ（ルイの花）と呼ばれ、そこからフルール・ド・リス（フランス王家のユリの紋章）という呼称が生まれたといわれている。

フランス王家の紋章はブルボン王朝の最盛期を築いた太陽王、ルイ十四世（在位一六四三～一七一五）の有名な肖像画にもふんだんに描かれている。宮廷画家イアサント・リゴー（一六五九～一七四三）の筆による豪華な衣装は見るからに重そうだ。これは王の戴冠式用の大礼服で、紺地に金糸でフルール・ド・リスが刺繡されている。王は右手で黄金の杖を持ち、左手をあてた腰には黄金の剣が下げられている。当時、ルイ十四世はすでに六十三歳になっていたが、その威風堂々とした姿は、絶対君主としての風格に満ちあふれている。

当初、この肖像画はスペイン国王に即位した孫のフェリペ五世に贈るつもりだった。ところが、あまりの出来栄えの良さにルイ十四世が気に入ってしまい、自分の手元に残したと伝えられている。

◉フィレンツェの紋章

フランスと並んでアイリスを紋章としたのはフィレンツェのメディチ家である。メディチ家からの

ロヒール・ファン・デル・ウェイデン《メディチ家の聖母》
1450年頃　フランクフルト・アム・マイン、シュテーデル美術館

依頼で描かれた《メディチ家の聖母》を見てみよう。この作品は初期ネーデルラントを代表する画家ロヒール・ファン・デル・ウェイデン（一四〇〇?～六四）による祈念像である。メディチ家の人びとは、この絵画に描かれた聖母子や聖人を通して神に祈りを捧げた。

向かって右にいるのは双子の聖人、聖コスマスと聖ダミアヌ。ともに医師の守護聖人だが、一説によると、メディチ家の祖先は医師もしくは薬種商といわれており、この双子の聖人を守護聖人として崇敬していた。向って左には聖ペテロと洗礼者ヨハネが配されている。両者はメディチ家の有力メンバーだったピエトロ・デ・メディチとジョヴァンニ・デ・メディチの守護聖人（イタリア語でペテロはピエトロ、ヨハネはジョヴァンニ）である。

聖母の足元を見ると、金属製の花瓶にユリと一緒にアイリスが活けられている。白ユリは聖母マリアの純潔の象徴であり、アイリスはフィレンツェの紋章の原型となった花である。下部中央に描かれているその紋章は、明らかにアイリスを意匠化したものである。左右上方に伸びた細い線で雄蕊《ゆうずい》が描かれているが、フランス王家の紋章にはその模様がなく、その点でフィレンツェの紋章と異なる。

フィレンツェの紋章

古代のバラ《オールド・ローズ》

バラの化石は五千万年以上前の地層からいくつも発見されているという。もともと野生のバラはヒマラヤ山脈やカラコルム山脈の高地に自生し、そこから東西に、中国、インド、ペルシアなどへ広がっていったとされる。

◉ヨーロッパ最古のバラ

ヨーロッパで最も古いバラといわれているのは、以下に述べる五種類である。

ガリカ種（*Rosa gallica*《ロサ・ガリカ》）のバラの野生株は、大輪の一重咲きで、五枚の花弁をもつ。バラ属の学名*Rosa*《ロサ》は、赤という意の古代ラテン語に由来するのだが、ヨーロッパ自生のバラの中では、このガリカ種が唯一の赤いバラである。紀元前一五五〇年頃、クレタ島のクノッソス宮殿の壁画に描かれたバラが本種ではないかといわれる。かつて現在のフランスを含むガリア地方に自生していたバラで、フレンチ・ローズないしはプロヴァンのバラとも呼ばれている。後者の呼称は、大規模なバラ栽培の最古の故郷であるフランス北東部のプロヴァンにちなむ。ガリカ種のバラはローマ帝国のいたるところで栽培された。

ベネディクト会派の修道士たちは、ガリカ種のバラをよく修道院の中庭に植え、その普及につとめ

ロサ・ガリカ
（フレンチ・ローズ、プロヴァン・ローズ）
F. G. ハイネ『薬用植物図鑑』1830 年

クレタ島、クノッソス出土の壁画
前一五五〇年頃
イラクリオン考古博物館

た。一三六八年、イングランド北部の古都ヨークにあったセント・メアリー修道院の修道士は、「赤いバラはイングランドの象徴であり、有史以来この国で栽培されている。」と記している。

ダマスケナ種（*Rosa damascena*《ロサ・ダマスケナ》）のバラ、すなわちダマスク・ローズは強い芳香を放ち、バラ水や精油の原料となった。原産地はシリアの古都ダマスクスとされている。この種のバラはエジプトで知られていたし、ギリシア人によってマルセイユやイタリア南部のプラエストゥム、カルタゴなど、ギリシア人によって建設された植民都市に持ち込まれた。詩人ウェルギリウスや博物学者プリニウスがプラエストゥムの二度咲きのバラとして称讃したのはこのバラである。

かつて西南アジアから北アフリカに大帝国を築いたサラディン（一一三八～九三）は、エルサレムにある「岩のドーム」を洗い清めるためにバラ水を大量に準備させた。その時に使われたのが、ほかならぬダマスク・ローズであった。

このバラは十字軍の時代に広く知られるようになった。フランスにはおそらく一二七〇年にブリ伯によってもたらされたといわれている。イングランドやスペインには十六世紀になってようやく持ち込まれた。一五五〇年、植物学者のペトルス・アンドレアス・マッティオリ（一五〇一～七七）は、ダマスク・ローズはつい最近イタリアに入ってきたと記している。マッティオリは皇帝マクシミリアンの侍医もつとめた医師だが、『ディオスコリデスの注解』（一五四四）を出版するなど植物学者としても名を馳せた。

ケンティフォリア種（*Rosa centifolia*《ロサ・ケンティフォリア》）のバラは「百枚の葉をもった《ケンティフォリア》」バラというのが原義である。

その名の通り、キャベツの葉が重なり合うように花弁が幾重にも重なり合っていることから、別名「キャベジ・ローズ」ともいわれる。華やかな大輪咲きで、香りがよい。植物学者テオフラストスは、『植物誌』の中で当時「五の花弁から百の花弁までのバラがあった。」と述べている。ここでいう「百の花弁」をもったバラはケンティフォリア種であるとみられている。このバラは古代ローマ帝国の地中海に面したなプロヴァンス地方によく育ち、プロヴァンス・ローズと呼ばれた。南仏プロヴァンス地方では現在でも香料用に栽培されている。よくプロヴァン・ローズと混同されるが、プロヴァン・ローズのほうは上述したガリカ種のバラである。

アルバ種（*Rosa alba*《ロサ・アルバ》）のバラは、ときに淡いピンクを帯びることがあるが、たいていは乳白色で、さわやかな香りを放つ。イギリスにはガリカ種のバラと同様、フランスから入って来た。一二三六年、プロヴァンス伯の娘エレアノールがヘンリー三世の妃に選ばれ、輿入れした。それに伴って、彼女にゆかりのプロヴァンス地方の貴族や母方の親戚であるサヴォワ地方の貴族がイングランドに渡来し、ヘンリー三世の宮廷で重用されることになる。ともあれ、白いバラはイングランド王に嫁いだエレアノールの紋章であり、それは彼女の子息で次王エドワード一世に受け継がれることになるのである。

ちなみにエドワード一世の弟エドモンドは初代ランカスター伯となったが、父王ヘンリー三世の命を受けてシャンパーニュの反乱を鎮圧した。その後、フランスで数年間過ごし、帰国する際にプロヴァンの赤いバラを持ち帰ったといわれている。こうしてヘンリー三世の子息は二人ともバラを紋章とすることになった。

ロサ・ケンティフォリア
（キャベジ・ローズ、プロヴァンス・ローズ）

D. デュ・モンソー『樹木概論 新版』1819 年

ロサ・ダマスケナ
（ダマスク・ローズ）

P.-J. ルドゥテ『バラ図譜』1817-24 年

ロサ・カニナ
（ドッグ・ローズ、ヨーロッパノイバラ）
W. カーティス『ロンドン植物誌』1777-98 年

ロサ・アルバ
（ホワイト・ローズ）
F. G. ハイネ『薬用植物図鑑』1830 年

カニナ種（*Rosa canina*《ロサ・カニナ》）のバラ、すなわちドッグ・ローズ（和名ヨーロッパノイバラ）には、犬に咬まれた時に傷を治してくれるという俗信があった。全盛期のフランク王国を統治する政策の一環として、カール大帝が発布した御料地令（八〇〇頃）第七十条には、庭に植えるのが望ましいハーブと果樹合わせて九十種が列挙されているが、ユリに次いで二番目に記されているのがこの種のバラとされている。

以上に見てきた五種のバラが、ヨーロッパでは最も古い種類といわれている。

◉ヴィーナスとともに生まれたバラ

古代ギリシアやローマで愛好されたバラは、赤いガリカ種や白いアルバ種で、現代のバラとはだいぶ趣を異にする。ギリシアの詩人ホメロスは『イリアス』と『オデュッセイア』のなかで、戦死した勇者の遺体をバラの香油で塗ったと記している。しかし、バラの装飾的な美しさを称えることはない。バラは古代ギリシアにあっては香油や香水に使われたように、まずもって有用植物と考えられていたようだ。

イオニアの叙情詩人アナクレオンはバラ賛歌を詠んだことで知られるが、実際には複数のギリシアの詩人たちがアナクレオンの詩形を模して詠んだ詩で、紀元前六〇〇年から紀元一〇〇年の間に書かれたものとされている。そこにはバラの由来も詠まれており、アフロディテが泡立つ海の中から誕生した時、ゼウスの頭から戦いの女神アテナが現れ、大地からはバラの花をつけた若枝が飛び出したという。つまり、バラはアフロディテ（ローマ神話のウェヌス、英語でヴィーナス）が誕生する際、副産物として生まれたわけであり、ここからバラがヴィーナスの花であるという俗説が生まれた。

ルネサンス初期にその様子を描いたのがボッティチェリの名高い《ヴィーナスの誕生》（図版一二八頁）である。

画面左側から西風ゼフュロスと彼の妻で花の女神クロリスが抱き合いながら春風を吹きかけ、ヴィーナスを岸辺へと運んでいる。誕生したばかりのヴィーナスは帆立貝に乗って、両手で胸と下腹部を隠している。舞っているバラはアルバ種の園芸品種、淡いピンク色をした半八重咲きの「セミプレナ」と考えられ、ヴィーナスが生まれた時、バラも一緒に誕生したという伝説を踏まえている。

ヴィーナスはキプロス島の岸辺に流れ着いたところで、今まさに陸地に上がろうとしている。画面右側でヴィーナスに駆け寄り豪華な赤い外套を翻して着せようとしているのは、時と季節のニンフであるホーラだ。この外套には赤と白のヒナギク、黄色のサクラソウ、青色のヤグルマギクといった花が刺繍されている。それらは春の花で「誕生」を意味している。ここではバラも春の訪れを告げる花とされているのである。ホーラの頸のまわりを飾るのはギンバイカ、すなわちヴィーナスの木の葉で編まれた首輪である。

●古代ローマ人とバラ

古代ローマの博物学者プリニウスによれば、古代ローマにはバラで花冠を作る花冠職人がいたとい

サンドロ・ボッティチェリ《ヴィーナスの誕生》とバラの部分の拡大図
1485 年頃　フィレンツェ、ウフィツィ美術館

う。バラの装飾性が認識されていた証左である。また、バラの花びらを油に浸してローズ・オイルを作り、それを軟膏や目薬として用いた。さらに頭痛や二日酔いに効く薬草としての効果も期待されていたようである。

皇帝ネロ（在位五四～六八）はバラの花弁を浮かべた風呂に入り、入浴後はバラの香油を体に塗り、バラの香りのワインを愛飲した。宴席では天井からバラの花びらの雨を降らせて客を迎えたという。

ネロに勝るとも劣らずバラ好きだったのが第二十三代ローマ皇帝ヘリオガバルス（在位二一八～二二二）であった。本名はマルクス・アウレリウス・アントニヌス・アウグストゥス。かの五賢帝のひとりと同名だが、ヘリオガバルスの渾名で呼ばれることが多い。ヘリオガバルスは統治期間も四年と短く、東洋風の太陽神《ヘリオガバルス》崇拝をローマに導入しようとして失敗した。途方もない宴会を連日連夜繰り広げたことでも有名で、ローマ史上最悪の皇帝といわれる。彼はバラを浮かべたワイン風呂に入り、その中で遊泳したという。客が来ると、突然天蓋から大量にバラの花びらを撒き散らし、口の中にそれを突っ込んで窒息死させたというから穏やかではない。

その様子は十九世紀末のローレンス・アルマ＝タデマ（一八三六～一九一二）の絵画によってうかがい知ることが出来る。完璧主義者のアルマ＝タデマは、バラの花びら一枚一枚をリアルに描くため、作品を制作中の一八八七年から翌年にかけての冬の四ヶ月間、毎週わざわざ地中海沿岸のリヴィエラから大量のバラを船で運ばせたという逸話がある。ディテールにこだわった繊細な描写、華やかな色彩、そして快楽を追求してやまなかった皇帝ヘリオガバルスの人格が全体として退廃的な雰囲気を醸

ローレンス・アルマ＝タデマ
《ヘリオガバルスのバラ》
1888 年　個人蔵

第二十三代ローマ皇帝ヘリオガバルスは途方もない宴会を連日連夜繰り広げた。

ローマにおける贅を尽くしたバラの使用は本来エジプトから伝わったものである。エジプトの女王クレオパトラもまた、バラの花をこよなく愛していた。

ローレンス・アルマ＝タデマ
《アントニウスとクレオパトラの会見》
1883 年　個人蔵

し出している。

画面上の中央でうつぶせになっているのが皇帝で、黄金の絹のローブを着用している。手前の客たちは、一見甘美なバラの花びらに埋もれ酔いしれているようだが、実は窒息死寸前なのである。この凶行をまるで楽しんでいるかのような皇帝とその取り巻きの嬉しそうな、あるいは恍惚とした表情が何とも言えない。背景にはディオニュソスが若者と豹を連れているブロンズ像がみえる。これは禁断の乱痴気騒ぎの寓意であるとされている。放縦と奢侈に興じ、贅の限りを尽くしたヘリオガバルスは、近衛兵によって暗殺される。この時、彼は十八才に満たなかった。

古代ローマや古代エジプトを題材にしたアルマ＝タデマの絵画はイギリスで人気を博したが、それは大英帝国の最盛期、パクス・ブリタニカ（ローマ時代の黄金期を指す「ローマの平和《パクス・ロマーナ》」になぞらえた言葉）の時代思潮に合致していたのである。

バラは繁栄のシンボルとして時の権力者に好まれたが、ローマ人のバラ好きは何も上流階級に限ったことでない。市井の人びともバラを愛好したのである。古代ローマ人はおしなべてバラ好きだった。古代ローマではバラは歓喜の象徴であり、結婚式の時には、新郎新婦はバラの花冠を頭上に載せた。宴席ではバラの花びらが床にまかれ、室内の装飾にもバラがよく使われた。皇帝が凱旋する時にはバラを沿道にまき散らし、出迎えた。その一方で、バラは葬儀にも使われた。バラは故人を危険から守るとの迷信から、墓にもよく供えられた。

皇帝ドミティアヌス（在位八一〜九六）の時代、エジプト王が真冬にバラを献上しようと申し出た。

ローマでは冬にバラは育たないであろうという思いからであった。当時、エジプトは「ローマの穀倉」であると同時に、バラ栽培の中心地でもあった。切り取られたバラはアンフォラと呼ばれる大きな壺に入れられ、奴隷の漕ぐ船で大量にローマに運ばれた。しかし、古代ローマ人は、滑石を張った温床で真冬でもバラを愛でるすべを知っていた。古代ローマの風刺詩人マルティアリス(四〇頃〜一〇四頃)は、皮肉たっぷりにこう言い放った。

「さぁ、エジプト人よ、小麦を送っておくれ。代わりにバラを送ろう。」

エジプトは、ローマ帝国最大の穀倉地帯で、ローマ人の胃袋を満たしていたのはエジプトの小麦であったといっても過言ではない。また、エジプトは、円形闘技場で剣闘士と闘ったライオンをはじめとする猛獣の供給源のひとつでもあった。ローマの「パンとサーカス」(食料と娯楽)を支えていたのは、ほかならぬエジプトであった。

ローマでは初代皇帝アウグストゥス(前二七〜後一四)の時代に、すでに野菜畑やオリーブ畑がバラ園に姿を替えつつあった。アウグストゥスの時代に活躍した詩人ホラティウス(前六五〜前八)は、バラ栽培があまりに盛んになりすぎている状況に警鐘を鳴らし、野菜畑がなくなってしまうことを危惧している。

バラは食用にも供され、ワインの風味付けやサラダにしても食べられた。バラのゼリー、バラの蜂蜜、そして砂糖漬けされたバラの花びらもあった。古代ローマの美食家アピキウス(生没年不詳)があげているローマ風バラのプディングのレシピは、次の通りである。

「バラの花びらを乳鉢に入れ、打ち砕いて粉々にしなさい。その後、魚醤ソースを加えてよくこすり、水漉し器で漉しなさい。次に、仔牛四頭分の脳みそ、胡椒、塩、卵八個、グラス一杯半の良質のワイン、スプーン数杯分の油を加えなさい。そして、油をしいた流し型にそれらを入れ、かまどで焼きなさい。」

ローズ・ワインも愛飲された。アピキウスは、その製法を次のように書き記している。

「赤い花びらを糸に通して数珠つなぎにし、白い部分を取り除きなさい。そして七日間ワインに漬けておきなさい。七日たったら、花びらをワインから取り出し、同じように糸を通して束ねた別の赤い花びらを入れ、さらに七日間漬けなさい。これを三回繰り返し、ワインを漉して、蜂蜜を加えれば、ローズ・ワインのできあがり。しずくが乾いたときに、極上のバラの花びらだけを使うよう留意しなさい。スミレのワインも、同じようにしてつくりなさい。」

また、バラが花輪に使われる機会が増えてくると、夏場にバラが不足した。ストア哲学者で皇帝ネロの家庭教師もつとめたセネカ（前四頃～六五）は、人びとは冬にもバラを欲しがると不平をこぼした。バラを満載した船がエジプトのアレキサンドリアやスペインの港町カタルヘナからやってきた。ローマでは雲母で屋根をふいた温室がつくられ、温水管で暖をとった。こうして、バラやユリは十二月でも花を咲かせることができたのである。

ガイウス・ヴェレス（前一一五～前四三）は属州シチリアの総督時代（前七三～七一）に暴政をはたらき、属州民から極悪非道な略奪・搾取をおこなった。そのためキケロによって告訴されたが、その放埒な暮らしぶりは目に余るものがあった。キケロによると、ヴェレスはシラクサに居をかまえ、バラを詰めたクッションをいくつも積んだ担いかごに乗って、あちこち移動していたという。ヴェレスは頭上にバラの花輪をかぶり、首にもバラの花輪をかけ、さらにバラをぎっしり詰めたきれいな網目模様の麻袋を鼻先につけていた。

こうした後期ローマの贅を尽くしたバラの使用は、エジプトから伝わった。エジプトを象徴する花はスイレンであるが、クレオパトラ（前六九～前三〇）の時代にはスイレンよりもバラの方が人気を博した。クレオパトラはユリウス・カエサルを後ろ盾にエジプト女王の座を手にした。絶世の美女といわれるクレオパトラは、大のバラ好きだった。マルクス・アントニウスを誘惑しようと、部屋に厚さ四十五㎝もある分厚いバラの絨毯を敷き詰めて彼を迎え入れたという。長椅子にはバラを詰めた敷物が敷かれ、クッションにはバラを詰めた網の袋が使われた。その時のことが忘れられなかったクレオパトラは、臨終の床でこう頼んだという。自分の墓にバラの花をまいて欲しい、と。

◉中世ヨーロッパのバラ

古代ローマ人の作ったバラの花冠は、中世になるとカトリック教徒が祈りの際に用いる数珠、すなわちロザリオという形で残ることになる。語源はラテン語の rosarium《ロサリウム》 であるが、これにはバラ園という意味もある。

バラは王の庭や修道院付属の庭で栽培されていた。観賞用としてのみならず、食用や薬用としても用いられていた。上述のカール大帝御料地令第七十条には果樹以外に七十三種のハーブが記載されているが、ハーブの記載中にはマドンナ・リリーに次いでバラが挙げられている。

中世ヨーロッパではバラは薬用ハーブのひとつだった。スイス北東部にあるザンクト・ガレン修道院には現存する唯一の修道院建築平面図（八二〇頃作成）が残されているが、その付属薬草園に植栽された十六種類のハーブの中にもバラが記されている。

また、乾燥させたバラの花を衣類の上にふりまいて害虫よけにし、顔のシミを取り除くためにバラの軟膏を顔に塗った。さらに乾燥したバラを鼻に近づけて匂いを嗅ぐと、脳や心臓を活性化させ、元気づけたともいわれる。

中世フランスでは、シャンパーニュ地方のプロヴァンの赤いバラが一番良いといわれていた。プロヴァンは古来、バラのジャムやバラのキャンディーなどバラを使った製菓業が盛んで、今日でも「バラの町」として知られる。中世の面影を色濃く残す町で、十二世紀から十三世紀にはシャンパーニュの大市が開催され、ヨーロッパ有数の商業都市として繁栄した。シャンパーニュの大市はプロヴァン、トロワ、ブリ、ラニュイなど数か所で開かれたが、順次場所を変えて一ヶ月に一回（プロヴァンとトロワでは二回）の割合で開催されたので、実際には一年を通じてほとんど中断されない特大市のような様相を呈していた。ここに香辛料をはじめとする東方物資やフランドルの毛織物、北方の毛皮製品、南ドイツの麻織物などが持ち込まれ、さながら祭りのような賑わいをみせたという。

◉バラと大聖堂

初期のキリスト教徒たちは、ローマ皇帝の堕落を象徴する花として、あるいは自分たちを迫害する異教徒の花として、バラを退けていた。しかしながら、キリスト教が公認されるようになると、教会は徐々にバラを取り入れるようになり、エデンの園に咲くバラにはもともと刺がなかったとする教えも広まっていった。こうして、バラは邪悪な花から、気高い花へと変貌を遂げることになる。白いバラは聖母マリアの純潔を象徴し、赤いバラは殉教者の血の象徴とされたのである。

バラは教会と結びつけられ、バラは「花の中の花」として花を代表するものとみなされていた。このことは、たとえば十三世紀後半に建造されたヨーク大聖堂の聖堂参事会館入口の内側に刻まれた次の銘文にみてとれる。

ここには、UT ROSA FLOS FLORUM SIC EST DOMUS ISTA DOMORVM と記されており、「バラが花の中の花であるように、この家は家の中の家」と読める。聖堂は「神の家」にほかならない。ヨークの大司教はヨークの大聖堂に大司教座を有し、北部イングランドの大司教管区を統括していた。これに対して、南部イングランドの大司教管区を統括していたのがカンタベリーの大司教であった。

パリやシャルトルにあるゴシック様式の大聖堂は聖母マリア信仰と分かちがたく結びついていた。それらの大聖堂は農村ではなく都市につくられたが、十二〜十三世紀のヨーロッパでは、とりわけ都市の民衆の間で聖母マ

ヨーク大聖堂の聖堂参事会館の銘文（13世紀後半）

リア信仰が広まった。大聖堂の呼称はノートルダム、すなわち「われわれの貴婦人」、換言すれば聖母マリアである。大聖堂(司教座聖堂)は聖母マリアに捧げられた「神の家」だった。

ゴシックの大聖堂には、バラ窓と呼ばれる円形の大型ステンドグラスがある。重なり合う花弁の幾何学的なモチーフが宗教建築に取り入れられたものだが、これも教会とバラとの結びつきを示す好例といえる。たとえば、シャルトルの大聖堂は一一九四年に火災に遭い、聖堂の大部分が焼け落ちたが、その後再建され一二一九年に完成した。着工からわずか二十五年後に完成という異例のはやさであった。新たに建造された大聖堂はステンドグラスの宝庫となり、東側を除く三方の扉口上部に大きなバラ窓がある。北に聖母マリアの生涯、南に聖ヨハネの黙示録、西に「最後の審判」を描いたステンドグラスがあり、キリスト教の永遠性を象徴している。聖書の物語を随所に配したこの大聖堂は、まさに「石でできた聖書」と呼ぶにふさわしい。イギリスでは上述したヨーク大聖堂やロンドンのウェストミンスター大聖堂のバラ窓が有名である。

シャルトルの大聖堂、北側のバラ窓

バラは聖母マリアにみたてられ、バラ窓から差し込む光が人びとを照らし出した。こうして、古代にあってアフロディテにささげられたバラは、中世には聖母マリアの花となり、マリア自身が「神秘のバラ」となった。中世では「神秘のバラ」といえば、聖母マリアを意味した。エジプト神話のひそみにならっていえば、バラの花輪をかぶり息子ホルスを連れた女神イシスは、幼子イエスを抱えた聖母マリアになったのである。

◉イングランドのバラ戦争

イギリスの国花はバラであるといわれる。だが、正確に言えば、バラはイングランドの国花なのである。周知のように、イギリスという国は、イングランド、スコットランド、ウェールズ、そして北アイルランドの四つの「国」から構成されており、それぞれが国花を定めている。すなわち、イングランドはバラ、スコットランドはアザミ、ウェールズはラッパズイセン、そしてアイルランドはシャムロック（三つ葉のクローバー）である。

バラはイングランドでは古くから有力家門の紋章として用いられたが、それが国花となったきっかけは十五世紀のバラ戦争（一四五五～八五）にある。この戦争は、有力貴族がランカスター家（紋章は赤バラ）とヨーク家（紋章は白バラ）に代表される二派に分かれて繰り広げた王位継承をめぐる争いである。もともとヨーク家もランカスター家も、ともにエドワード三世の王子を先祖に持つプランタジネット朝の支脈であった。ところが、百年戦争でイギリスはフランスに敗北し、フランスにあったほとんどの領土を失ってしまったこともあって、ランカスター家の国王ヘンリー六世の権威は完全に失墜してしまう。そうしたヘンリー六世に反旗を翻したのが、ヨーク公リチャードだった。一四五五年十月、セント・オールバンズで戦いの火蓋が切られた。以後、三十年間にわたって両派は激しく対立し、内乱を繰り広げる。一四六一年、ヨーク家のエドワード四世が即位、その後一四八三年に同王が急死すると、当時十二才であった子息エドワードがエドワード五世として即位した。だが、叔父のグロースター公リチャードが王位を簒奪し、リチャード三世として即位する。この時、エドワード五世と、弟のヨーク公はロンドン塔で処刑されたといわれており、シェイクスピアの戯曲『リチャード三世』の題材にもなったことは周知のことであろう。

一方、この頃フランスに亡命していたヘンリー・テューダーは、一四八五年、フランスとスコットランドの支援を受けて、ウェールズに侵攻する。ヘンリーはボーフォート家のマーガレットの子息であり、ランカスター家の庶子の血筋を引いていた。同年八月二十二日、ヘンリー・テューダーとリチャード三世はイングランド中部のボズワース平原で激突、勝利を収めたのはランカスター家のヘンリーであった。彼は一四八五年、ヘンリー七世として即位し、翌年ヨーク家の血を引くエリザベス（エドワード四世の娘）を妃に迎えた。二人の結婚によって両家の争いに終止符が打たれ、イングランドは平和を取り戻した。

この戦争の結果、貴族は大打撃をこうむった。こうしてイングランドの中世は終わりを告げ、ヘンリー七世を開祖とするテューダー朝へと移行する。それに伴いヨーク家の白バラとランカスター家の赤バラはテューダー・ローズにとって代わられる。これがイングランド王家の紋となるのである。

作者不詳《エリザベス・オヴ・ヨーク》1500 年頃
ロンドン、ナショナル・ポートレート・ギャラリー

作者不詳《ヘンリー 7 世》1505 年頃
ロンドン、ナショナル・ポートレート・ギャラリ

ランカスター家の赤バラはガリカ種の園芸品種「オフィキナリス」（*Rosa gallica*《ロサ・ガリカ》 'Officinalis'《オフィキナリス》）である。赤バラとはいえ、バラ戦争当時のバラは色がくすんでいて、今日我々が目にする真っ赤なバラでないことは、ヘンリー七世の肖像画からも見てとれる。

ガリカ種《ロサ・ガリカ》のバラはペルシア人や古代エジプト人によって発見・使用されたバラで、ローマ人がそれをガリア地方（現在のフランス）に導入した結果、「ガリアのバラ」と知られるようになった。シャルルマーニュの宮廷では気品のある香りの象徴とされ、さかんに香水に用いられた。十三世紀の寓意ロマンス『薔薇物語』の中で「サラセン人の土地から来た」と詠われたこの種の赤いバラは、薬用として重宝され、上述したシャンパーニュ地方のプロヴァンでは大量に栽培された。「薬屋のバラ」あるいは「プロヴァンのバラ」と呼ばれるのはそのためであり、湿布剤からプディングまであらゆるものに使われた。ちなみに、品種名のオフィキナリスは「薬効がある」という意味で、このバラが古くから香料や薬用に利用されていたことを示している。

一方、ヨーク家の白バラはアルバ種の園芸品種「セミプレナ」（*Rosa alba*《ロサ・アルバ》 'Semiplena'《セミプレナ》）で、十四世紀に初代ヨーク公によってさかんに使用された。白いバラは聖母マリアの処女性を象徴するものとされ、当時マリアはヨーク市の公文書の中で「天国の神秘のバラ」と呼ばれていた。

◉テューダー・ローズ

ランカスター家の赤バラにヨーク家の白バラが重なるテューダー・ローズは、バラ戦争終結の象徴として知られるが、これはユニオン・ローズあるいはヨーク・アンド・ランカスターとも呼ばれる。これがイングランド王室の紋となるのである。

ヘンリー八世とキャサリン・オヴ・アラゴン（一四八七〜一五三六）の戴冠式を描いた木版画では、二人の紋としてテューダー・ローズとザクロが頭上に掲げられている。キャサリンはアラゴン王の父とカスティリア女王の母をもつ統一スペイン（イスパニア王国）の王女である。両王率いるキリスト教国がイスラム教徒の最後の砦であったグラナダを陥落させて、スペインの失地回復運動《レコンキスタ》は幕を閉じる。ちなみに、グラナダはスペイン語で「ザクロの実」を意味し、今でもザクロはグラナダの町のシンボルとなっている。ぱっくりと口をあけたザクロの意匠には、グラナダ王国の鉄壁をこじ開けたという寓意が込められている。堅殻の中にびっしりと詰まったザクロの赤い実は、キリスト教徒にとっては再生を象徴するものでもある。そうしたザクロの絵は、一九八一年に制定されたスペイン国章の盾の下部にも見てとれる。

ヘンリー八世はウィンチェスター城にあった「円卓」の新しい絵柄の中央にテューダー・ローズを据えた。

ところがその後、嫡出の王子が生まれないことを理由にヘンリーはキャサリンとの離婚を画策、ローマ・カトリック教会と袂

ヘンリー８世とキャサリン・オヴ・アラゴンの戴冠式（1509年の木版画）

ニコラス・ヒリアード《エリザベス1世の肖像（通称：ペリカン）》1573年頃
リヴァプール、ウォーカー・アート・ギャラリー

を分かつこととなる。ローマ教皇は「不実」の国王ヘンリー打倒の十字軍を呼びかけた。スペイン・フランスのカトリック連合軍によるイングランド侵攻の脅威が差し迫る中、ヘンリー八世はイギリス海峡に面した海岸線防備のため三つの城塞を海岸沿いに築いた。そのうちの一つがケント州にあるディール城で、六葉の半円形防御施設を外側と内側に備えている。そのグランドプランは左右対称で、花弁のような形態をとっており、意図的か偶然か判然としないが、テューダー・ローズを連想させる。

一五五八年に王位に就き、大英帝国の礎を築いたエリザベス一世の肖像画は数多く残されているが、ニコラス・ヒリアード（一五四七〜一六一九）の通称《ペリカン》にはテューダー・ローズがはっきりと描かれている。

この肖像画では、衣装もさることながら宝石をちりばめたアクセサリー類も豪華だ。女王の胸に輝くペリカンのブローチは、「自己犠牲」を意味する。ペリカンは自分の胸をつついて流れ出た血で雛を育てるといわれているからである。それは女王が国民の母のような役割を演じていることを暗示している。彼女の右耳にはさみ込まれた二個のサクランボは、女王の処女性を示しているのであろう。英語のチェリーには、そのような含意もある。さらに注目されるのが髪飾りやネックレスにふんだんに使われている真珠だ。エリザベスは美と純潔を象徴する真珠をことのほか好んだといわれる。

父王ヘンリー八世の離婚問題を機にカトリック教会と絶縁して以来、プロテスタントの国として独自の道を歩むことになったイギリスの国家統一を担うエリザベス女王は、聖母マリアに代わる者として崇拝され、神格化された。肖像画はそのために利用されたふしがある。

◉ジャコバイトの白いバラ

バラはスコットランド人とイングランド人の長い抗争の歴史にも登場する。十七世紀、スコットランド系のスチュアート朝の復位をめざして勃発したジャコバイトの反乱の際、白バラがジャコバイトのシンボルとされた。そこからジャコバイトの白バラといわれる。

ジャコバイトの白バラにあたるのはアルバ種の園芸品種「マキシマ」（*Rosa alba*《ロサ・アルバ》 'Maxima'《マキシマ》）で、ヨークの白バラの突然変異といわれている。このバラは大輪の八重咲きで、蕾は淡いピンクだが、開くとクリーム色を帯びた白色になる。

フランス王ルイ十四世にとって、名誉革命（一六八八）後にイングランド王位についたウィリアム三世は目の上の瘤以外の何ものでもなかった。そのためルイ十四世は名誉革命時にフランスに逃亡したジェイムズ二世を保護し、イングランド討伐を図った。一六八九年、ルイの援助を受けたジェイムズはイングランド王位奪還を企てウィリアム三世と対決するが、敗れて再度フランスに逃れ、一七〇一年に客死する。

その後、イングランドでは一七一四年にアン女王が後嗣を残さないまま死去すると、ドイツのハノーヴァー選帝侯がジョージ一世（在位一七一四〜二七）として即位し、ハノーヴァー朝を創始する。するとジェイムズ二世の遺子でフランスに亡命中のジェイムズが、やはりルイ十四世を後ろ盾にしてジェイムズ三世を名乗り、イングランド王位を請求した。そのため彼は「老僭称王《オールド・プリテンダー》」と呼ばれることになる。

一七一五年、ジェイムズ三世はスコットランドに上陸して、スターリング近郊で挙兵するが、失敗に終わる。一七四五年にはジェイムズ三世の長男チャールズがスコットランド西岸に上陸、一時はイングランド中部のダービーまで攻め入るも、頼みの綱であったフランスからの援軍がやって来ず、撤退を余儀なくされた。チャールズは「若僭称王《ヤング・プリテンダー》」と呼ばれ「いとしのチャーリー王子《ポニー・プリンス・チャーリー》」の愛称で親しまれた。

ジェイムズ二世とその直系男子を正当なイングランド王家とみなし、その復位を実現しようとした一派は「ジャコバイト」と呼ばれる。その呼称はジェイムズのラテン語形ヤコブス（Jacobus）に由来する。いうなれば、ジェイムズ派である。

さて、「若僭称王」ことチャールズ率いるジャコバイト軍は、その後カロデンの戦い（一七四六）で大敗を喫し、結局スチュアート朝スコットランドによるハノーヴァー朝イングランドの打倒はならなかった。これ以後、スコットランドではイングランド王による政治的圧力が強まり、伝統的なキルト、タータン、バグ・パイプなどの使用が禁止されることになる。敗北者チャールズはスカイ島に渡り、そこからフランスへ亡命、その後は酒びたりの余生を過ごしたという。その間も熱心なジャコバイトは、「老僭称王」の誕生日にあたる六月十日には白いバラを身につけていた。ジャコバイトにとって、この花はスコットランド人の血統と伝統を受け継ぐ「最高の白バラ《アルバ・マキシマ》」なのだ。

一七〇七年、イングランドとの合併と同時にスコットランド議会は閉鎖されていたが、一九九九年、ブレア政権の下でスコットランド議会が再開された。同年の総選挙で選ばれた百二十九名の議員はエ

エリザベト=ルイーズ・ヴィジェ=ルブラン
《シュミーズ・ドレスを着たマリー・アントワネット》
1783 年頃　ワシントン、ナショナル・ギャラリー
*
この作品はヴィジェ=ルブランの原画を元
に別の画家が描いたとされることもある。

ディンバラのホリールードハウス宮殿に隣接してつくられた仮議事堂に会し、次の宣言をもって開会した。「一七〇七年三月二十五日以来、一時的に中断していたスコットランド議会を、ここに開会する。」このとき参集した議員たちの胸には、ジャコバイトの象徴である白いバラがつけられていた。イングランドからの独立をめざすジャコバイト運動は、およそ三百年にわたって脈々と続いていたのである。

◉マリー・アントワネットのバラと木綿のドレス

大きな麦藁帽子にダチョウの羽根飾りとリボンをあしらい、ピンクのバラの花束を持った十八世紀のフランス王妃マリー・アントワネット。この八重咲きのバラは美しい半球形の花型で、明らかに園芸バラであり、野生のものではない。はっきりとはわからないが、おそらくオールド・ローズのひとつケンティフォリア種の園芸品種であろう。王妃の頬も仄かなバラ色に染まっていて、手にしたバラと呼応しているかのようだ。

この肖像画は一七八三年頃に描かれたが、官展《サロン》に出品されたものの、物議をかもし撤去を余儀なくされた。王妃のドレスがシルクではなく、下着のような白い薄地の綿布《モスリン》だったからだ。王妃や宮廷の貴婦人たちは、すでに一七七五年頃にはこのようなモスリン素材のシュミーズ・ドレスを着用していたといわれる。マリー・アントワネットは一七七〇年にオーストリアの名門ハプスブルク家からフランスの王太子ルイ（のちの国王ルイ十六世）のもとに輿入れし、王妃となってからは宝石と衣装に大金をつぎ込んだ。そのため、彼女の評判は決して芳しいものではなかった。

やがてマリー・アントワネットはプライヴァシーがないヴェルサイユ宮殿での生活に辟易し、離宮プチ・トリアノンで生活するようになる。そこに造成した野趣に富む村里《アモー》にみられるように、彼女は英国式風景庭園に特徴的なありのままの自然とそこでの生活を愛した。村里《アモー》でくつろぐには身体を締め付けない緩やかなファッションが好ましい。簡素なシュミーズ・ドレスもそうした王妃のイギリス心酔《アングロマニー》やライフスタイルに合致したものだった。フランス革命によって王妃は断頭台の露と消えるが、シュミーズ・ドレスは革命後、本格的にフランスで普及してゆく。マリー・アントワネットは流行を先取りしていたのである。

古代ギリシアの衣装を思わせるシュミーズ・ドレスは、とりわけ一七九〇～一八〇〇年に流行する。その生地はインドからイギリス東インド会社を通して持ち込まれた薄地のモスリンだった。木綿のファッションはイギリスで始まったが、一七八六年に英仏商業条約が締結されると、関税引下げによる貿易の自由化に伴い、イギリスから木綿が大量にフランスに流入した。逆にフランスからはワインと啓蒙出版物がイギリスに流入した。これ以後、フランスでは木綿のドレスが絹のドレスに取って代わることになる。時代は豪華さよりも簡素を求めたのである。

木綿の中でも薄手のモスリンは特に人気が高く、イギリス東インド会社はインドから輸入した綿布を第三国へ輸出する、いわゆる再輸出でも莫大な利益をあげていた。白の綿布は「calico《キャリコ》」と総称されたが、これはその積出港がインド西海岸の港町 Calicut《カリカット》だったことに由来する。この港はヴァスコ・

ダ・ガマがインド洋を航海して最初に到達した場所で、「キャリコ」はカリカットが転訛したものとされている。キャリコは品質が良く安価だったため、イギリスでは一六六〇年代以降大流行した。

　この絵を描いたマリー・アントワネットお抱えの肖像画家ヴィジェ＝ルブランは、みずから古代ギリシア風の晩餐会を主宰するほどギリシア贔屓だった。その晩餐会は会席者全員がギリシア風の白い衣服を着用し、ギリシア製の食器を使い、竪琴の演奏を聴きながら、ギリシア料理を堪能するというものだった。ヴィジェ＝ルブランがマリー・アントワネットの肖像を描くにあたっては、古代好みだった画家自身がいつも着ていたという古代ギリシア風のチュニック型の白いドレス《シュミーズ・ドレス》が念頭にあったにちがいない。この肖像画には当時の古代礼賛、アングロマニーの風潮が色濃く反映されている。

　十九世紀になると、フランスでは白い綿地がより一層普及する。当時フランスは三人の執政による執政統治時代を迎えていた。そのうち第一執政だったナポレオンは、妻ジョゼフィーヌと娘がイギリス製のモスリン素材のドレスを愛用していたのをよく思わず、モスリン・ドレスを引き裂くこともあったといわれる。当時ナポレオンはリヨンの絹産業の再生・保護のため、イギリス製モスリンの着用を禁止し、イギリス製品に高い関税を課したのである。一八〇六年には「大陸封鎖令」を発して、イギリスとの通商を禁じたため、モスリンの輸入も禁じられた。それでもジョゼフィーヌはモスリン・ドレスを着続けた。特別許可制度や密輸という抜け道があったのである。

　一八〇三年にスペイン風邪が流行したとき、パリでは多くの人びとが肺炎で亡くなった。モスリンの流行は肺炎をも流行させたのだ。やがて、薄手のモスリンにかわって暖かいカシミア・ショールやウールのジャケット、コートが流行する。インドのカシミール地方に棲む山羊の毛で織ったカシミア・ショールは、高価ではあったが、十九世紀に流行する。ジョゼフィーヌはカシミア・ショールやカシミア仕立てのドレスを愛用した。ナポレオンは一七九九年、エジプト遠征の際、ジョゼフィーヌに土産としてカシミア・ショールを持ち帰った。これがきっかけで、十九世紀初めから半ばにかけて、ヨーロッパ中でカシミア・ショールの一大ブームが起こる。こうして、カシミアの需要は庶民階級にまで拡大していったのである。

II ヨーロッパを変えた植物

大航海がもたらした植物と花のルネサンス

太陽の花　ヒマワリとマリゴールド

ヒマワリ（学名 *Helianthus annuus*《ヘリアントゥス・アンヌウス》）はキク科ヒマワリ属の一年草で、夏に黄色の大きな花を咲かせる。属名ヘリアントゥスはギリシア語のヘリオス（太陽）とアントス（花）に由来し、「太陽の花」を意味する。種小名アンヌウスは「一年草の」の意である。英語名サンフラワーもこれにならっている。和名は向日葵で、これは中国名（漢名）から来ている。

ヒマワリの原産地は北米大陸の南部から中南米ペルーのあたりと考えられている。自生種の花は小さく、これに近縁の種が交雑して今日われわれが目にするような大きな花をつける栽培品種ができたと考えられている。アメリカ・インディアンはアリゾナやニューメキシコで紀元前三〇〇〇年頃からヒマワリを栽培していた。一部の考古学者たちは、ヒマワリはトウモロコシに先立って栽培化されたと推測している。インディアンは種子を挽いて粉末状にし、菓子やパンを作っていたほか、種子を裂いてスナック菓子の代わりに食べていた。また、パンを焼く際には、ヒマワリの種子から搾り取った油を使っていたという。インカ帝国では、ヒマワリを太陽神の象徴とし、その花形を石に彫っていた。

十六世紀初め、ヒマワリの種子はスペインに持ち込まれ、同世紀の半ばにはマドリッドにあるスペインの王立植物園で大輪の花を咲かせていた。ヒマワリはスペインでは「ペルーの黄金の花」あるいは「インディアンの太陽の花」と呼ばれていた。十六世紀末にはイタリアでも植えられるようになり、一六一一年に出版されたヨハン・テオドール・ド・ブリィの『新花譜』には数種類のヒマワリが図示されている。ヨーロッパ諸国には、おおむね十七世紀以降、普及した。

現在、ロシアは中国やアメリカとならんでヒマワリ生産大国だが、最初にヒマワリをロシアに持ち込んだのはピョートル大帝(在位一六八二〜一七二五)だったといわれている。大帝はドイツ、オランダ、イングランド、ウィーンを旅行し、みずからさまざまな体験を積みながら、あらゆる分野の情報を収集した。オランダには約四ヶ月滞在したが、滞在中にアムステルダムの造船所で自ら船大工として働き、造船技術を習得した。また、ライデン大学では解剖学の講義を聴講するなど、好奇心旺盛だった。抜歯が得意で、その腕前を自負し、側近の歯を抜いてはそれをコレクションにしていたほどの変わり者だった。大帝は珍品や標本を見つけるたびにロシアに送ったが、オランダから送った積荷のなかにヒマワリの種子も入っていた。

ヒマワリはロシアではいわば新参者

ヨハン・テオドール・ド・ブリィ
『新花譜』(1611 年) のヒマワリ

だったため、ロシア正教会が定めた断食期間中の禁止食料リストには載っていなかった。このことも幸いしたにちがいない。はじめはヒマワリの種子を生のまま、あるいはフライパンで炒って食べていた。その後、種子から油を抽出して使うようになった。ヒマワリは、ひとつの花に八千個もの種子をつける。種子に二十〜三十%ほど含まれる油はサラダ油などの食用のほか、工業用にも使われる。

ヒマワリの商業的な価値が認識され、ロシアの大地でヒマワリ栽培が発展したのは一九三〇年代になってからである。当時ソヴィエトの最高指導者だったスターリンはヒマワリの品種改良を命じ、わずか二十年ほどで花の直径が三十cm以上にもなる巨大ヒマワリの繁殖に成功したのである。その結果、抽出される植物油も五十%増産された。また、植物油を抽出した後のしぼり滓は茎や葉とともに家畜の肥育に利用された。ヒマワリの茎がコルクよりも比重が小さいことが判明すると、救命胴衣にも使用された。胴衣の内部に茎をパイプ状にして詰め込んだのである。一九一二年に大西洋上で沈没したタイタニック号の救命胴衣にはヒマワリの茎が使われていた。

◉ギリシア神話の「太陽に向く花」

水の精クリュティエはかねてから太陽神アポロンに恋い焦がれ、アポロンに愛されるようになったが、生来移り気なアポロンがバビロンの王女レウコトエに入れあげたため、見向きもされなくなった。そこで、クリュティエはレウコトエを逆恨みし、レウコトエがアポロンと密会していることを、あろうことかレウコトエの父親に告げ口したのである。父親は娘のふしだらさに激怒し、娘をアポロンから引き離し、生き埋めにして殺してしまった。何とも恐ろしい話ではある。

クリュティエはアポロンがふたたび自分の方を向いてくれることを願ったが、密告の事実を知ったアポロンはレウコトエを哀れに思い、クリュティエには目もくれなくなった。恋に破れたクリュティエは嘆き悲しみ、食事も喉を通らず、日に日に衰弱していった。それでも太陽神アポロンへの思慕は変わらず、馬車に乗って天空を駆ける彼の姿をひたすら見つめていたという。神々は憔悴しきったクリュティエを見て哀れに思い、その姿を「ヘリオトロープ」に変えたと伝えられている。

ヘリオトロープはギリシア語のヘリオス（太陽）とトロペー（向きを変える）に由来し、字義通りには「太陽に向く花」ということになる。ここから、この花は太陽の動きに合わせて向きを変えるヒマワリではないかとされることがある。だが、ヒマワリは上述のようにアメリカ大陸原産で、ヨーロッパに渡来するのは十六世紀である。

また、オウィディウスの『変身物語』では、水の妖精クリュティエが変身したのはスミレによく似た紫色の花であったと記されている。これに関連して、古代ローマの博物学者プリニウスは『博物誌』のなかで次のように書いている。「注意して観察しなければわからないが、毎日でも実験することができるように、ヘリオトロピウムと呼ばれる植物はつねに太陽の方を向いており、太陽が移動すれば自分もいっしょに回転する。たとえ太陽が雲におおわれていても、それは変わらない。」

ここでプリニウスがヘリオトロピウムと呼んでいる植物は、ムラサキ科のヘリオトロープ（キダチルリソウ）であろうか。ヘリオトロープは青みがかった紫色の小花をドーム状に密集してつけるので、

シャルル・ド・ラ・フォス《ヒマワリに変じるクリュティエ》
1688 年　ヴェルサイユ、大トリアノン宮殿

ヒマワリがヨーロッパに渡来した後の十七世紀に描かれたこのフランス絵画では、クリュティエが姿を変える花はヒマワリになっている。シャルル・ド・ラ・フォスは、太陽王ルイ十四世の宮廷で主席画家を務めた。

オウィディウスの記述とも一致する。だが、ヘリオトロープはペルー原産で、ヨーロッパに最初に持ち込まれたのは十八世紀も半ばのことだった。フランスの南米科学調査団に同行した植物学者ジョセフ・ド・ジュシュー（一七〇四～七九）がアンデス山中でヘリオトロープを発見し、一七五七年にその種子を送ったのである。

しかも、ヘリオトロープはことさら太陽の方に顔を向けているわけではなく、太陽のあとを追いかけて回るわけでもない。したがって、神話のなかでいわれているヘリオトロープは、現在知られている同名の花とは異なるものといわざるをえない。ヒマワリやヘリオトロープはともにアメリカ大陸が原産で、ギリシア・ローマの神話の成立時期にはヨーロッパでは知られていなかったのである

それでは、ヨーロッパにヒマワリが渡来するまで、「太陽の方を向く」と考えられてきた花は何か？それはマリゴールド（キンセンカ）であろう。むしろマリゴールドこそがヘリオトロープと呼ばれるべきであった。もともとはマリゴールドに変身する物語だったのが、いつの間にかヒマワリと混同されてしまったのである。

◉二つのマリゴールド

ここで注意を要するのは、英語でマリゴールドと呼ばれる花には全く異なる二つの種類があるということだ。

夏から秋にかけて、黄、赤、オレンジなど暖色系の花を咲かせる *Tageates*《タゲテス》属の「マリゴールド」は、

アフリカン・マリゴールドとフレンチ・マリゴールドで、どちらも原産地はメキシコから中央アメリカにかけてのいわゆるメソアメリカである。花の形や色がヨーロッパに古くからある後述の「マリゴールド」に似ていたために、こう呼ばれるようになったのであろう。前者は高い草丈で大輪の花をつける。十六世紀にスペインへ伝わり、南ヨーロッパや北アフリカに広まった。後者は草丈が低く、枝分かれする。スペインを経てフランスに入り、一五七二年にフランス王宮の庭で初めて開花した。

メキシコ原産なのになぜアフリカン・マリゴールドと呼ぶようになったのか。その経緯については、次のような伝説がある。一五三五年、スペイン皇帝カルロス一世（神聖ローマ皇帝としてはカール五世）は、長年スペインを脅かしていたムーア人を討つためにチュニスへ出征した。北アフリカに到着すると、アルジェリアの海岸一帯には「マリゴールド」がたくさん咲いていた。カルロス一世はムーア人との戦いに大勝利を収め、兵士たちは勝利の記念に戦地に咲いていた花をスペインに持ち帰った。ここから「マリゴールド」は Flos africanus《アフリカの花》 と呼ばれるようになったという。従軍兵たちは、「マリゴールド」を帰化植物とは知らずにそう呼んだのである。

だが、いずれにせよ、これらの「マリゴールド」はヒマワリ同様、十六世紀にヨーロッパへもたらされたものである。

これに対して、*Calendula*《カレンドゥラ》 属のマリゴールドはバルカン半島や西アジアが原産で、ポット・マリゴールドとも呼ばれる。わが国では、キンセンカ（金盞花）の名で知られている。花が黄金色で「盞《さかずき》」の形をしているところからこの名がついた。古代ローマ人はこの花をカレンドゥラと呼んだ。これはラテン語のCalendae《カレンダエ》（ローマ古暦の朔日《ついたち》）に由来する。温暖な気候では一年の大半を通して開花し、月初めにも決まって咲いているからである。「暦」を意味するカレンダーも語源は同じである。

マリゴールドは、すでに古代ギリシア、ローマ、そしてアラブの世界でも薬用に使われていた。最も一般的には皮膚病の治療に利用された。中世ヨーロッパでは、ときに「貧者のサフラン」と呼ばれ、高価なサフランの代用品とされることが多かった。その黄色がかった橙《だいだい》色の花弁はケーキやプディング、あるいはチーズの色づけに使われた。また、乾燥した花は、市場では樽に入れて販売され、スープやブイヨンの素にされた。花弁はスミレやジリフラワーなどとともにサラダの材料として用いられ、料理に彩りを添えた、葉はハーブティーにしたが、気持ちを和らげる効果もあった。マリゴールドはヘアーリンスとしても利用され、金髪に金の色つやを与えた。実際、北欧ヴァイキングの女性たちは髪染めにマリゴールドを利用したほか、織物の染料としても使用した。

マリゴールドは中世には聖母マリアと結びつき、マリアの花とも呼ばれた。それも道理で、花名マリゴールドは「マリアの黄金」に由来し、教会の祭壇を飾るには最もふさわしい花だった。マリゴールドは中世のマリア崇拝と結びつき、聖母マリアに捧げられた。また、中世ヨーロッパでは、マリゴールドをじっと見つめていると、視力が強くなり、頭の毒液が抜き取られて、頭がすっきりするといわれた。熱病も免れるとされ、天然痘やはしかの治療のためにも用いられた。ロシアではマリゴールドが薬用として大量に栽培され、「ロシアのペニシリン」として知られるようになった。

ピューリタン革命で断頭台の露と消えたイングランド王チャールズ一世（在位一六二五～四九）は

ワイト島にあるカリスブルック城に十八ヶ月間幽閉されていた。

　マリゴールドは太陽に、
　わが臣民よりも従順なり。

チャールズは、こう詠んで臣民の不従順を嘆いた。
　マリゴールドは、太陽に従順な花とみなされていた。シェイクスピアは『冬物語』のなかで、マリゴールドは「太陽とともに眠りにつき、太陽とともに涙を流して起き出す」（第四幕、第四場）と記している。「涙を流して起き出す」とは、陽が出ると朝露をいっぱいためて花びらが開くさまをいっている。

◉イギリスのヒマワリ
　十六世紀後半にジョン・ジェラード（一五四五〜一六一二）が著わした『本草書』（一五九七）は薬草だけでなく、園芸植物についても掲載しているところから、大いに人気を博した。ジェラードはエリザ

アフリカン・マリゴールド

マリゴールド（キンセンカ）

（E. ステップ & D. ボワ『庭と温室の人気のある花』1896-97 年）

アンソニー・ヴァン・ダイク《ヒマワリのある自画像》
1633年頃　個人蔵

チャールズ一世の宮廷画家であったヴァン・ダイクは、この自画像でチャールズを大きなヒマワリに見立て、自らは国王の忠実なる臣下であることを表明している。

十六世紀にヨーロッパへやって来た向日性のヒマワリは、つねに太陽を向いていると信じられていたため、古来からあるマリゴールド（キンセンカ）とともに、主君への忠誠心を象徴する花となった。

ベス一世の主席顧問官だったウィリアム・セシルの信頼が厚く、セシルがロンドンのストランド通りに構えていた邸宅とハートフォードシャのシオボールドに持っていた庭園の両方の管理を任せられていた。ジェラード自身もロンドンのホルボーンの自宅近くに庭を持っており、そこで一千種以上の植物を育てていたといわれている。

イギリスでヒマワリに関する記載が初出するのも本書で、その叙述はジェラード自身の栽培・観察にもとづくものだった。ジェラードによれば、ヒマワリは太陽の運動にしたがって動くといわれているが、自分で観察してみたところ、その事実はまったく認められなかったという。ヒマワリが「Flos solis《太陽の花》」と呼ばれるのは、むしろこの花が太陽の放射する幾筋もの光に似ているからであろう、と述べている。この指摘は正鵠を射ている。ヒマワリは実際には太陽の動きに合わせて回るわけではないのだが、ヨーロッパに渡った頃には、太陽の動く方向に首を回す不思議な花という噂が広がり、そのため「太陽

ジェラード『本草書』（一五九七）のヒマワリ

パーキンソン『太陽の園、地上の楽園』（一六二九）のヒマワリ

について回る花」とも呼ばれたのである。

ところで、十七世紀前半のイギリスを代表する本草家といえば、ジョン・パーキンソン（一五六七〜一六五〇）である。もともと薬剤師だったパーキンソンは薬草に造詣が深く、ジェイムズ一世の御典医を務めていた。チャールズ一世治下で著わした『太陽の園、地上の楽園』（一六二九）で一躍有名になったが、本書はチャールズ一世の王妃で園芸愛好家だったヘンリエッタ・マライアに献呈され、その後パーキンソンはチャールズ一世お抱えの主席植物学者に任命されている。

この本のなかで、パーキンソンは「優美で堂々とした姿形のこの植物は、最近では誰からも親しまれている。」として、ヒマワリが十七世紀前半のイギリスではすっかりなじみの花になっていたことを伝えている。

パーキンソンは稀代の造園家でもあった。当時、ヨーロッパ大陸で珍しい植物を収集したジョン・トラデスカントと協力し、ロンドンのランベス地区に「トラデスカントの箱舟」と呼ばれる博物館兼植物園を開設したことでも知られる。そこには珍種の植物のみならず、西インド諸島や南北アメリカから運ばれてきた爬虫類、鳥類、魚類、それに貴石なども展示されていた。なかでも大きすぎて飛べないモーリシャス島の珍鳥ドードー（現在は絶滅）は、当館の見世物となっていた。このコレクションが、のちに世界最初の大学博物館として設置されたオックスフォード大学アシュモレアン博物館の中核をなすことになるのである。

オレンジのために温室を

オレンジは世界各地で最も広く栽培されている柑橘である。その代表はスイート・オレンジ（学名 *Citrus sinensis*《キトルス・シネンシス》）で、原産地は中国南部あるいはインドのアッサム地方とされ、別名チャイナ・オレンジ、ポルトガル・オレンジともいわれる。ヨーロッパへの伝播は、ヴァスコ・ダ・ガマによるインド航路発見後（一五〇〇頃）と考えられている。

なお、ヨーロッパに最初に入った柑橘はシトロン（学名 *Citrus medica*《キトルス・メディカ》）で、原産地はインド北部周辺といわれるが、紀元前にはすでにローマに伝来していた。ギリシア人やローマ人が「ペルシアのリンゴ」、「メディアのリンゴ」と呼んでいたのはこれである。果肉は食用に供されることはなかったが、強い芳香と薬効により重宝されていた。

●イギリスに渡ったオレンジ

オレンジはイギリスにはポルトガルをはじめとする南ヨーロッパ諸国を経て入ってきた。他のヨーロッパ諸国の富裕層と同様、イギリスの富裕層も自分の邸宅にオレンジの木を植えたがった。王党派の文人で日記作家、造園家、素人科学者《ヴァーチュオーソ》として著名なジョン・イーヴリン（一六二〇〜一七〇五）によれば、イギリスにオレンジの木が持ち込まれたのは、ヘンリー八世（在位一五〇九〜四七）治下、一五六二年のことであった。この年、サリー州のジョン・ケアリ卿が、フランスからオレンジの木を何本か購入したといわれている。同年、エリザベス一世の寵臣ウィリアム・セシル（一五二〇〜九八）も、オレンジの木をザクロやレモン、ギンバイカといっしょに手に入れたらしい。

イギリス海軍の書記官も務めた日記作家サミュエル・ピープス（一六三三〜一七〇三）は、自身の『日記』（一六六六年六月二十五日付）のなかで、ロンドンはハックニーにあるブルック卿の庭を訪れた時のことを次のように記している。

「そこで私は初めてオレンジの実がなっているのを見た。あるものは緑色、あるものは半分、あるものは四分の一、またあるものは完全に熟していて、同じ木になっている。同じ木で一年か二年おきに実がなる。私はこっそり小さいのをもぎとって（庭番はいたく目を光らせていたが）、食べてみた。ほかの小さな緑色のオレンジとまったく同じである。」

『日記』の文中「緑色の」とあるのは、未だ熟していないオレンジのことで、一本の木に未熟、半熟、完熟、あるいは四分の一熟したオレンジがなっている様子がうかがえる。ピープスほどの高級官僚が庭番の目を盗んで、オレンジをくすねて食べてみたというのであるから、当時オレンジはよほど珍奇で高価な果実だったにちがいない。

同じくピープスの『日記』（一六六四年四月十九日付）によれば、彼がオレンジの木を最初に見たのはそれより二年前のことで、場所はセント・ジェイムズ・パークの薬草園だった。寒冷な気候のブリテン島にもオレンジの木は移植され、しばしば実をつけたのである。

◉オランジュリーとグリーンハウス

北西ヨーロッパの冬は寒い。オレンジにとっても寒さや霜、冷気は大敵である。そのため、冬場にオレンジが枯れないようにするための温室がつくられた。それがオランジュリーである。

エリザベス一世の時代には、冬になると庭に植えてあるオレンジの木を仮小屋で囲み、ストーブで暖めた。それが当時のオランジュリーであった。これがチャールズ一世（在位一六二五〜四九）の時代になると、様相が一変する。すなわち、オランジュリーは家屋の外壁に接して建てられることが多くなり、その南面に半透明の窓ガラスがはめこまれた。つまり、多少なりとも採光がなされるようになったのである。加熱のための主要な熱源がストーブであることに変わりはなかったが、冬になると、このオランジュリーに大きな植木鉢に植えられたオレンジの木が移された。鉢植え栽培は場所の移動が容易であるため越冬させるには便利であった。オランジュリーのなかに搬入するため車輪の付いた大型の鉢もあった。

その後、オレンジやレモンといった柑橘類に限らず、常緑植物の「緑」を保存することに関心が向けられるようになる。こうしてグリーンハウスという言葉が温室を意味するようになるのである。のちにグリーンハウスは、構造上屋根の大半がガラスにふき替えられる。採光の重要性が認識された結果であるが、それでもガラスは高価で、グリーンハウスを備えている者は富裕階級に限られた。グリーンハウスとともにコンサヴァトリーなる語も出現するが、いずれもイーヴリンの造語であるといわれている。コンサヴァトリーは、文字通りには植物の「保存室」だが、実際にはガラスに覆われた屋根の下にある庭で、人びとがそのなかを歩くことができるような広い空間を備えていた。十九世紀ヴィクトリア朝の時代になると、コンサヴァトリーは鉄骨とガラスでできた大温室を指すようになる。

印象派やポスト印象派の絵画を集めた美術館として知られるパリのオランジュリー美術館は、チュイルリー宮殿のオレンジ温室が母体となっている。このオランジュリーは、一八五二年に建築家フィルマン・ブルジョワによって建てられた。二十世紀になって、画家モネのパトロンでもあったフランス大統領ジョルジュ・クレマンソーの主導の下、モネの連作《睡蓮》を収めるための専用美術館として整備された。その後、二回の大規模な改修工事を経て、現在の姿になっている。

19世紀にチュイルリー宮殿のオレンジ温室として建てられたオランジュリー美術館

◉イタリアのオレンジ温室「リモナイア」

十六世紀以降、トスカーナ地方に建設された別荘にはイタリア語でオレンジ温室を意味するリモナイアが併設された。リモナイアはフランス語のオランジュリーに相当するが、もともとレモンの木の保護を目的につくられた建物である。

十五世紀後半、イタリアに侵攻したシャルル八世はナポリで素晴らしいイタリア美術と庭園に魅了され、フランスに戻る際にパセロ・ダ・メルコリアーノをはじめとする造園家や大勢の職人を連れ帰った。フランス・ルネサンスはロワール河畔を舞台に展開した。メルコリアーノはロワール河畔のアンボワーズ城にオレンジの鉢植えを配した庭園をつくり、冬の寒い時期には室内に移動させた。さらに、イタリアから持ち帰った美術品がアンボワーズ城内を飾った。次王ルイ十二世の時代にはそれとよく似た庭園をブロワ城につくっている。一五二〇年代、フランソワ一世（在位一五一五～四七）はフォンテーヌブロー宮殿の前にあるダイアナの噴水のまわりに鉢植えのオレンジを置いていた。

ルネサンス期につくられたロワール地方の城館や庭園には温室が付属していたが、リモナイアに対応する温室は、フランスではオランジュリーとして知られるようになった。一六〇〇年にフランス王アンリ四世と結婚したメディチ家出身のマリー・ド・メディシスは、イタリアの建築家や芸術家、庭師を大勢引き連れて輿入れした。王妃マリーはよほどオレンジが好きだったとみえて、チュイルリー宮殿、リュクサンブール宮殿、フォンテンブロー宮殿の庭園にオランジュリーをつくらせた。

フランス・ルネサンスはフランス諸王のイタリア侵攻が契機となった。そして十六世紀前半、フランソワ一世の時代にフランス・ルネサンスは全盛期を迎えることになる。

◉ヴェルサイユ宮殿のオランジュリー

それから一世紀の時を経て登場したルイ十四世（在位一六四三～一七一五）は、財務卿ニコラ・フーケが居城ヴォー・ル・ヴィコントにもっていたオレンジの木を数百本召し上げた。それをヴェルサイユ宮殿に運ばせると、銀の鉢に移し替え、鏡の間に置いた。ヴェルサイユ宮殿のオランジュリーは半円筒形の天井をもつ細長い屋内空間で、一六八五年にジュール・アルドゥアン＝マンサールによって建てられた。修道院の回廊を思わせる内部の空間は簡素で、厚さ四～五mの壁には大きな二重窓が連なっている。南向きのため室内は明るく、冬でも室内の温度は五度を下回ることはなかった。五月から十月にかけての夏場は、オレンジの木は木箱に入れられて屋外に置かれ、十月から五月にかけての冬場は、木箱に入れられたままオランジュリーに収納された。こうして霜害をまぬがれたのである。

太陽王ルイ十四世にとって、オレンジは太陽の象徴であり、オランジュリーはヴェルサイユ宮殿の目玉であった。

ルイ十四世は大変なメダル好きで、叔父から相続したメダルのコレクションをルーヴル宮殿からヴェルサイユ宮殿に移管し、宮殿内に陳列室を設けた。さらに太陽王をイメージし

ヴェルサイユのオランジュリーで働く庭師たち（『完璧な庭師』1695年）

た多くのメダルを発行させ、みずから眺めては悦に入っていたという。宮殿で繰り広げられるバレエでは自分で太陽神アポロンの役を演じ、取り巻きの宮廷人らは星の一団を形成し、アポロンの周りをまわった。中心はあくまでも太陽である国王だった。まさに「朕は国家なり」である。ルイ十四世はバレエもメダルも、そしてオレンジさえも政治的プロパガンダの道具として利用したのである。

◉オレンジの輝く国

イタリアでオレンジといえば、ドイツの文豪ゲーテが小説『ヴィルヘルム・マイスターの修業時代』(一七九六)のなかで、旅芸人一座の歌姫ミニオンに次のような詩を詠ませている。

君や知る、レモン花咲く国
暗き葉かげに黄金《こがね》のオレンジの輝き　(高橋健二訳)
Kennst du das Land, wo die Zitronen blühn,
Im dunkeln Laub die Gold-Orangen glühn,

こう詠んで、ミニオンは遍歴学生ヴィルヘルムを生まれ故郷のイタリアへと誘う。それはゲーテ自身が抱いていたイタリアへの憧憬そのものであった。ゲーテにとってイタリアは、レモンの花咲く国であり、オレンジの輝く国だった。詩人は、この詩で南国イタリアの柑橘類の忘れがたい美しさを称えているのである。ちなみに「花咲き」と「燃え」に対応するドイツ語は、blühn《ブリューン》とglühn《グリューン》で、原文では押韻が効果的に使われている。

●オラニエ公ウィレム三世のオレンジ

イギリスの名誉革命（一六八八〜八九）で国王に即位するのはオランダ総督のウィレム三世とその妻メアリーである。メアリーは夫とともに即位し、メアリー二世となる。ウィレムはオラニエ家の出身で、南仏プロヴァンス地方のオランジュ（オランダ語でオラニエ）公国を相続していたところからオラニエ公ともいわれる。オラニエとは、オランダ語でオレンジを意味する。

オラニエ公ウィレムのルーツはドイツのライン地方を発祥とした名門ナッサウ家にある。十六世紀に男系が絶えたことから、ウィレムの祖父ウィレム一世が姻戚関係により、南仏プロヴァンス地方のオランジュ公国を引き継いだ。この時以降、家名はオラニエ＝ナッサウ家となる。かつてオランジュ公国はオレンジの売買で潤った。そのため公国の紋章はオレンジの木に角笛で、その意匠は現在のオランジュ市の市章に継承されている。

オラニエ公ウィレム一世はナッサウ家の出身で、オランダ独立戦争（一五六八〜一六四八）の指導者として知られる。一五五六年スペイン王位についたフェリペ二世はネーデルラントのプロテス

オランジュ市の市章

現在も使用されているヴェルサイユのオランジュリー。オレンジの鉢は夏場は屋外で栽培され、冬になると建物の中へ運び込まれる。

ヤン・ダーフィッツゾーン・デ・ヘーム
《オラニエ公ウィレム3世》
1672-73年頃　リヨン美術館

タントに激しい迫害を加えた。こうしたプロテスタント弾圧政策に対して蜂起したのがウィレム一世であった。その後継者ウィレム二世を父に、イギリス王チャールズ一世の娘メアリーを母にもつウィレム三世は、一六七二年に総督に就任する。軍事権を掌握する総督はオランダの実質的な君主にあたり、このとき総督職は実に二十二年ぶりに復活したのである。

ウィレム三世の総督就任の背景にはフランス国王ルイ十四世の領土的野心があった。当時、ルイ十四世はオランダを軍事的に占領しようと、アムステルダムに迫る勢いだった。オランダ史にいうオランダ侵略戦争（一六七二〜七八）である。この国家存亡の危機に際して、新総督ウィレム三世に国土防衛の全権が委ねられたのである。以来、ウィレムは生涯をかけて祖国防衛に当たることになる。

一六七二年、ウィレム三世は干拓地の堤防を決壊させてフランス軍を水浸しにするという奇想天外な「洪水作戦」を敢行し、フランス軍を撃退した。これによって、ウィレムの名声は大いに高まった。だが、その後もフランスのオランダ侵攻はやまず、ここにウィレムはイギリス国王チャールズ二世の弟ジェイムズ（のちの国王ジェイムズ二世）の長女メアリーと結婚することを決意する。ときにウィレム二十七歳、メアリーは十六歳であった。この従妹メアリーとの結婚は、フランスの領土的野望を砕くための典型的な政略結婚であった。これによってオランダはイギリスを味方につけた。他方で、それまで敵対関係にあったオランダとイギリスとの間に友好関係が樹立され、クロムウェルの共和政の時代から三度にわたり繰り広げられてきた英蘭戦争に終止符が打たれることになる。

ところが、一六八八年に岳父ジェイムズ二世に男子が誕生すると、情勢は一変する。このままではイギリスはカトリックの国に舞い戻り、フランスと再び結託しかねない。ウィレムは反カトリックの立場からイギリス侵攻を企て、同年十一月一万四千の大軍を率いてイングランド南西部のブリクサムに上陸した。ウィレムはジェイムズ二世に逃亡を迫り、国王の地位を要求する。このとき仮議会が打ち出した窮余の策が、ウィレムとその妻メアリーとの共同統治だった。ウィレムにとって、名誉革命はプロテスタントの防衛というよりは、対フランス包囲網形成の一環にすぎなかった。

当時の人びとはウィレム（イギリス国王としてはウィリアム三世）を「ウィリアム征服王」と呼んではばからなかった。ウィリアム征服王とは、一〇六六年にイングランドを武力で「征服」したノルマンディ公ウィリアムの異名である。なにしろオランダ軍が大挙して押し寄せてきたのだ。名誉革命は当時の人びとの目には、オランダ勢力の軍事クーデタによる王位簒奪と映ったのである。

ヤン・ダーフィッツゾーン・デ・ヘームの作品《オラニエ公ウィレム三世》では、随所にオレンジが見てとれる。この絵の下方のライオンはオランダ共和国の紋章動物で、前脚でオレンジの実をつけた枝をつかんでいる。ウィレム三世の右上にもオレンジが描かれている。肖像の左右に見える鷲は、白い花をつけたオレンジの小枝をくわえているが、鷲は高位にある者をシンボライズしている。さらに、ウィレムの胸を飾っているのはオレンジ色のスカーフである。また、肖像の両脇に描かれている豊饒《コルヌコピア》の角は、豊饒のみならず、平和の象徴でもある。

この絵の制作年代は一六七二～七三年頃と推定されているが、約十年前の肖像画がもとになっているせいか、ウィレムの外貌にはどこかあどけなさが残っている。ともあれ、これはウィレム三世が総督職に就き、国家存亡の危機を救った時期にあたる。随所に配されているオレンジないしはオレンジ色は、オラニエ家の繁栄あるいはウィレム三世に寄せられた期待と称賛の表れとみてとれる。

ちなみに、オランダの国旗は赤白青の三色旗だが、ナショナルカラーがオレンジ色なのはオラニエ公ウィレムの家名に由来する。上述のように、オラニエはオランダ語でオレンジを意味し、そこからオレンジ色がオランダのナショナルカラーとなったのである。サッカーのオランダ代表がオレンジ色のユニフォームを着用しているのは、その一例である。オランダのナショナルカラーは、もとをただせばフランス（オレンジ公領）生まれだった。

パイナップルへの狂騒

パイナップル（学名*Ananas comosus*《アナナス・コモスス》）の原産地は南米のオリノコ川流域といわれているが、中南米の熱帯地域にかなり分布していたものと思われる。クリストファー・コロンブスは自身の第二回目の航海のときに、メキシコ沖のグアダルーペ島でパイナップルを発見し、一四九三年に金塊や装飾品などといっしょにスペインに持ち帰った。迎えた国王フェルディナントは何よりパイナップルが気に入ったらしい。とはいえパイナップルの自家栽培は難しく、すでにオレンジの栽培に成功していたスペイン王室でもその栽培にはかなりの時間を要した。

十七世紀前半のイギリスでは、パイナップルはまだ「未知の」果物であった。それだけに本草家も興味をそそられたようで、ジョン・パーキンソン（一五六七～一六五〇）は『太陽の園、地上の楽園』（一六二九）のタイトル頁の扉絵のなかで、エデンの園にある植物として、人気の高かったチューリップの隣にパイナップルを置いている。パーキンソンは『植物の劇場』（一六四〇）のなかで、次のように述べている。

パーキンソン『太陽の園、地上の楽園』（1629）のタイトル頁に描かれたパイナップル

「西インド諸島にあるすべての果実のなかで最もすばらしく、甘美な果物である。」

「一見したところ、アーティチョークに似ているが、それ以上に松毬《まつかさ》に似ている。それゆえ、その形からわれわれはパインアップルと呼んでいる。……とても甘い香りがして、……ワインとバラ水と砂糖を混ぜたような味がする。」

パイナップルは果実の形がパイン(松毬)に似ていて、味はアップル(リンゴ)のようだったことから、パイナップルと名づけられた。パーキンソンはジェイムズ一世の薬剤師をつとめ、次王チャールズ一世にも仕えて王室付主席植物学者の称号まで与えられた人物である。

◉イギリスに登場したパイナップル

イギリスでお目見えした最初のパイナップルは、一六五七年にオリバー・クロムウェルに献上されたもののようだ。イーヴリンは、日記(一六六一年八月九日付)のなかでこう記している。「バルバドスから持ち込まれたクィーン種のパインが国王陛下に贈呈されるのを初めて見た。だが、イングランドで最初に目撃されたパインは四年前にクロムウェルに贈られたものだった。」そうであるとすれば、クロムウェルは亡くなる前年にパイナップルを目にしていたことになる。

カリブ海に浮かぶ島バルバドスは一六二五年にカーライル伯がときの国王チャールズ一世から特許状を獲得し、植民地経営に着手していた。一六三八年にカーライル伯が没すると、国王直轄の植民地となり、サトウキビ栽培で繁栄する。バルバドス島の砂糖はイギリスに輸出され、中国から運ばれてきた茶葉と共に十八世紀イギリスの紅茶文化を支えることになる。

それにしても、生のパイナップルをカリブ海からイギリスまで運ぶのは至難の技だったようだ。『バルバドス島の歴史』（一六五七）を著わしたリチャード・リゴンは、こう述べている。「生長がまちまちのパイナップルを十七個船に積み込んだが、行程の半分にも至らないうちに全部腐ってしまった。」

それでも、パイナップルは西インド諸島からの長旅に一度ならず耐えたようだ。というのも、チャールズ二世がフランス大使コルベールをもてなすために主催した歓迎晩餐会でもパイナップルが出されているからだ。ホワイトホール宮殿のバンケティング・ハウスで開催されたその晩餐会にはイーヴリンも招待されており、彼の日記（一六六八年八月十九日付）によれば、「キングパインと呼ばれるその珍しい果実は、バルバドス島および西インド諸島で育ったものだった。」

イーヴリンはこのときチャールズ二世の傍にいたようで、「国王陛下がそれを切って、ご自身の御皿から、ご賞味あれと一切れくださった。」だが、それを口にしたイーヴリンはパイナップルの味にはいたく失望したようで、こう書き記している。「私見だが、リゴン船長の史書や他の記述にみられるように、狂喜するほど美味というにはほど遠い。おそらく、いや確かに、はるばる遠方から運ばれてきたせいで、かなり味がそこなわれているにちがいない。」

◉国王陛下のお気に入り

チャールズ二世（在位一六六〇〜八五）は贅沢好きで舶来物を好んだが、熱帯産のパイナップルは

ヘンドリック・ダンカーツ
《チャールズ2世にパイナップルを献呈するジョン・ローズ》
1675-80年頃　ロイヤル・コレクション・トラスト

テオドルス・ネッチェル《パイナップル》
1720 年　ケンブリッジ、フィッツウィリアム美術館

右頁図の部分

その最たるもので、まさに「王の果実」だった。オランダの画家ヘンドリック・ダンカーツの作品のなかに、それを象徴するような絵画（図版一八二頁）がある。

チャールズ二世にひざまずいてパイナップルを差し出しているのは、国王お抱えの庭師ジョン・ローズ（一六二九〜七七）である。背景に描かれているのはウィンザー近くのドーニー・コートにあったクリーヴランド侯爵の館と庭ではないかといわれているが、はっきりしたことはわからない。

ジョン・ローズがチャールズ二世に差し出しているパイナップルは、一般にローズ自身が育て、収穫したイギリス最初の国産パイナップルであるといわれているが、これはかなりあやしい。チャールズ二世の時代には国産パイナップルはまだ現れておらず、海外から持ち込まれていたからである。

この絵は、実は一六七七年に亡くなった庭師ローズを追悼・記念するために描かれたのではないか、といわれている。これに関連して注目すべきはチャールズ二世の口元で、口髭をたくわえていない。チャールズが口髭を剃り落としたのは一六七七年のことで、それがこの絵の制作推定年代（一六七五〜八〇頃）の決め手のひとつとなっている。当時、パイナップルは珍品中の珍品で、異国の産物を好んだ国王への贈物としてはうってつけのものだった。ローズは自分で育てたパイナップルではないにせよ、どこからかそれを入手し、国王に献上したのであろう。

チャールズ二世は通常、礼服姿あるいは甲冑姿で描かれることが多いが、ここでは一六七〇年代に主流を占めていたファッショナブルな格好で描かれている。白いリネンのシャツの上に羽織っている茶色のコートは、一六六六年十月に国王自身によって考案されてもので、その左胸には大きめのガーター星章が付けられている。履いているズボンはややボリューム感のある半ズボンで、当時流行していたペチコート・ブリッチズだ。丈は膝下まであり、腰と膝のあたりは黒いリボンの房飾りで縁取りされている。このスカートに似たズボンは幅広で、王は間違ってズボンの片方に両脚を入れてはいてしまい、夜になって脱ぐまでその誤りに気づかなかったというエピソードも残されている。

チャールズ二世が履いている靴も当時流行していたもので、つま先は四角ばっており、踵は赤色である。首のあたりに掛けられているのは、高価な針編みレースで飾った幅広の平らなラバ衿で、黒い帽子はおそらくビーバーの毛皮製であろう。国王の左右に描かれている二匹の犬はキャバリア・キング・チャールズ・スパニエルで、飼い主に従順な犬種である。チャールズ二世はこの愛くるしい犬がいたくお気に入りで、溺愛していた。

ファッションとならんで、背景に描かれている左右対称の庭園も時代を反映している。これは典型的なフランス式整形庭園で、王政復古期にはこうしたヴェルサイユの庭に倣った整形庭園がイギリスで流行した。その好例はハンプトン・コート・パレスの庭である。ジョン・ローズはチャールズ二世のお抱え庭師になる前に造園術を学ぶためヴェルサイユに派遣されており、フランス式庭園に精通していた。ローズは帰国後、イギリスでフランス式整形庭園の普及に努めた。

ともあれ、パイナップルは十七世紀後半、チャールズ二世の時代に王侯貴族の間で人気を博した。貴族たちの晩餐会ともなれば、パイナップルがテーブルの中央に置かれた。なにぶんにも珍しく、とびきり高価だったので、実際に食べるわけではなかった。まさにそれゆえに、パイナップルは歓待と富のシンボルとなったのである。

　経験論の哲学者ジョン・ロックは二十年もの歳月をかけて書き上げた『人間悟性論』（一六八九）のなかで、パイナップルを引き合いに持論を展開した。曰く、パイナップルという美味しい果物を口のなかで味わったことのない者は、パイナップルについての真に新しい観念を得られるはずがない。得られるのは、旅行者たちの記述にもとづいた旧来の観念の寄せ集めにすぎない、と。そして、パイナップルの味を本当に理解するには、パイナップルを賞味してみるという「経験」が必要なのだと説いている。

　ロックに言わせれば、味わって得られる感覚は、言葉で説明されるものとは別物なのである。ロックはあえてパイナップルという当時にあっては入手しがたい究極の贅沢品を引き合いに出して、自らの主張に説得力をもたせようとしたのである。

　十七世紀後半の王政復古（一六六〇）以降、この熱帯産の果物は芸術作品や建築のモチーフとしても用いられるようになる。

　ロンドンのランベス・ブリッジの二基あるオベリスクの頂上、そしてセント・ポール大聖堂の正面の頭上にある二つの西塔《ウエスト・タワー》の

ランベス・ブリッジのパイナップル

セント・ポール大聖堂のパイナップル

頂上には黄金のパイナップルが載っている。いずれも来客を迎え入れるという歓待の精神のシンボルだ。ロンドン司教邸の玄関前にもパイナップルのオブジェが置かれている。

建築家クリストファー・レンは、一六六六年のロンドン大火後、セント・ポール大聖堂をはじめ多くの教会の再建やグリニッジの王立病院の建設などに携わった。教会建築にパイナップルのオブジェを置いたのはレンのアイディアによるものだった。彼のパイナップル好きが高じて、ロンドンの教会にパイナップルが置かれたのである。

時代は一世紀下るが、スコットランドのダンモアには、第四代ダンモア伯ジョン・マーレイが一七六一年に建てた「ダンモア・パイナップル」と呼ばれるパイナップルの形をした建物がある。キュー・ガーデンのパゴダやサマセット・ハウスの設計者として知られる建築家ウィリアム・チェンバーズの設計によるダンモア・パイナップルは、庭を眺めるための休憩所であると同時にパイナップル栽培の温室でもあった。平屋の部分は空洞で、ここに熱気を循環させて暖房したのだ。今は塞がれている壁も、かつて

スコットランドの
ダンモア・パイナップル

はガラス窓で採光していたという。イギリス人のもつパイナップルへの並外れた情熱の一端をうかがわせる建造物である。

◉パイナップルの自家栽培

一六八七年頃、オランダ人の園芸家アグネス・ブロックはヴェイヴェルホフにある自分の地所でパイナップルの自家栽培に成功した。ヨーロッパでの栽培はこれが最初だったといわれている。その後、ライデン近郊のドゥリーフックに住む富裕な毛織物商人ピーター・ド・ラ・クール（一六一八〜八五）がパイナップル栽培に乗り出し、多くのイギリス人園芸家がその栽培技術を学ぶためにピーターのもとを訪れたという。

オランダは一六二一年にオランダ西インド会社を設立し、十七世紀当時、カリブ海諸国の貿易を独占していた。東インド（アジア地域）のみならず西インド（カリブ海地域）にも進出していたオランダは、他のヨーロッパ諸国に先駆けて、西インド諸島から直接パイナップルを輸入していたのである。

園芸・農業に関して言えば、イギリスはオランダから多くのことを学んだが、それは一六八八年の名誉革命後、両国の関係が緊密になってからのことである。パイナップルの栽培方法についてもそうだ。ウィレム三世（イギリス国王としてはウィリアム三世）の幼なじみで腹心でもあったウィリアム・ベンティンク（一六四九〜一七〇九）は、ウィレム三世とともにイギリスに渡り、ジェイムズ二世を追放して名誉革命を実現させた影の功労者だった。のちには国王から初代ポートランド伯爵に叙せられ、その後枢密院議員にも任命されている。

他方で、ベンティンクは無類の植物好きで、オランダでは自分の庭園に珍種の植物を栽培していた。そのなかにパイナップルも含まれていた。一六九二年、ベンティンクはオランダの自宅で栽培していたパイナップルの株をすべて船に積み、テムズ川を遡ってハンプトン・コートまで運ばせた。その親株からハンプトン・コートで生長したパイナップルは、いわばオランダ生まれで、まだ純然たる国産品とはいえなかった。

◉イギリス初の国産パイナップル

十七世紀後半から十八世紀にかけて、貴族たちは競ってパイナップルの自家栽培による収穫に努めた。オランジュリー（オレンジ温室）で育てられた柑橘類とちがい、パイナップル栽培には一年を通じてたえず暖熱を供給する必要があった。それだけに経費もかさんだ。

このパイナップル競争に勝利したのは、マシュー・デッカー（一六七九〜一七四九）だった。オランダ生まれのデッカーは一七〇二年にロンドンにやって来て、商人として生業を立てた。その後、事業で成功したデッカーは東インド会社の役員となり、四年間ほど国会議員もつとめた。一七一六年にはジョージ一世より准男爵《バロネット》の称号を授与されている。彼はテムズ河畔のサリー州リッチモンドに庭を構えていたが、そこで雇っていた庭師ヘンリー・テレンドがイギリス国内では初となるパイナップルの自家栽培に成功したのである。一七一五年前後のことだった。

庭師テレンドはパイナップル専用の温室を考案した。それはレンガ造りで、ガラス張りだった。温室のなかに大量の馬糞と屎尿を入れ、細かく砕いたニレやオークの樹皮を何層にも敷きつめた。こうしてできた温床から生じる熱を利用し、パイナップルを育てたのである。内部の温度を一定に保つには馬糞も樹皮も定期的に入れ替える必要があった。パイナップルの鉢はひとつひとつ「新鮮な」馬糞のなかに入れられ、生ぬるい温水が散布された。決め手は、真あたらしい馬糞と樹皮にあり、さらに言えば、その発酵作用によって生じる熱だった。この「馬糞熱」によってパイナップルの鉢のまわりの温度は二十五度から三十度に保たれ、甘美なパイナップルが裔芽《えいが》（果実の下に出る芽株）をつけたのである。

栽培の成功を祝って描かれた絵（図版一八三頁）の下部にある銘板より、デッカーがこの国産第一号のパイナップルを国王ジョージ一世に献上したことがわかる。これ以降、イギリスではパイナップル栽培熱が高まり、貴族の間ではパイナップルを温室で育て、晩餐の食卓に置くのが流行する。パイナップル熱に浮かされた貴族のなかには建築家のバーリントン卿リチャード・ボイル（一六九五～一七五三）や詩人のアレクサンダー・ポープ（一六八八～一七四四）もいた。

◉フランスのパイナップル・ブーム

フランスでは少し遅れて十八世紀にパイナップル・ブームがおとずれる。ヴェルサイユ宮殿の室内でパイナップル栽培に初めて成功したのはルイ十五世（一七一〇～七四）の時代だった。ルイ十五世が無類のデザート好きだったこともあり、パイナップルはデザートのなかにしっかりと組み込まれ、アイスクリームとパイナップルの組み合わせは最高の贅沢となった。

貴族によるパイナップル栽培はフランス革命（一七八九）によって消滅するが、ブルボン王朝の復活によって王室のパイナップルに対する関心もよみがえる。それに先んじてパイナップルを栽培していたのが、ナポレオンの最初の妻ジョゼフィーヌである。彼女はフランス領西インド諸島のマルティニーク島で生まれ育ったこともあり、パイナップルには人一倍郷愁を感じていた。実際、マルメゾンに大きなパイナップル専用の温室をつくり、パイナップルを育てていたのである。

◉ヴィクトリア朝のパイナップル栽培

パイナップル栽培は、ジョージ王朝のパイナップル狂噪曲を引き継いだ十九世紀ヴィクトリア朝の時代に全盛期を迎えた。パイナリーと呼ばれるパイナップル専用の温室は富者の富の玩具と化し、そこで栽培・収穫された完熟の自家製パイナップルを晩餐会のテーブルに出すことは、社会的栄誉あるいは知的優秀性の証となった。

ヴィクトリア朝期にはパイナップル栽培を根本的に変えるできごとがあった。一つは、一八一六年に温水暖房が考案されたことである。それ以前には寒冷なヨーロッパの地で熱帯産の果実を栽培することは至難の業で、匠の技を要した。もう一つは、一八三三年に板ガラスが発明されたことである。そして三つ目に、一八四五年にガラス税が廃止されたことである。それによって、パイナップルの栽培用温室はかなり大型化し、建設費用も従来よりも少なくて済んだ。こうして、ひとつの温室で一千個のパイナップルを生育することも可能となったのである。

ジョゼフ・パクストンは、一八二六年から五八年まで、チャッツワースにあるデヴォンシャ公爵の主任庭師を務めていたが、パイナップルの温室栽培に成功したひとりだった。パクストンのつくったパイナップルは園芸協会の品評会ではきまってメダルを獲得し、羨望の的となった。

チャッツワースでは早くも一七三八年にパイナップル栽培用の温室が建設されていたが、パクストンが管理を引き継ぐ前に放置されていた。十九世紀ともなれば、パイナップルはその大きさのみならず、質や味も問われるようになった。庭師には一年を通じて収穫することが期待され、品種を問わず、パイナップルに関する十分な知識が要求された。いかに大きくて、質の良いパイナップルを育てるか。それが庭師の腕の見せ所だった。ヴィクトリア朝の時代には、パイナリーは貴族の庭園にはなくてはならないものとなった。

●パイナップルと海亀

十九世紀に蒸気船が登場すると、パイナップルは大量に輸入されるようになる。それに伴い、それまで貴族や上流階級のジェントルマンしか口にできなかったパイナップルも中流階級の食卓にもたらされるようになった。ロンドンの青果市場のコヴェント・ガーデンは活気づき、積み上げられたパイナップルがひときわ目をひいた。コヴェント・ガーデンの由緒ある食料市場の屋内の電灯には今日でもパイナップルの意匠が施されているが、これはパイナップルが市場の目玉商品だった十九世紀の名残である。

西インド諸島からイギリスまで、当時は最速の蒸気船でも三週間はかかったといわれている。現地で収穫されたパイナップルは、積出港に運ばれるまで長いこと放置されることも多く、出港しても海水をかぶり大西洋上で腐敗するものも少なくなかった。

パイナップルは腐りやすく、長い航海のうちに暑さや湿気で損なわれることが多かったのである。高値を呼んだのはそのためでもあった。十九世紀の代表的なジャーナリストで、風刺週刊誌『パンチ』創刊者の一人でもあったヘンリー・メイヒュー（一八一二～八七）によれば、手押し車に果物を積み、商いをおこなっていた行商青物商にとって、パイナップルは「カネのなる木」であった。

余談だが、十八世紀から十九世紀にかけて、パイナップルと同じように西インド諸島からイギリス持ち込まれ、その珍奇さと入手が困難であるがゆえに高値がついたものがあった。それは海亀である。巨大な緑色の海亀は船倉に備え付けられた淡水タンクに入れられてイギリ

パイナップルをあしらったロンドン、コヴェント・ガーデンの電灯

スに輸入されていた。

グルメが集まることで知られたロンドン亭は東インド会社の御用達であり、重役たちはよくここで食事会を開いた。一七六五年に火事で焼失したものの、再建されてからは大勢の客が泊まれる旅籠となった。このレストランの中央に大きな水槽をしつらえ、その中で海亀を泳がせた。それを調理して食卓にあげたのである。

メイン料理のひとつは亀肉のローストだ。レシピによれば、これは甲羅からはがした亀肉を二時間余り海水につけ、芳しい香りの丁子を肉に突き刺し、小麦粉をまぶして焼いていく。時折ワインとレモン汁を混ぜた液汁を塗りながら。焼き上がったら、ゼラチン状の緑色の脂肪、砂糖、レモンの皮を添えて供された。腹の肉は茹でて食べることもあった。鰭《ひれ》や内臓には濃厚なソースをつけ、背中の肉や腹の肉はそれらを付け合わせて食べたのである。

なにぶんにも珍味中の珍味であるから、グルメの間で評判がたたないわけがない。海亀料理の食事会を開くことは富と名声の象徴となった。大きな亀の甲羅は食卓の中心に置かれ、盛り皿に使われた。経済的に余裕のない者は、亀のスープもどきで我慢した。

食卓の中央に置かれたパイナップルと海亀。どちらもイギリスの食通ジェントルマンを唸らせた西インド諸島産の高級珍味であった。

寒冷地の救世主ジャガイモ

ジャガイモ（学名 *Solanum tuberosum*《ソラヌム・ツベロスム》）はナス科の多年草で、一般にまろやかなデンプン質の塊茎を食品として利用する。ジャガイモの芽と光が当たって緑色になった部分には天然毒素のソラニン（有毒のアルカロイド）が含まれており、イギリスのエリザベス一世（在位一五五八〜一六〇三）はこれを食して食中毒になったというエピソードが残されている。緑色に変色したジャガイモを食べると、消化不良を起こし、体調はかなり悪化するといわれている。ジャガイモに関しては、「緑色」は危険信号なのである。

原産地はペルーとボリビアにまたがるアンデス山脈の標高四千m前後の高地で、紀元前八〇〇〇年にはすでにアンデス高原のインディオたちに知られていた。人間による栽培が始まったのは紀元前五〇〇〇年頃といわれ、今やその品種は四千余りに及ぶ。

十五世紀から十六世紀にかけて、ペルー南部のクスコを中心に繁栄したインカ帝国の人びとにとって、台所を支えたジャガイモは「生命を吹き込むもの」であった。初期のジャガイモは現在のものとは全く異なり、小さくて凹凸が多く、皮は紫色で、中身は黄色だったといわれている。現地のケチュア語でジャガイモは「サントルマ」と呼ばれる。サントは聖者、ルマは頂上を意味するので、ジャガイモは「山上の聖者」ということになる。実際、標高二千～三千mぐらいではトウモロコシもとれるが、それ以上になるとジャガイモしか育たない。インカ帝国を支えたのはトウモロコシであるといわれているが、ジャガイモもそれに勝るとも劣らず重要であった。

ジャガイモがヨーロッパに到来したのは一五七〇年頃のことで、スペイン人が本国に持ち帰ったのが最初であるとされている。一六〇〇年にはジャガイモはヨーロッパ各国に導入されていた。しかし、当初それを栽培していたのは王侯貴族や植物学者で、食用というよりは観賞用であった。のちに食用となるが、イギリスには最初にランカシャへ持ち込まれ、しばらくは美食家たちの間で珍味とされていたようである。ジェイムズ一世（在位一六三〇～二五）の時代には贅沢な食べ物のひとつに数えられていた。

イギリスの経済学者アダム・スミスは『国富論』（一七七六）の中で、ジャガイモは同じ面積の耕地で小麦の三倍の生産量があると述べ、他のどんな作物よりも栄養に富み、健康によいとして、ジャガイモを高く評価している。事実、ジャガイモはその高い生産性から多くの人びとを飢餓から救った。イギリスでは十八世紀頃からジャガイモ栽培が流行するが、一七九三年の大凶作で小麦の価格が急騰すると、ジャガイモが奨励され、労働者の食卓にものぼるようになった。

◉ドイツ人とジャガイモ

ドイツでジャガイモが一般に栽培されるのは、三十年戦争（一六一八～四八）後のことである。この戦争はドイツ国内の新旧両教徒の対立が発端となり、諸外国が介入したもので、ヨーロッパ最大の宗教戦争といわれる。長期に及ぶ戦争で国土は荒廃し、農民は甚だしく疲弊し、どん底の生活を強いられた。こうした状況のなかで、農民たちは少しずつジャガイモを栽培しはじめたのである。

言い伝えによれば、ヨーロッパに最初にジャガイモを持ち込んだのはフランシス・ドレイク卿（一五四〇～九六）であったという。ドレイクはスペインの無敵艦隊を撃破したことで知られるイギリスの提督だが、彼がジャガイモを導入したという確証はなく、俗説にすぎない。それでも、伝説としてかなり後世にまで語り継がれていたようで、ドイツの詩人ハインリヒ・ハイネ（一七九七～一八五六）は、その遺稿のなかで次のように書き残している。

「ルターはドイツを震撼させたが、フランシス・ドレイクは再びそれを沈静化させた。というのも、ドレイクは我々にジャガイモをもたらしたからである。」

当初は観賞用だったジャガイモを食用として広めたのは、プロイセン王のフリードリヒ・ヴィルヘルム二世（在位一七四〇～八六）であった。その偉大な功績から「大王」と呼ばれるフリードリヒは、「農の振興」に真正面から取り組み、新作物の切り札としてジャガイモに着目した。その背景には度重なる飢饉があった。一七五六年、フリードリヒ大王はジャガイモ令を発し、プロイセンのすべての役人にジャガイモの植付けを奨励するよう命じた。しかしながら、農民たちは土中で育つ不格好なものは犬でも食べたがらないので、まずいにちがいないと勝手に決めつけ、ジャガイモの栽培にはそれほど興味を示さなかった。そのためジャガイモ令は繰り返し発せられ、大王みずからジャガイモ栽培の進

ロバート・ミュラー《ジャガイモの栽培を試みたフリードリヒ大王》
1886年　ベルリン、ドイツ歴史博物館

ジャガイモが供えられたフリードリヒの墓

捗状況を視察したほどだった。

さらに、フリードリヒ大王はベルリン一帯にジャガイモを栽培し、兵士に警備させた。そうすることで、農民たちにジャガイモがいかに高価な食物であるかを確信させたのである。他方で、大王は兵士たちには厳重な警備は控え、ほどほどに手を抜くよう忠告していた。こうして大王の思惑通りに事は進んだ。農民たちはジャガイモに興味を示し、案の定警備兵の目を盗んではジャガイモを盗み、こっそり自分の畑で栽培をはじめたのである。

フリードリヒ大王は、ジャガイモの普及に多大な貢献をした。大王の墓はベルリン郊外の小さな町ポツダムのサンスーシ宮殿にあるが、墓のあるテラスには年中、ジャガイモが供えられている。宮殿前にひろがる広大な庭園はヴェルサイユの庭を模した平面式幾何学庭園で、六段に連なるテラスがあり、左右対称に並木道が配されている。

十九世紀ともなれば、ジャガイモは常食となっていた。経済学者フリードリヒ・リストの報告(一八四四)によれば、地方の大半の家庭では「塩なしジャガイモ、黒パンにスープ、週にやっと一回少量の燻製肉」というのが一般的な食事だった。天井から食卓の上に糸でニシンを一尾つるし、それを両手でこすって粉々にし、ジャガイモにまぶすこともあったという。

◉フランス人とジャガイモ

フランスにおけるジャガイモの普及は、七年戦争と深くかかわっている。オーストリアの女帝マリア・テレジアはロシアの女帝エリザベータ、フランス国王ルイ十五世の愛妾ポンパドゥール公爵夫人と組んで、シュレージエン奪回を企てる。シュレージエンは鉱山資源に恵まれ、オーストリアの宝庫といわれていたが、先のオーストリア継承戦争によってプロイセンに奪われていたのである。

三人の女傑を敵にまわして繰り広げられた七年戦争は「貴婦人たちとの戦い」とも呼ばれ、三国の反プロイセン包囲網は「三枚のペチコート作戦」と呼ばれた。プロイセンにとっては絶望的かと思われる戦いであったが、途中エリザベータが急死したこともあり、苦戦を強いられながらも最終的にフリードリヒ大王は勝利を収め、プロイセンのシュレージエン領有が確定する。

七年戦争が勃発したとき、アントワーヌ・パルマンティエ（一七三七〜一八一三）はフランス北部のセーヌ県で薬剤師をしていた。戦争が始まると、フランス陸軍付き薬剤師として従軍し、プロイセンの捕虜となる。彼はこのとき生まれて初めてジャガイモを口にした。なにしろ五回も捕虜になり、その都度ジャガイモばかり食べさせられていたのであるから、さぞかし飽き飽きしたにちがいない。とはいえ、そこは農学にも通じていたパルマンティエのこと、この不格好な作物に興味を抱いたのである。

折しも当時のフランスはイギリスとの対外戦争によって北米やインドの植民地を失い、財政難に陥っていた。他方で、しばしば飢饉に見舞われ、餓死するものが後をたたなかった。こうした危機的状況を打開するため、アカデミー・フランセーズ（フランス学士院の一部門）は食糧飢饉を緩和する食物に関する懸賞金付き論文を募集し、それにパルマンティエも応募した。彼は小麦の代替作物としてジャガイモの栽培を唱え、その論文はみごと最優秀に輝いた。塗炭の苦しみをなめていた人々に「大地のリンゴ」（フランス語でジャガイモをpomme de terre《大地のリンゴ》という）を食べさせようというのである。当時、フランス人の間ではジャガイモに対する抵抗は断固たるものがあった。それだけに人びとの偏見を取り除く必要があったのである。

◉マリー・アントワネットとジャガイモ

フランス政府はさっそく宣伝用パンフレットを作成し、ジャガイモ栽培を奨励した。ルイ十六世と王妃マリー・アントワネットは、ジャガイモの試作用にパリ郊外にあった二十五ヘクタールの土地をパルマンティエに提供した。畑は厳重に柵で囲まれ、ジャガイモは順調に生育した。収穫期が近づいた頃、パルマンティエは一計を案じた。畑の前に当作物を盗んで食べた者は厳罰に処する旨の看板をたて、銃を持った兵士を警備員として雇い、物々しく見張らせたのである。

こうした光景を目の当たりにした農民たちは、逆に好奇心を駆り立てられ、畑の作物に興味を示すようになった。夜間も警備員を置いたが、パルマンティエは事前に農民がジャガイモをくすねても見て見ぬふりをするよう伝えておいた。かのフリードリヒ大王と同じ作戦である。こうして、深夜になるとイモ泥棒が出現し、畑は荒らされることになった。その後、「大地のリンゴ」は庶民の間でも評判となり、知らず知らずのうちにフランスの大地に根づいていった。パルマンティエはそれまでフランス人が抱いていたジャガイモに対する偏見を打ち砕いたのである。

宮廷ではマリー・アントワネットが優美なジャガイモの花を髪に挿して注目をあつめ、貴婦人たちもそれをまねて髪や胸元をジャガイモの花で飾った。ジャガイモの花は星形で、品種によって色は白・紫・赤とさまざまであるが、五枚の花弁と黄色い花芯をもっている。ルイ十六世もパルマンティエから献上されたジャガイモの花を上着のボタン穴に好んで挿したという。スーツやジャケットの襟についている穴をフラワーホールというが、その名称通り、かってはこの穴に花を挿していた。

ルイ16世にジャガイモの花を差し出すパルマンティエ(『プチ・ジャーナル』誌　1901年3月)

パルマンティエはしばしばジャガイモ晩餐会を開いて、珍しいジャガイモ料理を披露した。招待客のなかには駐仏大使で「アメリカ合衆国建国の父」の一人とされるベンジャミン・フランクリン(一七〇六〜九〇)や化学者で「近代栄養学の父」といわれるラボワジエ(一七四三〜九四)もいた。こうしてジャガイモの栽培とその料理も徐々に広まっていったが、これもひとえにパルマンティエのおかげであった。

◉フランスのジャガイモ料理

パルマンティエの名前は多くのジャガイモ料理に冠されている。たとえば、アッシ・パルマンティエは、ひき肉で作ったソースとマッシュポテトを重ね、チーズをのせて焼いたもので、フランスでは冬の家庭料理の代表格ともいえるものだ。ほかにも冬場に供される塩鱈とジャガイモのパルマンティエ風グラタンやパルマンティエ風ポタージュなど、今日でもパルマンティエといえばジャガイモなのである。わが国でも江戸時代にサツマイモの栽培を奨励し、その普及に努めた青木昆陽（一六九八〜一七六九）がいるが、パルマンティエは、さしずめフランス版青木昆陽といったところだ。

ちなみに、スウェーデンにジャガイモが入ったのも七年戦争がきっかけだった。この戦争でプロイセンを敵にまわしたスウェーデン軍にはたいした戦果もなく、兵士たちは帰国に際して、ジャガイモだけを持ち帰った。だが、栄養価が高く、カロリーも十分なジャガイモが寒冷なこの地にもたらされたことは、結果的には、何にもまさる「戦果」であった。スウェーデンでは、今でもジャガイモは野菜というよりは主食なのである。

◉アイルランド人とジャガイモ

アイルランドには十六世紀末にもたらされたが、ジャガイモは寒さや霜に強いうえ、岩盤の多い石だらけのアイルランドの大地にもしっかりと根づいた。栽培が本格化するのは、ピューリタン革命の立役者オリバー・クロムウェルがアイルランドを征服してからのことだった。

ピューリタンのクロムウェルにとって、カトリックの国アイルランドは「悪魔の国」でしかなかった。クロムウェルはアイルランドを征服すると、アイルランド人の土地を没収し、イングランド人を新たな地主に据えた。アイルランドで収穫された小麦は小作料として地主に取り上げられた。そのため農民たちは飢えに苦しんだ。そこで登場したのがジャガイモだった。ジャガイモは小麦栽培に不向きな土地でもすくすくと育った。しかも、ほとんど手入れをしなくても生産が見込めたのである。そのためジャガイモ畑は、ときとして「怠け者のベッド」とも呼ばれた。

岩だらけの土地でもよく育つジャガイモはアイルランド人の主食となった。その結果、一七八〇年に約四百万人だったアイルランドの人口は、一八三一年には約八百万人にまで膨れ上がった。だが、ジャガイモの単作に特化したことが裏目に出て、十九世紀半ばにはジャガイモの不作から「ジャガイモ飢饉」に見舞われる。

ジャガイモは疫病《えきびょう》にかかりやすかった。胴枯病《どうがれびょう》と呼ばれるウィルス性の伝染病にかかると、ジャガイモはすぐに腐り、生長していた塊茎も変色して、異臭を放った。農民はその臭いで感染に気づくことが多かったといわれる。ベルギーで最初に発生したのが一八四五年七月のことで、またたく間にフランス、イギリス、アイルランドに波及した。胴枯病はおそろしいほどの勢いで蔓延し、ときには一夜にしてジャガイモを腐らせた。感染のスピードが速く、ダブリンの植物園で最初の感染例が報告されたのは一八四五年の八月の終わりであるから、二ヶ月足らずのうちにベルギーから病原菌の胞子が飛散してきたことになる。疫病の大発生により、アイルランドでは数年間にわたってジャガイモの凶作が続いた。その結果、アイルランドでは百万人を超える人びとが飢饉とそれに関連する病気で死亡し、二百万人以上の人びとがブリテン島、アメリカ、カナダ、オーストラリアなどに渡った。

当時、アメリカをめざした移民はアイルランドからいったんリヴァプールに渡り、そこで大型船に乗り換えてアメリカに向った。リヴァプールは十八世紀後半に奴隷貿易で繁栄した港町で、ジャガイモ飢饉が発生した十九世紀半ばには繁栄の絶頂期にあった。そのためリヴァプールにそのまま住みつく者も多かった。この街で誕生したビートルズのメンバーの三人はアイルランド移民の子孫であった。現在でもリヴァプールはアイルランド系市民が多い。

ジャガイモ飢饉による経済危機からアメリカに渡ったアイルランド人はカトリック・アメリカンと呼ばれ、アメリカではおもに肉体労働に従事し、ゲットーを形成した。また、ジャガイモ飢饉とは別にみずからの意志で新天地を求め、アメリカに渡ったアイルランド人も大勢いた。そうした移民の子孫から、一九六一年、アイルランド系アメリカ人としては最初のアメリカ大統領が誕生する。ジョン・フィッツジェラルド・ケネディ（一九一七～六三）である。四十三歳という若さで大統領となったケネディは、アメリカ史上初めてのカトリック系大統領でもあった。アイリッシュ・アメリカンの彼はホワイト・ハウスを「キャメロット」と呼んでいた。ケルト民族の血を引くケネディは、大統領府を中世の伝説アーサー王の根城に重ね合わせていたのである。

チョコレートの誘惑

カカオ（学名 *Theobroma cacao*《テオブロマ・カカオ》）の原産地はメキシコや中央アメリカ（グアテマラ、エルサルバドル、ホンジュラスなど七か国）で、木の幹のいたるところに小さな花をつける。花は一年中咲いており、一本の木で年間一万個の花をつけるが、受粉して実を結ぶのは五十個くらいといわれている。実は小さなラグビーボールほどの大きさで、幹や枝から直接ぶら下がっている。実のなかに白い果肉に包まれて種子が三十〜四十個入っているが、これがカカオ豆でチョコレートやココアの原料になる。

メキシコの先住民アステカ族はカカオの木を「チョコラートル」と呼んでいたが、飲み物も「チョコラートトル」と呼ばれていた。これは煎ったカカオ豆を石臼ですり潰し、それを水に溶いてトウモロコシの粉やバニラあるいはトウガラシなどを加えたもので、一種のスパイシー・ドリンクだった。チョコレート

カカオの果実。白い果肉ごと発酵させると茶色のカカオ豆ができる。

の名称はこれに由来する。

インディオたちが飲んでいたカカオ飲料はスペイン人の征服者《コンキスタドーレス》たちの味覚には合わなかったようで、スペイン人はチョコラートルに砂糖を入れ、甘くして飲んだ。被征服地のメキシコでは、すでに一五二〇年代に砂糖が流通していたのである。また、インディオたちの間では冷たい水で溶いて飲むのが一般的だったが、スペイン人は熱湯で溶いて飲んだ。

◉イエズス会のカカオ農園

一五四〇年にスペイン人のイグナチウス・ロヨラによって創立されたイエズス会は海外で積極的に布教活動をおこなった。日本で布教に従事したフランシスコ・ザビエルも創立メンバーの一人だった。メキシコに渡ったイエズス会は十七世紀末期、バリャドリード（現モレリア）で二つのカカオ農園を経営し、十九万本ものカカオの木を所有していた。カカオを売却して得た収入で修道会付属の学校も経営していた。スペインのイエズス会本部にもカカオが納入されていたようで、チョコレートのあまりのおいしさに驚嘆したとの記録もある。十八世紀には、カカオは教団運営の資金源となっていた。

イエズス会は反プロテスタントの急先鋒でもあったが、カトリック教会内部でチョコレートは飲み物か食べ物かという論争が起こった。カトリックにはイースターの前に四旬節《しじゅんせつ》があり、その期間は四十日断食する習慣がある。この期間、チョコレートを飲んでもよいかどうかということが問題になったのである。結局、十七世紀初めにチョコレートは液体なので断食を破ることにはならないとの裁定が下され、断食中に摂取してもかまわないことになった。チョコレートがとりわけ二大カトリック教国であるスペインとフランスでよく飲まれるようになった背景には、こうした事情もあった。

四旬節の間、滋養に富むチョコレートは栄養補給のためカトリック教徒の間で好んで飲まれた。これに対して、覚醒作用のあるコーヒーは、どちらかといえば節約を旨とする禁欲的な生活をおくるプロテスタントの人びとに好まれたのである。

●カカオのヨーロッパへの導入

スペイン人が中南米で編み出した甘くて熱いチョコレートは、十六世紀後半になるとスペイン本国でも徐々に浸透していった。それに伴い、スペイン人入植者たちは、カリブ海に浮かぶ西インド諸島でカカオの栽培をおこなうようになった。

ベネズエラに近いトリニダード島では、すでに一五二五年にスペイン人入植者によってクリオロ種のカカオ栽培が始まっていた。十八世紀半ばにはフォラステロ種の苗木が持ち込まれ、クリオロ種と交配してトリニタリオ種が作り出された。その後、トリニダード島は一八〇二年にイギリス領になり、カカオのみならず砂糖の重要な供給源となるのである。

フランスには一六一五年にスペインからチョコレートが入った。この年、スペイン王女アンヌ・ドートリッシュはフランスのルイ十三世と結婚するが、アンヌは大変なチョコレート愛飲家で、チョコレート作りの職人を伴って輿入れした。これがフランス宮廷でチョコレート飲料が広まる契機となった。

一六六〇年にルイ十四世と結婚したスペイン王女マリア・テレサも大のチョコレート好きだった。ルイ十四世（在位一六四三～一七一五）の時代、財務総監のコルベールによって重商主義政策が実施されたが、チョコレートの場合もそれに則した政策がとられた。一六五九年、国王ルイは南フランスの古都トゥールーズの商人ダヴィッド・シャリューにチョコレートの製造・販売独占権を与えた。輸入されるカカオには高い関税がかけられ、フランス国内のカカオ価格は高いまま維持される一方、独占権を握った政商シャリューが国内のチョコレート産業を牛耳った。カカオの価格が高ければ、おのずとチョコレートを消費できるのは富裕な貴族・聖職者層に限られる。国王は関税収入を得ただけでなく、シャリューからチョコレートの販売収益の一部を吸い上げたのである。

他方で、フランスは一六六〇年にすでに植民地にしていたカリブ海のマルチニーク島にカカオの木を植栽し、一六七九年には同島産のカカオ豆がフランスにもたらされた。十七世紀末にカリブのサント・ドミンゴ島（現ハイチ）がスペイン領からフランス領になると、同島ではカカオ、タバコ、サトウキビの大農園経営が積極的に進められた。

紅茶に砂糖が欠かせなかったように、チョコレートにも砂糖は欠かせなかった。カリブ海地域を中心とする大西洋の三角貿易では、よく砂糖が登場する。確かに砂糖はカリブ海地域からヨーロッパに運ばれた主要産品のひとつだが、カカオもカリブ海地域を主産地としていた。しかも、砂糖と同じように、労働力をアフリカから連れてこられた黒人奴隷に依存した。褐色のカカオ豆は精錬されていない砂糖の塊とともに大西洋を越え、ヨーロッパに運ばれてきたのである。

マリー・アントワネットは一七七〇年、十四歳でオーストリア（神聖ローマ帝国）からフランスのルイ十六世のもとに嫁ぐが、このときもやはりチョコレート職人を連れてきた。フランスでは「王妃のチョコレート職人《ショコラティエ・ド・ラ・レンヌ》」と呼ばれ、王妃お抱えのショコラティエとなった。

◉公爵夫人になったチョコレート娘

チョコレートを画題にした絵画は少ない。そうしたなかで、スイス出身のジャン＝エティエンヌ・リオタールが描いた《チョコレートを運ぶ少女》（一七四五頃）は、いくつかの点で興味深い。メイド姿の少女が手に持っているお盆には、水の入ったコップと赤褐色のチョコレートが入ったカップ置かれている。ここから当時のチョコレートが水なしでは飲めない濃厚な飲料であったことが推測される。お盆は漆塗りで、一説によると日本製だという。チョコレートの入ったカップはマイセンの磁器で、その半分ほどの大きさの透明の環状カップにぴったりと収められている。実はこの下半分のカップは「マンセリーナ」と呼ばれるもので、はじめから皿にくっついており、そこにチョコレート・カップを差し込むようになっている。

名前の由来はスペインのマンセリーナ公爵にある。公爵がペルーの総督をしていたとき、あるパーティの席でひとりの女性があやまってカップからチョコレートをドレスにこぼしてしまった。それを目撃した公爵はショックを受け、リマの銀細工職人に指示し、中央に立ち襟状の輪を付けた受け皿を作らせた。そこにチョコレート・カップをはめ込んで固定し、滑らないようにしたのである。ヨーロッ

ジャン＝エティエンヌ・リオタール
《チョコレートを運ぶ少女》
1745年頃　ドレスデン国立絵画館

パではマイセンなど磁器製のものが作られた。

この絵のモデルとなった女性については、次のような物語が伝えられている。

アンナ・バルトアウフはウィーンのチョコレート店でメイドとして働いていた。落ちぶれた騎士の娘だったアンナには良縁など望むべくもなかった。ところが、一七四五年の夏のある日、若いオーストリアの貴族ディートリヒシュタイン公がアンナの店を訪れ、アンナに一目惚れ、すぐさま結婚を申し込んだ。公爵の家族は身分のちがいを理由に猛反対したが、公爵は反対を押し切り、ふたりは結婚した。こうして、チョコレート娘は公爵夫人となったのである。ディートリヒシュタイン公は花嫁アンナへの贈物として、当時ウィーンの宮廷画家だったリオタールに彼女の肖像画を依頼した。アンナはメイド姿で描かれているが、これは公爵の希望によるものだった。公爵は彼女に最初に出会ったときの格好を望んだのである。

十八世紀には、ウィーンをはじめヨーロッパ中にカフェのようなチョコレート店が広まった。とはいえ、チョコレートは当時まだ贅沢な飲み物で、一般庶民には高嶺の花であった。

◉モーニング・チョコレート

十八世紀のイタリアでは、チョコレートは貴婦人が愛飲した飲み物で、目覚めてから朝食につくまでの時間に飲まれた。風俗画家ピエトロ・ロンギ(一七〇二〜八五)の作品には、モーニング・チョコレートを楽しむヴェネツィア貴族の様子が描かれている。

チョコレート・カップを手にした婦人はまだベッドの中で、寝起きであることはその着衣からもうかがえるが、朝の心地よいけだるさのようなものが伝わってくる。画面左端にいる召使いのお盆には温かいチョコレートの入ったポットとカップが載せられていて、チョコレートを給仕しようとしている。ベッドの中央部に立っている恰幅のよい男性は彼女の夫君であろうか。左手にチョコレートの入ったカップをもち、活力がみなぎっている。その前、ベッドの縁にはドーナッツが数個置いてある。お茶請けならぬ、チョコレート請けといったところか。

画面手前には執事とおぼしき男性が椅子に腰かけ、左手にカップ、右手に文字の書かれた書類をもって、婦人の指示でなにやら説明をしているふうだ。当時の貴族の屋敷には召使いと執事の存在は欠かせなかった。

ピエトロ・ロンギ《朝のチョコレート》部分　1775-80年
カ・レッツォーニコ（18世紀ヴェネツィア美術館）

婦人を含め登場人物はみな朝のチョコレートを楽しんでいる。当時、チョコレートは婦人の私室で、できればベッドにはいったままで飲むのが望ましいとされていた。この絵は当時のそうしたイタリア貴族の生活習慣を反映している。

十八世紀、貴族の邸宅に持ち込まれたチョコレートは、コーヒーとは正反対の飲み物と見なされた。社会史的にいえば、コーヒーは労働と勤勉の象徴であるのに対して、チョコレートは余暇と怠惰を意味した。チョコレートは厭世的な紳士・淑女の飲み物とされていたのである。

◉ヴァン・ホーテンの発明

一八〇〇年代初頭まではヨーロッパのチョコレートもマヤ族やアステカ族の時代にあったものと変わらず、基本的にはカカオ豆を炒ってから粉にして作った飲み物であった。このチョコレート飲料はたいそう油っこく濃厚で、しつこい味がしたらしい。これを解決したのが、オランダ人の化学者コンラート・ヴァン・ホーテンであった。彼はカカオ豆の実《ニブ》をすり潰したカカオマスから脂肪分《カカオバター》を三分の二ほど搾り取る圧搾機を発明し、粉末のチョコレート、すなわち現代風に言えば、ココア粉の製造に成功したのである。その特許の取得は一八二八年のことであった。こうして、湯に溶かしやすいココアが誕生した。「ココア」という呼称はカカオが誤って伝わったものである。

ヴァン・ホーテンが発明したココア粉の製造法は、単に使いやすい粉末チョコレートと飲んでおいしいチョコレートを世に送り出しただけではなかった。粉末チョコレートを作る際には副産物として、カカオマスから搾ったカカオバターが大量に出てくる。淡い黄色みを帯びて、常温では固体のカカオバターは、料理に使っても豚脂や牛脂のような旨みに欠けており、その当時は座薬に使う以外は用途がなく邪魔者扱いされていた。そこでヴァン・ホーテンは、バニラや砂糖といっしょにカカオ豆の粉末をカカオバターに加えることを思いついた。これらを混ぜあわせ、泡立ててからこねると、なめらかで甘いチョコレート・キャンディーができあがった。当初は邪魔者扱いされていたカカオバターが食べるチョコレート、つまり菓子のチョコレート誕生の引き金になったのである。

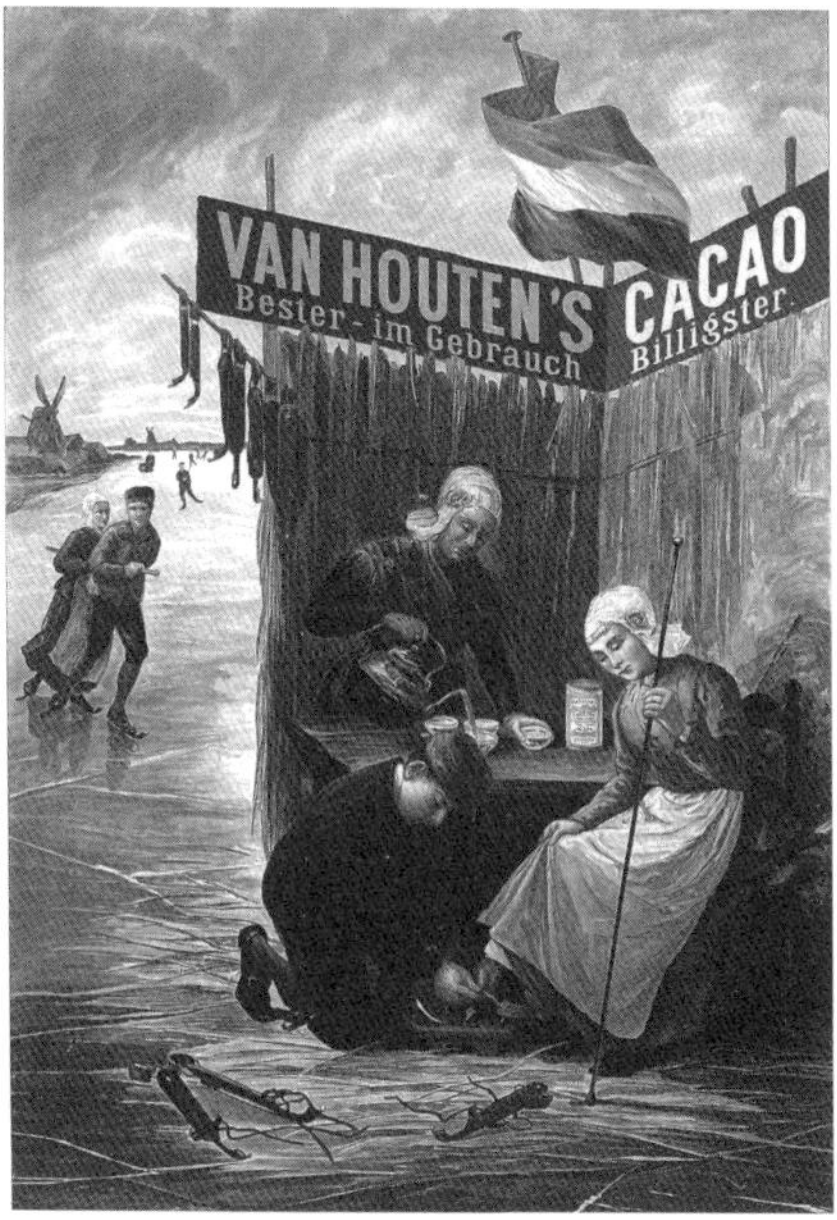

スケートの途中でも手軽に飲める粉ココア。オランダ、ヴァン・ホーテン社のポスター（1895-1910年頃）

チューリップ熱

◉チューリップの故郷

チューリップはユリ科の球根植物である。原種は数が多く、約百種あるといわれており、それらは西アジア、中央アジア、アフリカ北部にかけて分布している。

ムガル帝国の初代皇帝バーブル（一四八三〜一五三〇）はフェルガナ盆地にあるアンディジャン出身で、カブールを本拠地とし帝国を治めていた。彼は文人、詩人でもあり、傑作の誉れ高い回想録『バーブル・ナーマ』を残している。その中でヒンドゥークシュ山麓の地誌について述べているが、それによると、この山麓には色とりどりのあらゆる種類のチューリップが咲いており、バーブルがその種類を数えさせたところ三十種類余りあったという。なかにはかすかな赤バラの香りを放つものもあり、「バラの香りのチューリップ」と呼ばれていた。このチューリップはダシュティ・シャイフの一角に産し、他の場所では見られない。さらに、アンディジャンにあった皇帝の庭には、いくつもの流水があり、チューリップがスミレやバラとともに植えられていたといわれている。

ヒンドゥークシュ山脈は、アフガニスタンの北東からパキスタン北西にかけて広がる山脈で、ヒンドゥークシュとはペルシア語で「インド人殺し」を意味する。インド人の奴隷がかつてペルシアに抜ける際にこの山中の険しさから何人も亡くなったため、こう呼ばれるようになったといわれる。雪をいただく高峻の山々が連なるこの「インド人殺し」の山麓にチューリップが自生していた。

また、オスマントルコが支配していたアナトリア半島とその周辺もチューリップの故郷として知られている。神聖ローマ皇帝フェルディナント一世の大使ビュスベックは、一五五四年にエディルネ(英名アドリアノープル)からイスタンブールに向かう街道で、チューリップの花を初めて見た。そのときの様子を彼は書簡のなかで、次のように書いている。

「すでにイスタンブールに近づいていた。そこを通ったとき、いたるところでスイセン、ヒヤシンス、チューリップなど、たくさんの花に出会った。真冬だったのに、それらの花が咲いていたので私たちは驚いた。開花時期としては不適切な季節だったからだ。(中略)チューリプの香りはごくわずかで、まったくないものもある。だが、その美しさと色彩の豊富さが見るものを魅了する。」

この時ビュスベックが見たチューリップは現在われわれが目にするコップ状のものではなく、花びらの先が槍のように尖った細身のものだったと想像される。

チューリップという花名については、こんな逸話が伝えられている。あるときビュスベックは、チューリップ付きのターバンを頭に巻いたトルコ人の通訳にその花の名前を尋ねた。すると、その通訳は花ではなく、ターバ

『チューリップ誌』(一七二五年頃)に描かれた細長い花弁のチューリップ

ンのことを尋ねられたものと勘違いし、トルコ語でターバンを意味する「トゥルベント」と答えた。これがチューリップの名前の由来とされている。トルコ語でチューリップは「ラーレ」だが、ペルシア語でも同じく「ラーレ」である。これをアラビア文字で表わし、綴りの順番を変えると、イスラム教の絶対なる神アッラーになるのである。

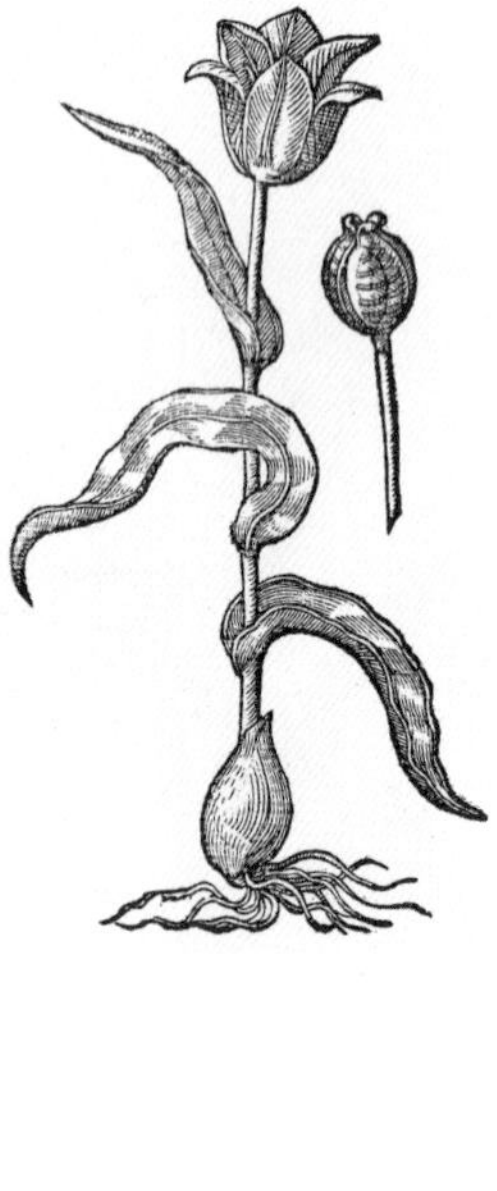

クルシウス『イスパニア稀産植物誌』（一五六一年）のチューリップ

◉ヨーロッパへの伝来

チューリップがヨーロッパに姿を見せるのは十六世紀半ばのことで、ビュスベックがウィーンにその種子と球根を送ったのがきっかけだった。その後、ビュスベックの友人カルロス・クルシウスがウィーンからオランダにチューリップを持ち込んだ。これによって、クルシウスはビュスベックからチューリップの種と球根を手に入れる機会にめぐまれたのである。彼の著書『イスパニア稀産植物誌』（一五六一）にはトルコ伝来の他の植物とともにチューリップの木版画も載っている。

彼はウィーンの神聖ローマ皇帝の植物園の管理をしていたが、レイデン大学に招聘され、一五九三年にオランダにやってきた。もっともプロテスタントのクルシウスにしてみれば、ときの神聖ローマ帝国皇帝ルドルフ二世がカトリックを信奉していたので、折り合いが良くないという事情もあったよ

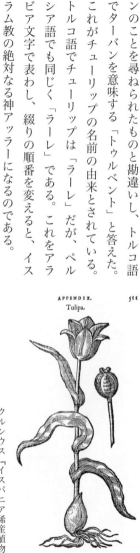

うだ。ともあれ、このときチューリップの球根も持参したのである。チューリップは翌年開花した。
クルシウスに課された任務は大学付属植物園を設立することだった。それは大学のみならずオランダ共和国にとっても重要なシンボルと考えられた。一五九九年には外来植物用の温室を備えたレイデン大学付属植物園が創設され、クルシウスは園長に就任した。このレイデン植物園は、イタリアのパドヴァ、ピサ、ボローニャの植物園とならんで、ヨーロッパ最古の植物園のひとつに数えられる。そこには当時のヨーロッパにあっては非常に珍しかったジャガイモも栽培されていた。クルシウスは自分の庭にはチューリップを植え、その観察・研究に余念がなかったという。オランダにチューリップが定着したのは、クルシウスのおかげであった。彼はオランダ花卉球根産業の生みの親ともいえる人物だった。

　ウィーンにヨーロッパ初のチューリップが持ち込まれてからほどなくして、ドイツでもチューリップがその姿を現した。スイスの博物学者コンラート・ゲスナーはアウグスブルクの市参事会員ヨハン・ハインリッヒ・ヘルヴァルスの庭でチューリップを見て、それを絵に描いた。一五五七年に制作された水彩画はドイツのエルランゲンにある大学図書館に所蔵されている。ゲスナーはガーデンチューリップに当てられた学名*Tulipa gesneriana*《ツリパ・ゲスネリアナ》にその名を残している。

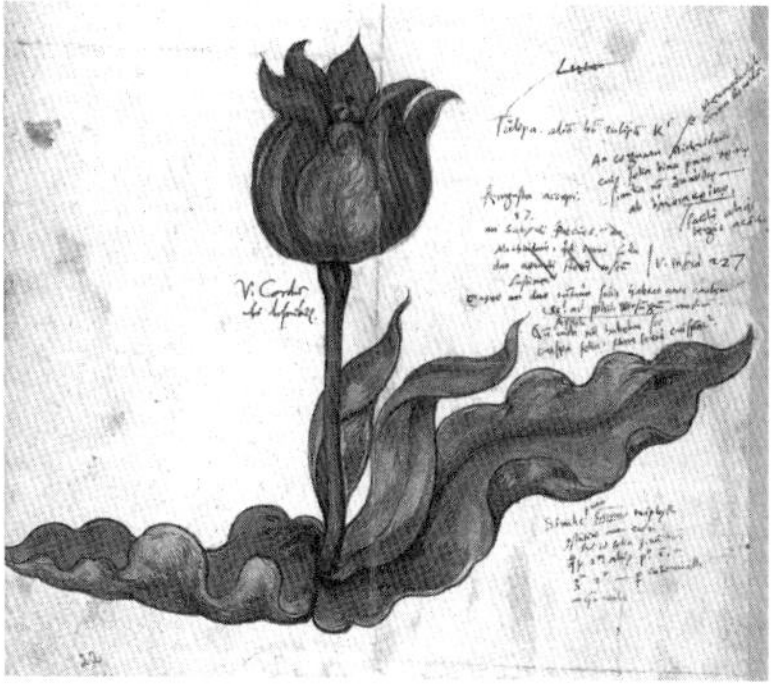

ゲスナー（またはその弟子）によるチューリップの水彩画（1557年）

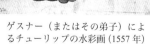

◉チューリップ狂騒

オランダに移植されると、チューリップはまたたくまに流行し、その色彩の鮮やかさや園芸品種の多さから人気は高まるばかりだった。何よりもオランダは水はけのよい砂地に恵まれていたため、チューリップの球根栽培に適していたのだ。さらに冬には気温がマイナス十度以下になるオランダで冬を越すことで、ひときわ美しい花を咲かせることができるといわれている。

十七世紀に入ると、変種作りが盛んになり、チューリップの球根で一儲けしようという輩が増えていった。とりわけ一六三〇年代には好景気の余波で投機熱も一気に加速した。投機が投機を呼び、実際には球根を手にすることなく、実物を見ない先物取引までおこなわれた。球根の値段は急騰し、二週間で十倍以上に跳ね上がったケースもあった。

一六三四年、オランダはチューリップ投資の狂騒時代に突入する。この狂騒は一六三七年まで続くことになる。この間、アムステルダム、ハールレム、ユトレヒト、レイデン、そしてロッテルダムでは、盛んにチューリップの球根取引がおこなわれた。取引の場になったのは、個室のあるやや大きな居酒屋だった。球根を売買したのは、チューリップの交配家や庭師とは限らなかった。貴族から一般の市民、農民、船乗り、お手伝い、お針子、そして子供たちまでもがチューリップに投資したのである。ときには予想もしない「事件」も起った。ある船乗りが何気なしに居酒屋に入ってみると、タマネギに似たものがあった。店内で待っている間、彼はそれをかじっていた。ところが、それは希少種のチューリップの球根だったのだ。

とくに人気を呼んだのは花弁に縞模様や炎模様、あるいは羽根模様が入ったチューリップだった。これはブレイキングと呼ばれる現象によって生じたもので、この現象を起こした球根は変異品種《ブロークン》と呼ばれた。この色斑が形づくる模様は、実はアブラムシが運ぶウィルスによって球根が侵された結果生じたものだったが、当時はその原因がわからず、新しい品種とみなされた。この珍奇種のチューリップは、その優雅なたたずまいも手伝って称賛され、多くの収集家を虜にした。繊巧な切れ込みを備えた薄い花びらをもち、怪異にして美麗なチューリップは、当然のことながら、法外な高値で取引された。

たとえば、ある粉屋はたった一株のチューリップのために自分の所有していた粉挽き場を、またある者は醸造所を手放したという。娘の結婚持参金として自分が栽培した珍種のチューリップ一株を持たせた父親もいたが、新郎はそれに歓喜したという逸話も残っている。球根一個の代金として二頭立ての新しい馬車一台が提供されることもあれば、約五ヘクタールもの一等地と球根一個が交換されることもあった。

史上最高値をつけたのは白地に赤の班模様は入ったゼンペル・アウグストゥスで、一六三七年のことだが、その価格は球根一個で何と一万三千ギルダーもした。労働者の日給が一ギルダー弱といわれた時代の話である。いかに法外な値段であったかが、わかろうというものだ。ゼンペル・アウグストゥスに次いで高値をつけたのがヴィス・ロアで、球根一個に対して支払われた財貨は、馬車二台分の小麦、馬車四台分のライ麦、肥えた雄牛四頭、肥えた豚八頭、肥えた羊十二頭、ワイン大樽二つ、八ギルダーのビール四樽、バター二樽、チーズ一千ポンド、ベッド一式、洋服一着、それに銀のコップ一

チューリップの故郷、イラン中部のライヴァー山
に自生するチューリップ（シルヴェストリス種）

ゼンペル・アウグストゥス
1640 年以前の水彩画
カリフォルニア州、ノートン・サイモン美術館

ヴィス・ロア
1637 年のオランダの販売カタログより

個で、しめて二千五百ギルダーに相当した。

ある熱狂的なチューリップ愛好者は大枚をはたいて珍種の球根一個を手に入れたのち、ハールレムにいる靴修理人が同じチューリップの球根をもっていることを聞きつけた。そこで彼はハールレムに行き、その球根を千五百フローリンで買いつけると、それを踏みつぶした。こうして、珍種のチューリップをひとり占めしようとしたのである。そのチューリップ愛好者がくだんの靴修理人に、本当は十倍の代金を支払うつもりだったと告げると、気の毒な靴修理人は屋根裏部屋に駆け上がり、首をくくって命を絶った。

オランダのハールレムと北海の間にある広大な砂丘地帯では、十七世紀からチューリップ栽培が盛んにおこなわれていた。一六三七年二月二日、ハールレムのある居酒屋でいつものように球根のオークションが始まった。ところが、一向に買い手がつかない。売り手は値段を落としていったが、競り値が下がっても状況は同じだった。何度か入札者を募ったが、それでも誰ひとりとして興味を示さない。球根の価格は暴落し、価格が一挙に百分の一に下がったのである。それに気づいた投資家たちは次々に取引から手を引いていった。市場は底値をつき、破産の憂き目をみる者が相次いだ。こうしてチューリップ狂時代は、あっけなく幕をおろした。世界最初のバブル経済の崩壊である。

ちなみに、ハールレムは北ホラント州の州都でハーレムとも表記される。ニューヨークのハーレム地区の名はこれに由来する。オランダ人移民が最初にこの地区に住みついたのが一六三七年のことで、ほどなくしてその集落はハーレムと呼ばれるようになった。

オランダの風景をつくったポプラ

街路樹としても身近なポプラはヤナギ科ヤマナラシ属（学名 *Populus*《ポプルス》）の落葉広葉樹で、原産地はヨーロッパや西アジアなど諸説ある。雑種ができやすいので様々な種類があるが、ほうき状の樹形が美しいセイヨウハコヤナギ（*Populus nigra* var. *italica*《ポプルス・ニグラ・イタリカ》）は世界各地で並木として植えられている。北海道大学の有名なポプラ並木のポプラもこれである。

また、ポプラはヤナギ科の樹木であるため、軽くて柔らかい材質をもっている。用途は幅広く、マッチの軸木、フローリング材、パルプ材のほか、家具やバイオリン、チェンバロといった楽器にも昔から部材として使われている。

世界で最も有名な絵画といわれるレオナルド・ダ・ヴィンチの《モナ・リザ》（一五〇五頃）は、ポプラ材に油彩で描かれた。ダ・ヴィンチの時代、油絵はキャンバスではなく、板に描くことが多かったのである。だが、木板は湿度の影響により歪みや反りが生じやすい。《モナ・リザ》もポプラ板の歪みによって画面上部にひびが入ってしまったことがある。この歪みを矯正すべく、十八世紀半ばから十九世紀初頭にかけて、二点のクルミ材製の固定具が作品の背面に挿し込まれた。ポプラ板の厚みのおよそ三分の一の深さまでこの固定具を挿し込むという、非常に高度な技術が要求される作業だっ

メインデルト・ホッベマ
《ミッデルハルニスの並木道》
1689 年　ロンドン、ナショナル・ギャラリー

ヨハネス・フェルメール
《音楽の稽古》
1662 年頃　バッキンガム宮殿、ロイヤル・コレクションたが、この修復は成功し、ひびの状態は安定した。現在では《モナ・リザ》は、ポプラ板が歪まないように圧力をかける機能を持った額縁に納められ、温度・湿度が一定に保たれた防弾ガラスのケースの中で微笑んでいる。

ポプラの木はフランス革命以降、自由の象徴とされた。ポプラの語源はラテン語で民衆を意味するポプルスにあり、古代ローマ人がこの植物を「arbor-populi《民衆の樹》」と呼んだことに由来するという。それゆえ、絶対王政を打倒したフランス民衆がポプラの木を自由の象徴としたのは、理にかなっていた。アメリカ人は独立戦争（一七七五〜八三）の際に、自由の象徴としてポプラを植えた。

◉オランダの並木道

ポプラはオランダを象徴する木でもある。オランダは国土の四分の一が海抜ゼロm以下で、湿地が多い（正式な国名「ネーデルラント」には低地地方の意味がある）。極端に言えば、「水の国」であり、十三世紀以来、干拓で国土を広げてきた歴史がある。オランダでポプラが植えられるのは、ポプラが根を地中深く伸ばし、地下水を汲み上げてくれるからにほかならない。しかも、ポプラは生長がはやい。また、加工しやすく、水に強い。そのため木靴の材料になったのである。ポプラ材の木靴は表面が濡れても、中が暖かいため、靴にはうってつけだった。ポプラ並木もオランダの風景の一部となっている。

十七世紀オランダの黄金時代に活躍したレンブラントやフェルメールと同時期に、ポプラの並木道を描いたのがメインデルト・ホッベマ（一六三八〜一七〇九）だ。ホッベマは、風景画家ヤーコプ・ファン・ライスダールに師事した。画業だけではやっていけず、一時期アムステルダムでワイン及び油の計量器検査官として働いていたというが、市長のお声かかりでワインの収税をおこなう職務に就いたため、それだけでも十分暮らしていけたようだ。作品の多くはオランダの牧歌的な田園風景を写実的に描いたもので、なかでも《ミッデルハルニスの並木道》（図版二二六頁）は遠近法を大胆に採り入れた傑作とされる。

画面奥に見えるのが題名に出てくるミッデルハルニスで、この町はロッテルダムの南、マース川の河口にある島の北の海岸に位置している。国土が平坦で起伏の少ないオランダの風景画では、おのずと空と雲が重要な構成要素となるが、この作品でもそうである。しかし、何よりもここでは天を突き抜けるような背の高いポプラ並木と画面中央を地平線に向って真っ直ぐにのびる一本道が印象的だ。道が白っぽいのは、海に面した土地なので、土壌が柔らかく砂が混じっているせいであろう。その田舎道には馬車の轍が何本もくっきりと残り、鉄砲をかついだ狩人が猟犬を連れてこちらに向かっている。狩人の頭部がちょうど地平線上の消失点と同じ高さにあり、奥のポプラが前景のポプラに比べてかなり低く描かれているせいか、地平線上にある町までは相当の距離がありそうだ。向かって左側、高い塔を備えた建物はミッデルハルニスの市庁舎の塔である。画面右側には民家が描かれていて、その前の路上では女性が誰かと立ち話をしている。画面手前では、苗木の手入れであろうか、農夫が畑仕事にいそしんでいる。

遠近法と左右対称のシンメトリックな構図もさることながら、前景部分の道の左右が暗色で描かれているため、観る者はおのずと明色の一本道を奥へ奥へと進み、水平線上にある町にたどりつくことになるのだ。

◉フェルメールとポプラ

軽い材質をもつポプラは、ヨーロッパではよく楽器に使われた。ベルギーのアントワープに工房を構えていたルッカース一族もポプラ材を用いていた。鍵盤楽器制作で著名なルッカース一族は、とりわけチェンバロ制作家として十七世紀のヨーロッパで名声をほしいままにした。一族の手がけたチェンバロは名器の誉れ高く、イギリスのチャールズ一世の宮廷も購入したといわれる。十八世紀になると、フランスでは楽器の大型化がすすむが、そうした時代の要求に合わせて、ルッカースのチェンバロには大がかりな改造が施されたのである。

ルッカース一族はイタリアから入ってきたチェンバロをもとに、できるだけ価格をおさえたものを量産しようと考えた。そこで、当時建材として使われていたポプラ材に着目し、仕上げにも版画を貼り付けるという安価な家具に使用されていた技法を採り入れた。いわゆるフレミッシュ・チェンバロの多くが内側に幾何学模様の版画を貼り付けた仕上げとなっているが、それはルッカース一族が考案したものだった。こうして、一族はそれまで王侯貴族に限られていたチェンバロの普及に大きく貢献したのである。

十七世紀以降、上流階級の家庭では室内音楽が盛んとなり、ヴァージナルやスピネットと呼ばれる小型のチェンバロが愛好された。そうした様子はオランダの画家ヨハネス・フェルメール（一六三二～七五）の作品にも描かれている。そのひとつで現在バッキンガム宮殿に所蔵されている《音楽の稽古》（一六六二頃）には、ルッカース工房で制作された鍵盤楽器が描かれている。その楽器の前面にはルッカース工房のトレードマークであるタツノオトシゴの装飾模様が施されている。当時、ルッカースの鍵盤楽器は、一台およそ二百～二百五十ギルダーしたといわれるが、これはごく普通の労働者の年収に相当する。フェルメールはオランダ南部のデルフトで生涯を過ごしたが、デルフトはアントワープに近く、フェルメールにとってもルッカースの鍵盤楽器は見慣れたものであったにちがいない。

この絵に見られるように、裕福な家庭ではルッカース工房で作られたヴァージナルを弾き、音楽教師からレッスンを受けるということがありふれた光景だったのであろう。フェルメールには、この他にもチェンバロが置かれた《合奏》、《ヴァージナルの前に立つ女》や《ヴァージナルの前に座る女》といった作品がある。光と静謐な空間を描いたとされる画家に家庭用鍵盤楽器は欠かせないものだった。

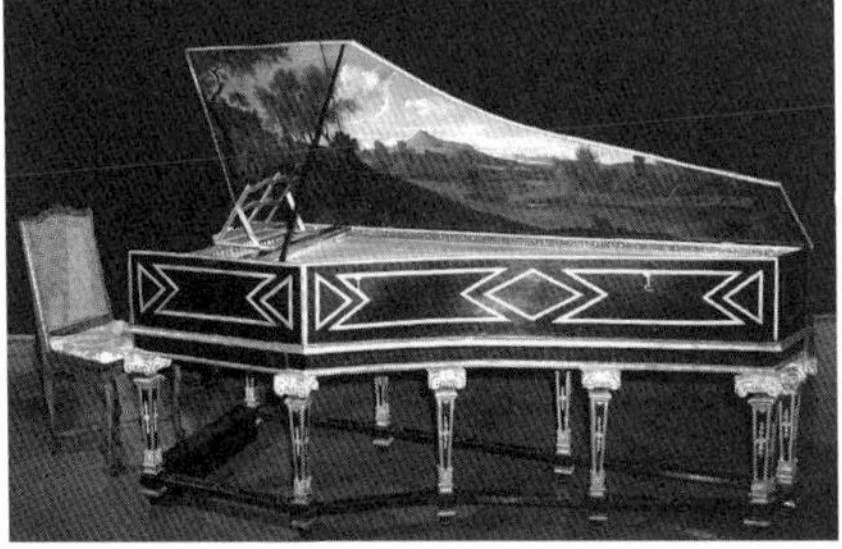
1624年にヨハネス・ルッカースにより制作されたチェンバロ（コルマール、ウンターリンデン美術館）

ナイル川からモネの庭へ　スイレン

スイレンは温帯に分布する耐寒性スイレンと熱帯性スイレンに分けられる。耐寒性スイレンの代表的な種は *Nymphaea alba*《ニンファエア・アルバ》で、ヨーロッパからアフリカ北部に広く分布し、直径五〜十㎝の白い花を昼に咲かせる。

熱帯性スイレンは、アフリカ北部やインド、東南アジアなどに分布し、花が大型で華やかなものが多い。エジプトに咲いている熱帯性スイレンには、青色の *Nymphaea caerulea*《ニンファエア・カエルレア》と白色の *Nymphaea lotus*《ニンファエア・ロッス》の二種がある。青スイレンは香りが甘美で、昼に花を咲かせる。白スイレンは夜咲きで、強烈な香気を放ち、朝になると花を閉じる。

イタリア、トリノのエジプト美術館には新王国第十八王朝の記念碑が所蔵されているが、そこにはスイレンの香りを嗅ぐ愛と美の女神ハトホルが描かれている。そのスイレンは青紫に彩色された青スイレンである。王の墓室の壁画に描かれている人物はよくスイレンの花を手にしている。その場合、花は青紫に彩色されて

ハトホルに花を捧げるモンホテプの記念碑（トリノ、エジプト博物館）

いることが多い。これは古代エジプト人が、甘い香りのする幻想的な青スイレンの方を好んだためである。青スイレンは花の形が放射状で王冠に似ているため、王位を表わすものとされた。また、太陽を象徴するものとも考えられ、白スイレンよりも神聖であるとみなされた。

古代エジプトでは太陽はスイレンから昇るとされ、太陽神ラーはスイレンから生まれたと考えられていた。ラーから太陽の象徴を継いだ神ホルスの足元はスイレンで飾られているが、これは仏像に用いられた蓮の蓮台に通じるものがある。また、スイレンは昼咲きであれ、夜咲きであれ、水中に没して再び浮上して咲くため、「永遠の再生」を象徴する花とされた。そのため、来世で無限の寿命を与える再生の神ネフェル・トゥムは、スイレンの花冠をかぶっている。

◉ナイルの花嫁

神に捧げられたスイレンは、人びとの生活にも密接にかかわっていた。プリニウスの『博物誌』によれば、古代エジプト人は白い花のスイレンの実を乾燥させ、それを砕いて水とミルクで練り、焼いてパンにして食べていた。地下茎も皮をむいて、茹でたり焼いたりして食用にしたという。このプリニウスの説明を裏づけるかのように古代ギリシアのヘロドトスは次のように述べている。

「ナイルの河水が溢れ、平野が大海と化すと、エジプトでロートスといっている百合の類が無数に水中に生ずる。これを摘みとって天日に乾かし、ロートスの実の中にある、罌粟《けし》の頭に似たものを臼で搗《つ》きつぶし、火で焼いてパンを作る。ロートスの根も食用になり、丸味を帯びた林檎ほどの大きさ

で、結構甘い味がする。」（松平千秋訳、以下同じ）

この記述のなかでヘロドトスがロートスと呼んでいるのは、ハスではなくスイレンである。ロートスにはハスという意味のほかに、エジプト種およびアジア種のスイレンという意味もある。紛らわしいが、ロートスはハスとスイレンの両者を含んだ概念なのである。

ヘロドトスは次のようにも述べている。

「また同じく河中に生じ、薔薇に似た別種の百合もある。その実は、主な茎とは別にこれと並んで根から伸びている茎に附き、形は蜂の巣によく似ている。実の中には、オリーブの核《たね》ほどの食用になる粒が多数入っており、生《なま》のまま、あるいは乾燥して食べる。」

ここに述べられている「薔薇に似た別種の百合」は、われわれ日本人になじみ深いハスであろう。言うまでもなく、ハスの花は仏教では「蓮華」と呼ばれ、仏陀の生誕を飾った花とされている。花床は漏斗《ろうと》状で、花が散った後、子房が花床の組織に埋もれて蜂の巣状になる。ここから、ハスの古名「蜂巣《はちす》」が生まれた。言い換えれば、蜂巣からハスに転訛したのである。

スイレンは古代エジプトではファイユームからアスワンまでの上エジプトを象徴する花だった。一方、メンフィスより北部デルタ地帯までの下エジプトを象徴するのはパピルスだった。エジプトのカルナクには新王国第十八王朝のアメン神殿が建造されたが、そこにはスイレンとパピルスの浮彫りをもった角柱が残っている。

古代エジプトでは、スイレンは薬としても利用された。花は頭痛を和らげる膏薬に、葉は肝臓病や便秘の薬の材料として使われた。解熱効果もあるといわれ、患者はスイレンの香りをつけたぬるま湯に入った。

スイレンは「ナイルの花嫁」とも呼ばれ、現在のエジプトの国花になっている。ちなみに、古代エジプト語には「開花したスイレン」を意味するセシェンという語があったが、この語はヘブライ語を経てギリシア語に入ってスーサンナとなり、スザンナやスーザンといったヨーロッパ各国語の女性名になったのである。

◉モネと園芸商——十九世紀フランスのスイレン

今日、美術でスイレンといえば、誰もが印象派の巨匠モネの絵を連想するだろう。それと同じように、園芸界では、ジョゼフ・ボーリィ・ラトゥール＝マーリアック（一八三〇～一九一一）の名がスイレンの代名詞となっている。

フランスの園芸家にして園芸商のラトゥール＝マーリアックは、一八三〇年にワインの産地として有名なボルドーの南東グランジュ＝シュル＝ロに大地主の息子として生まれた。トゥーロンで初等教育を受け、長じてパリで法律を学ぶが、在学中に二月革命（一八四八）が勃発したため学業を中断、帰郷して実家の土地管理に当たった。その一方で、幼いころからの植物好きが高じて、所有地の一角に大きな温室をつくり、そこで多くの熱帯植物を育てていた。庭には珍しい樹木も植え、庭造りにも精を出していた。

一八七五年、ラトゥール＝マーリアックはフランス南西部ル・タンプル＝シュル＝ロにスイレンの種苗園をつくり、耐寒性のスイレンの交配に取り組んだ。当時、ヨーロッパでは耐寒性のスイレンには白色のものしかなかったため、彩色の品種開発が望まれた。ラトゥール＝マーリアックは北米の原生種とスウェーデンに自生するスイレンを交配し、最終的に淡い黄色、ピンク、暗い赤紫、それに深紅のスイレンの作出に成功したのである。

彼の新作スイレンが注目をあつめたのは、一八八九年に開催された第四回パリ万博のときだった。フランス革命百周年を記念して開かれたこの博覧会はエッフェル塔が建設されたことで有名だが、トロカデロ広場の水庭に出現した色とりどりのスイレンは見物客を魅了し、一大センセーションを巻き起こした。重要なのは、見物客のなかにモネがいたことだ。モネは大きな驚きをもって「色付きの」スイレンを眺めたといわれる。トロカデロの水庭でラトゥール＝マーリアックのスイレンを見たモネは、ジヴェルニーに戻るとそれまであった庭とは別に土地を買い足し、セーヌ川支流のエプト川から水を引いて池を掘りはじめた。一八九三年のことである。

こうして一年後には水の庭が完成し、翌一八九五年には池に日本風の太鼓橋が架けられた。橋のモデルは歌川広重の浮世絵《亀戸天神境内》（「名所江戸百景」の一枚）だったといわれている。亀戸天神は江戸郊外の観光地で、学問の神様としても親しまれ、庶民の信仰も篤かった。

ともあれ、モネの日本への憧憬は相当なものだった。それは池に架かる橋だけでなく、植えられているしだれ柳や藤の花、あるいは竹などにもみてとれる。モネは牡丹、菊、朝顔、梅、水仙、アヤメといった日本の花木をこよなく愛し、実際にそれらを庭に植えていた。

一八九四年に水の庭が完成すると、モネは早速ラトゥール＝マーリアックに大量のスイレンを注文した。モネによれば、スイレンは「目を楽しませるため」だったが、同時に最初から絵のモチーフにしたいと考えていたはずである。生涯で二百以上描いたといわれる《睡蓮》のモチーフになったのは、ラトゥール＝マーリアックの種苗園から取り寄せた彩色のスイレンであった。

モネは単に美しい花を描く以上のことをおこなっていた。すなわち、彼は植物学的にみて当時は珍しかった新種の彩色スイレンをカンヴァスに記録していたのである。彼の絵画はヨーロッパで誕生した耐寒性スイレンのアーカイヴズでもあるのだ。

園芸商のラトゥール＝マーリアックは、一八八九年のパリ万博にスイレンを出品したことがきっかけでスイレンの販売に乗り出すことになる。それまでは竹の販売が中心だった。第四回パリ万博はモネのみならず、スイレンの園芸家にとっても大きな転機となった。モネがラトゥール＝マーリアック

ジヴェルニーの庭で来客をもてなすモネ（1922年12月24日付『ニューヨーク・タイムズ』紙に掲載された写真）

クロード・モネ
《スイレンの池　緑のハーモニー》
1899年　パリ、オルセー美術館

クロード・モネ《睡蓮》
1914-17年　サンフランシスコ美術館

ラトゥール＝マーリアック種苗園の新品種
白：「グラドストネアナ」、ピンク：「ミセス・リッチモンド」、赤：「グロリオサ」
(『ザ・ガーデン』誌1913年4月26日号)

のスイレンを購入し、その後スイレンの絵を描いたことは重要だが、それがすぐさまスイレンの販売拡大につながったわけではない。ラトゥール＝マーリアックの商売に貢献するようになるのはずっとあとの話で、モネとその作品が有名になってからのことである。

蛇足ながら、水の庭が完成したとき、モネがスイレンと同じくらい多くのハスを購入しているのは興味深い。ハスの方が池でうまく生育していたら、オランジュリー美術館のモネの連作も《睡蓮》ではなく《蓮》になっていたかもしれない。

●イギリスに渡ったスイレン

ラトゥール＝マーリアックの新作スイレンを買い入れて、彼の種苗園の発展に貢献したのはイギリスの園芸家たちだった。園芸誌『ザ・ガーデン』の創刊者であるウィリアム・ロビンソン（一八三八〜一九三五）はラトゥール＝マーリアックの熱心な擁護者で、入手したばかりの耐寒性のスイレンについて記事を書き、その新しい交配方法について紹介し、園芸愛好家たちを啓発した。主に温帯に分布する耐寒性のあるスイレン「ロビンソニアナ」(*Nymphaea*《ニンファエア》 'Robinsoniana'《ロビンソニアナ》) は、ラトゥール＝マーリアックによってボルドー近郊にある彼の庭で一八九五年に作出され、ウィリアム・ロビンソンにちなんで命名されたものである。これらの驚くほど美しいスイレンは、のちに画家モネの創作意欲をかき立てることになるのである。

ウィリアム・ロビンソンは一八八四年、サセックス州のイースト・グリンステッド市近郊にエリザベス朝の時代にまで遡る屋敷と土地を購入した。グレイヴタイ・マナーと呼ばれたその屋敷の周囲にハシバミやトチノキを植樹し、何千株ものラッパズイセンやスイセンを植えた。樹木のなかには画家ジョン・シンガー・サージェントをはじめ、アメリカの友人たちから贈与されたものもあった。水庭も造ったが、そこにはラトゥール＝マーリアックから購入したさまざまな品種のスイレンが浮かべられた。その数は当時のヨーロッパでは最大級のものだった。

ラトゥール＝マーリアックは現代のイングリッシュ・ガーデンの生みの親ともいえるガートルード・ジークル（一八四三～一九三二）とも親交があった。彼は当時五十七歳だったジークルに定期的に手紙を書いていたが、冒頭の宛名はきまって「マドモワゼル」で、実にシンプルだった。ジークルもラトゥール＝マーリアックの上顧客で、ペンとシャベルで彼の新作スイレンの普及に努めた。

庭師たちとのネットワークもイギリス市場における足場固めに役立った。大財閥ロスチャイルド家のロンドンの第二代当主ライオネル・ド・ロスチャイルドの三男レオポルド・ド・ロスチャイルド（一八四五～一九一七）は、ガナーズベリー・パークに邸宅と広大な庭を構えていた。その庭師主任ジェイムズ・ハドソン（一八四六～一九三二）はラトゥール＝マーリアックの上得意で友人でもあった。ハドソンは一九一二年に作出された新作のスイレンに自分の名前「ジェイムズ・ハドソン」をつけてもらうという栄誉に浴した。彼は熱心なスイレン収集家だった。庭師としてもすぐれ、ヴィクトリア名誉メダルを授与されている。

ハンガリー生まれの小説家バロネス・オルツィ（一八六五～一九四七）もラトゥール＝マーリアック

の顧客で友人であった。オルツィはフランス革命を題材にした歴史ロマン小説『紅はこべ』(一九〇五)で知られる。彼女もロビンソンやハドソンと同様、新作のスイレン「バロネス・オルツィ」にその名を残している。オルツィは広大な地所や庭園を所有していた大地主の友人たちに園芸商ラトゥール＝マーリアックを紹介し、その名を広めるのに一役買った。

こうした人びとの助けもあり、一九〇四年までにはラトゥール＝マーリアックの商売の七十五%が英仏海峡を越えてイギリスから持ち込まれた注文で成り立っていた。他の市場は日本やフランスだった。

東洋からの贈り物　ツバキ

◉ツバキとチャノキ

ツバキ属（学名*Camellia*《カメリア》）の原種はすべてアジアの東南部に自生しており、約二百五十種あるといわれている。分布範囲は、日本、中国南部、ベトナム、ビルマ（ミャンマー）、ネパール東部、フィリピン、ボルネオ、スマトラ、ジャワなどである。日本にはツバキ（別名ヤブツバキ。*Camellia japonica*《カメリア・ヤポニカ》）、サザンカ（*Camellia sasanqua*《カメリア・ササンカ》）など四つの原種が自生している。

ツバキとチャノキは同じツバキ属《カメリア》の低木で、イエズス会の宣教師ゲオルク・ヨーゼフ・カメル（一六六一〜一七〇六）の功績を称え、カメリアと命名された。カメルは一六六一年ボヘミア（現チェコの中西部）に生まれ、一六八二年にイエズス会に入会した。一六八八年にフィリピンに派遣されたが、その時にはすでに植物学と薬学を修めていた。フィリピン、なかでも特にルソン島で植物を採集し、それをロンドンの植物学者ジョン・レイ（一六二七〜一七〇五）や薬剤師・植物学者ジェイムズ・ペティヴァ（一六六三〜一七一八）に送り届けていた。その成果は著書『フィリピン、ルソン島の本草及び薬用植物』として上梓されたが、不幸にも海賊の手に渡り失われた。その後、幸いにもジョン・レイの『植物誌』第三巻の付録として公刊され、国際的に高い評価を得た。彼はマニラにフィリピン最初の薬局を開設し、貧民には無料で薬を提供するなど慈善家としての一面ももちあわせていた。

当初、チャノキはカール・フォン・リンネ（一七〇七〜七八）によって*Thea*《テア》という属に分類されていた。リンネはケンペルの『廻国奇観《かいこくきかん》』（一七一二）の記載をもとに、チャノキに*Thea sinensis*《テア・シネンシス》という学名を与えたのである。その後、植物をあまりに細かく分類し、多くの属を作り出すのはよくないということになった。そこでチャノキは*Camellia sinensis*《カメリア・シネンシス》という学名でツバキ属の中に分類されることになったのである。種小名のシネンシスは「中国産の」という意味で、これをヤポニカにすると日本原産のツバキ（学名*Camellia japonica*《カメリア・ヤポニカ》）になる。現在二百種以上のカメリアが知られているが、原産地はすべて東洋である。

もとより宣教師カメルは一度も中国や日本に足を踏み入れたことがなかったので、ツバキの標本をヨーロッパに送ったとは考えにくいし、ことによるとツバキを目にしたことすらなかったかもしれない。ツバキのことを最初に記録したヨーロッパ人は、おそらく一六九〇年代に日本を訪れたドイツ人

ケンペルの『廻国奇観』（1712年）に掲載されたツバキの図

医師のエンゲルベルト・ケンペル（一六五一〜一七一五）であろうといわれている。彼の著した『廻国奇観』（当時のペルシャを中心とするアジア諸国の現状を報告した大著で、日本についての記述も一部含まれている）には、ツバキの図も描かれているが、漢字「椿」の一部が抜けている。

ヨーロッパ人で最初にお茶を飲んだのは、ポルトガル人のイエズス会士ジャスパー・ド・クルツであった。彼は一五六〇年に中国から祖国の同僚に送った手紙の中で、茶について触れている。その後、ポルトガルは茶貿易を開始し、中国からリスボンに茶葉を運んだ。

中国からイギリスに茶葉を運んだのは東インド会社で、最初の積荷は一六五〇年にロンドンに到着したようである。東インド会社はチャノキをイギリスに持ち込んで増やそうとしたが、偶然か意図的か、中国人はチャノキの代わりにツバキを送ってきたのである。

ツバキの標本は一七〇〇年頃、中国からジェイムズ・カニンガム（生年不詳〜一七〇九）によって王立協会のジェイムズ・ペティヴァのもとに送られてきた。スコットランド人のカニンガムは東インド会社に外科医として雇われた。詳しい素性は不明だが、彼の中国における採集活動の拠点は舟山《チョウシャン》にあった。カニンガムはそこに二年余り滞在し、王立協会の機関紙『哲学紀要』に同島の農業に関する記事を投稿したが、その中にチャの栽培に関する記述も含まれていた。収集した植物はジェイムズ・ペティヴァのもとに送られ、ペティヴァは『哲学紀要』の中でそれを紹介した。最初のツバキ、カメリア・ヤポニカのイラストは一七〇二年に公刊された。

◉ピーター卿のツバキ

イギリスでは一七三九年以前にロバート・ジェイムズ・ピーター卿（一七一三〜四二）の温室でツバキが栽培されていた。生きた花木としてのツバキを見ることができたのは、これが最初だった。それ以来、ツバキは何千もの園芸種のあるカメリアの中で最も人気のあるものとなっている。

エセックス州にあったピーター卿の邸宅ソーンドン・ホールは、二百四十ヘクタールもの広大な敷地の中にあり、敷地の一角に温室もつくられていた。ピーター卿は幼い頃から植物に興味を示し、十代にして著名な植物学者、園芸家、造園家と交友関係を結んでいた。その中に園芸家ピーター・コリンソン（一六九四〜一七六八）も含まれていた。

ピーター・コリンソンは当初、織物商人として北アメリカや西インド諸島に渡り、商売をおこなっていた。一七三〇年代に北アメリカの植物や種子を輸入する仕事を始め、種苗商としても活躍した。彼は植物採集家《プラントハンター》ジョン・バートラム（一六九九〜一七七七）を介して北アメリカ産の植物を入手し、イギリスで顧客を増やしていった。仕入れた植物の購入者リストには、ベッドフォード公爵やリッチモンド公爵といった大物貴族が名を連ねていた。コリンソンの交友関係は幅広く、ハンス・スローン卿、カール・フォン・リンネ、アメリカ合衆国建国の父として称えられるベンジャミン・フランクリンらと親しく交わっていた。イギリスの博物学者マーク・ケイツビー（一六八二〜一七四九）は、鳥類や魚類あるいは植物の美しい図版を残したことでも知られるが、彼を資金面で援助したのがコリンソンだった。

コリンソンはピーター卿の生涯の友として、親しく交わった。友人たちが驚いたのは、ピーター卿がもっていた複数の見事な温室《ストーヴ》だった。一七三〇年代初期、コリンソンはそれらの温室についてリンネに書き送った手紙の中で、「いまだかつてこんなすばらしい温室は見たことがないし、今後二度と目にすることがないであろう。」と述べ、感嘆の声をあげている。

当時世界一と評判だった大温室は高さが九m余りあり、熱帯・亜熱帯の果実グアヴァ、パパイヤ、プランテン（料理用バナナ）、ハイビスカス、ハスノハギリ、サボテン、サゴヤシ、タケも含んでいた。ほかに二つの温室があった。どちらも長さは十八mで、ひとつはバナナとパイナップル専用、もうひとつはリンゴの貯蔵用だった。これらの温室でイギリスでは最初のツバキが開花したのである。一七三九年には、この温室で育てられたバナナが何本かハンス・スローン卿に贈られた。

ピーター卿は晩年（といっても、二十九歳の若さで病没するのだが）に当たる一七四〇〜四二年の間に、少なくとも五十種類の樹木を約六万本ソーンドン・ホールに植栽した。その中には、アカシア、クスノキ、レバノンスギ、チェリー（ペンシルヴァニア）、メイプル（ヴァージニア）、オーク（カリフォルニア）、ユリノキなどが含まれていた。ピーター卿は北米原産の樹木をイギリスに最初に植え込んだ人物とされている。種子を送り届けてくれたのは自身が雇ったアメリカ人ジョン・バートラムだった。

バートラムは一介の農民から植物研究に打ち込み、イギリス王室御用達の植物採集家となった人物で、既述のコリンソンをはじめ、チェルシー薬草園の管理人フィリップ・ミラー、ハンス・スローン卿とも契約を結び、北アメリカ各地の植物をヨーロッパに送り届けた。その中にはアメリカのジョージア州原産で、自生地では絶滅しているツバキ科の花木フランクリンノキ（*Franklinia alatamaha*《フランクリニア・アラタマハ》）が含まれていた。北アメリカからせっせと珍しい植物を送り続け、十八世紀イギリスの園芸界に新風を吹き込んだバートラムの偉業をリンネは高く評価し、バートラムを世界で最も偉大な生まれながらの植物学者と称賛した。

十九世紀の大温室の時代になると、ツバキ専用の温室《カメリアハウス》がつくられ、社交界でもツバキがもてはやされた。歌劇『椿姫』もそうした時代の産物だった。チャンドラー＆ブースの『ツバキ図誌』（一八三一）にみられるように、当時は斑入りのツバキも珍しくなかった。

斑入りのツバキ（A. チャンドラー＆W. B. ブース『ツバキ図誌』1831年）

◉ピルニッツ庭園のツバキ

一七九一年、ドレスデン近郊のエルベ川沿いにあるピルニッツ城に神聖ローマ皇帝レオポルド二世、プロイセン国王フリードリヒ・ヴィルヘルム二世、ザクセン選帝侯フリードリヒ・アウグスト三世の三者が集まり、会談をおこなった。その結果、フランス革命後のフランスを旧体制に戻すことが決

ピルニッツ庭園の温室で開花する日本からもたらされたツバキ

議された。いわゆる「ピルニッツ宣言」（一七九一）である。この三者会談はフランスのブルボン王家を救うためにおこなわれたが、もとはといえば王妃マリー・アントワネットが兄レオポルド二世に救援を要請したところから始まった。

ヨーロッパ大陸ではこの城に付属するピルニッツ庭園に最初のツバキが持ち込まれた。持ち込んだのはスウェーデン人の医師で、リンネの高弟カール・ペーター・ツンベリー（一七四三〜一八二八）である。ツンベリーは一七七五年にオランダ商館医として来日するが、その際ツバキを四株ロンドンに送った。そのうちの一株がピルニッツ庭園に持ち込まれ、植えられたのである。夏は取り外せる可動式の温室によってドイツの冬の寒さから護られてきたこのツバキは、今も健在で、八mを超える高さの樹枝いっぱいに赤い花を咲かせている。

ところで、ツバキは寒さに弱く、温室でなければうまく育たなかった。ツバキの屋外栽培を可能にしたのは、いうまでもなく品種改良であるが、その際一役買ったのが中国から持ち込まれたサルウィンツバキ(*Camellia saluenensis*《カメリア・サルエネンシス》)だった。このツバキはプラントハンター、ジョージ・フォレスト（一八七三〜一九三二）が発見したもので、その種子をフォレストはコーンウォールのケアヘイズ・カースル庭園の持ち主であるジョン・チャールズ・ウィリアムズ（一八八〇〜一九三九）に送った。ウィリアムズはフォレストのパトロンで、主たる関心はシャクナゲにあったのだが、それでも一九二三年にカメリア・ヤポニカとカメリア・サルエネンシスを交雑し、耐寒性のあるツバキの誕生に成功したのである。これによってツバキ園芸は一挙に広まったといわれる。

ジャポニスムのユリ

ヨーロッパに古くからあるユリ *Lilium candidum*《リリウム・カンディドゥム》は、マドンナ・リリーと呼ばれ親しまれているが、実はこの呼び名は、十九世紀後半に純白のテッポウユリが日本からヨーロッパに輸出されてから普及したものだ。それまでマドンナ・リリーは長いことホワイト・リリーと呼ばれていたのである。テッポウユリ(*Lilium longiflorum*《リリウム・ロンギフロルム》)は日本・台湾が原産で、ラッパ形をしており、横向きに咲く。花は純白色で、芳しい香りがする。テッポウユリが欧米で注目されるようになると、ホワイト・リリーに代わるものとして歓迎された。その結果、明治以降日本から欧米に大量に輸出されるようになった。やがてヨーロッパで促成栽培が進み、復活祭《イースター》にイエスの復活を伝える花として飾られるようになる。テッポウユリの英名イースター・リリーは、これに由来する。現在では、その清楚な花容から、イースターの時期のみならず、年間を通じて切花などに多く利用されている。

オニユリ(*Lilium lancifolium*《リリウム・ランキフォリウム》)は日本、中国、アジア北東部が原産で、朱紅の花をつける。花弁には暗紫色の斑点が入っている。鱗茎は後述するヤマユリと同様、ユリ根として食用となる。

レガレ種のユリ(*Lilium regale*《リリウム・レガレ》)は世界中でたった一か所、しかもきわめて近づきがたい難所、すなわちチベットとの国境沿いにある長江左岸の支流岷江《ミンチアン》流域にしか自生しない。イギリス人のプラントハンター、アーネスト・ヘンリー・ウィルソン（一八七六〜一九三〇）は二度ほど中国大陸でプラントハンティングに従事したが、「王者のユリ《リーガル・リリー》」を発見・採集したのは、一九一〇年の二度目の旅でのことだった。この時にはアメリカのボストンにあるアーノルド樹木園の職員としての立場で中国に渡った。その年の十月に松潘《ソンパン》で七千個余りのユリ根（鱗茎）を掘り起こし、アメリカに向けて出荷の手配をした。

リーガル・リリー（A. グローヴ & A.D. コットン『ユリ属の研究』1936 年）

その後、成都に戻ろうとし、出発してまもなく崖崩れに襲われた。ウィルソンはひっくり返った輿から必死で脱出したものの、右脚に落石が直撃し、大怪我を負った。同行していた従者にカメラの三脚で添え木をつくらせ、調整している間に、別のラバ隊が反対方向からやって来た。泥板岩から成る断崖絶壁はいつ何時崖崩れを起すか、予断を許さない状況だった。道幅は極端に狭く、一行がウィルソンらの横を通れるほどの余裕はなかった。結局、負傷したウィルソンが仰向けになって崖道に横たわり、約五十頭のラバに頭上をまたいでもらうしかなかった。蹄ひとつ彼の身体に触れなかったのは、僥倖としか言いようがない。彼が中国から送付した約七千個のユリ根は無事アメリカに届き、それが親株となってリーガル・リリーは世界中に広まっていったのである。

その後、ウィルソンは一九一四年にアーノルド樹木園の園長サージャントによって日本に派遣され、各種のサクラやツツジを採集した。アーノルド樹木園には彼が持ち込んだヒガンザクラも植えられ、のちに『日本のサクラ』という著書もものしている。多くの花をつける矮小性の常緑ツツジ、久留米ツツジはアメリカで一大センセーションを巻き起こし、ウィルソンはこの種のツツジを仕入れるため、一九一八年に再び日本を訪れている。

だが、一九三〇年、不幸にしてウィルソンはアーノルド樹木園からほど近い場所で車ごと崖から転落し、妻ともども不帰の客となってしまった。

●ユリとシーボルト

ユリはシャクナゲとならんでシーボルトを魅了した花だった。ヤマユリ（*Lilium auratum*《リリウム・アウラツム》）は日本の固有種で、わが国に自生する。白地に赤褐色の斑点が入っており、花形は漏斗《ろうと》状で横向

ヤマユリ（『ボタニカル・マガジン』1862年）

きに咲く。これに対して、日本・台湾に自生するカノコユリ（*Lilium speciosum*《リリウム・スペキオスム》）は下向きに咲く。花色は紅、ピンクで濃淡がある。紅い斑点が鹿の子絞りのようについているので、カノコユリの和名がついた。一八三二年にこれがイギリスに紹介されたときには、「ルビーやガーネットが付いており、水晶のように輝いている。」と植物学者のジョン・リンドリー（一七九九〜一八六五）はその美しさを絶賛した。

ヤマユリのユリ根は縄文の昔から食用に供されてきたといわれている。明治の初期に横浜の外国人墓地の管理人だったイギリス人のジョン・ジャーメインは、墓地に捧げられる白いユリに着目し、ユリ根をイギリスに送ることを思いついた。彼はさっそくジャーメイン商会を設立し、ユリ根の輸出を始めた。当時、横浜近郊の山野にはヤマユリがあちこちに自生していたのである。やがて横浜植木株式会社などが加わり、ユリ根は明治、大正、昭和初期にかけて欧米に盛んに輸出された。

オランダ商館医として来日したシーボルトは、日本の植物に並々ならぬ関心を寄せていた。長崎では絵師の川原慶賀に何枚もの植物画を描かせ、オランダ商館長の江戸参府の際には、商館長に随行し、行く先々で日本の植物を採集した。なかでもユリはシーボルトお気に入りの花のひとつだった。

ヤマユリは一八七三年にウィーンで開催された万国博覧会でカノコユリとともに出品され、その美しさから一大センセーションを巻き起こした。それ以後、ヨーロッパではユリ人気が爆発的な高まりを見せることになる。このウィーン万博はオーストリア皇帝フランツ・ヨーゼフ一世の治世二十五周年を記念して開かれたもので、明治政府が公式に参加した最初の万国博覧会でもある。日本は七宝、漆器、織物などの伝統工芸品を出品したほか、神社を備えた日本庭園を造成した。

このとき明治政府の依頼により展示品の選定に関わったのは、誰あろう、シーボルトの次男で当時オーストリア・ハンガリー帝国公使館員として通訳を務めていたハインリヒ・フォン・シーボルトだった。万博が開幕すると、会場内の日本庭園は大きな評判を呼び、皇帝ヨーゼフ一世と皇后エリザベートも来場し、建設中だった橋の渡り初めをおこなった。しかし、皇帝一行がことのほか関心を寄せたのが鉋《かんな》の削り屑だったというのであるから、人の趣味というものはわからない。

一般に、ヨーロッパにおけるジャポニスムの幕開けとなったのは一八六七年のパリ万博とされているが、その六年後に開催されたウィーン万博は、十九世紀後半にヨーロッパを席巻したジャポニスムに一層の拍車をかけたといえよう。その際、ヤマユリも一役買ったのである。

もっとも、ヤマユリそのものは一八六二年にイギリスのヴィーチ商会が日本に送り込んだプラントハンター、ジョン・グールド・ヴィーチによっていち早くイギリスに持ち込まれていた。その年、ヴィーチ商会は王立園芸協会が主催したフラワーショーにヤマユリを出品し、みごとメダルを獲得している。

ところで、一八六二年といえば、ロンドンでは二回目となる万国博覧会が開催された年で、このとき「日本の部」には浮世絵や工芸品が約六百点展示され、大好評を博した。展示品の大半はイギリスの外交官で初代駐日総領事を務めたラザフォード・オールコックが収集したものだった。このロンドン万博がヨーロッパにジャポニスムの潮流を生み出す大きな契機となったといわれるのも頷ける。

実はオールコックとヴィーチは日本滞在中いっしょに富士山にも登った仲で、そのときの様子は

ジョン・シンガー・サージェント
《カーネーション、リリー、リリー、ローズ》
1886年　ロンドン、テイト・ブリテン

オールコックの名著『大君の都』に詳しい。二人は富士登山をおこなった最初の外国人として登山史にその名を刻んでいる。

当時ヨーロッパを席巻していたジャポニスムが語られる際には、浮世絵や伝統工芸品が取り上げられるのがつねである。だが、ヤマユリに代表される日本固有の植物もジャポニスムの潮流に掉さすものであったと思われる。

◉花のジャポニスム

夏の夕暮れ時、二人の少女が花の咲き乱れる庭で提灯に灯りをともして佇んでいる。ジョン・シンガー・サージェントの《カーネーション、リリー、リリー、ローズ》（一八八六）は何とも幻想的な雰囲気の絵だ。

世紀転換期に活躍したアメリカ人画家のサージェント（一八五六～一九二五）は、パリやロンドンを拠点に作品を発表し、二十世紀初頭のイギリス肖像画に大きな影響を与えた。印象派の画家モネは友人のひとりで、一八八七年にはジヴェルニーに住むモネのもとを訪れている。

この作品はサージェントがウースター州（イングランド中西部）に暮らす友人のアメリカ人画家ミレーの家に寄留していたときに描いたもので、題名はミレー夫人の名前リリーと当時の流行歌「花飾りの輪」の歌詞の一節を重ね合わせたものだ。

画家が最も描きたかったのは夕暮れ時の微妙な光の具合で、そのため制作に当てられた時間は一日のうち日没前のほんの二十分程度だったという。その結果、ひと夏では完成せず、翌年の夏に持ち越した。二年がかりの作業だった。

二人の少女が手にしているのは日本の盆提灯で、淡い光に照らされた庭には、バラやカーネーション、そしてユリが咲き乱れている。なかでも目に飛び込んでくるユリは、その形状・大きさ・色合いからして明らかにヤマユリだ。盆提灯の灯火のように、この作品にはほのかな「花のジャポニスム」が漂っている。

サージェントは、その後日露戦争(一九〇四〜〇五)の調停役を務めたアメリカ大統領セオドア・ルーズベルトをはじめ、数多くの著名人の肖像画を描いた。それだけパトロンに恵まれていたということであろう。肖像画家として知られるサージェントは、戸外で制作することはまれだった。その数少ないひとつが、この作品である。

モダン・ローズの誕生

◉オールド・ローズからモダン・ローズへ

オールド・ローズからモダン・ローズへ、さらに現代のバラへと連なる道を切り拓いたのは中国のバラであった。西洋のバラの血の半分は中国バラといわれるように、モダン・ローズの成立に際しては、中国の中国のバラがきわめて大きな役割を演じている。十八世紀に中国に航海した東インド会社の船舶は、中国のバラをまずインドに運び、そこからヨーロッパに運んだ。中国の四季咲き性のバラは十八世紀末からヨーロッパに導入され、十九世紀初頭に伝統的なバラと交配されることによって新たな系統の品種群が誕生することになる。十九世紀は「バラのルネサンス」といわれる所以である。

ヨーロッパにバラのルネサンスをもたらした中国系のバラは四つある。それぞれどのようにしてヨーロッパに導入されたのか。また、どのような性質をもっていたのかみてみよう。

◉スレイターズ・クリムソン・チャイナ

一七八九年（一説には一七九二）、イギリス東インド会社のひとりの船長がインドのカルカッタ植物園で深紅のバラを見つけ、本国に持ち帰った。それを東インド会社の総裁ギルバート・スレイター

(一七五三〜九三) に手渡したことがきっかけで、バラの歴史上初の深紅のバラが誕生することになる。

スレイターは東インド会社の大株主で、東インド会社の船舶管理責任者として広東に拠点を置き、莫大な財を成していた。彼自身、船主でもあった。その一方で、園芸家の顔ももち、資産を造園や植物栽培につぎ込んだ。スレイターはイングランド南東部エセックス州レイトンストーンのノッツ・グリーンに広大な庭を構え、多くの植物を育てていた。バラ作りでも知られていたスレイターは部下の船長から入手したバラを温室で育て、二年後に見事開花させた。それは四季咲きのコウシンバラで、スレイターズ・クリムソン・チャイナと命名された。スレイターの深紅のバラの誕生である。クリムソンは深紅の色を意味し、末尾にチャイナとあるのは、このバラが中国原産のコウシンバラだからである。当時ヨーロッパに持ち込まれた中国産のバラの中では唯一の紅色で、この品種を交配親として、それまで西洋の赤いバラにはなかった鮮やかな赤の品種が誕生することになる。

後述する植物画家ルドゥテが『バラ図譜』の中で *Rosa indica*《ロサ・インディカ》 の名前で呼んだのは、このバラである(図版二六二頁)。このバラはカルカッタ植物園から持ち込まれたが、同植物園はベンガル州にあった。英語でベンガル・ローズと呼ばれたのはそのためである。また「インディカ」は実際には中国を意味している。ベンガル・ローズはイギリスの植民地だった北大西洋のバミューダ諸島に導入され、そこからフランスに入った。一七九八年頃には、パリの種苗業者セルらがその栽培に着手している。

スレイターは精力的に植物収集もおこなった。自前で三名のプラントハンターを派遣したほどで、その執心ぶりがうかがえる。一七九二年の秋、彼の所有するトライトン号に乗り込んだプラントハンターのジェイムズ・メイン（一七七〇頃～一八四六）は、雇主スレイターのために中国に渡り、数多くの植物を入手した。そのなかにはロウバイ、ボタン、モクレン、クレロデンドルム・フラグランスなどがあった。一七九四年三月に広東を出航し、帰国の途についたが、途中セント・ヘレナで敬愛していたスレイターの訃報に接した。

船が英仏海峡にさしかかり、祖国を間近にした時にフリゲート艦と衝突事故を起こし、あろうことか中国で収集した植物の多くを失った。帰国後も悲劇が待っていた。スレイターと交わした契約を文書にしていなかったため、報酬が一切支払われなかったのである。メインは精神的にもかなり参っていたにちがいない。それでも、帰国後しばらくしてからだが、園芸家ジョン・ラウドン（一七八三～一八四三）の助手となり、『ガードナーズ・マガジン』誌に多くの記事を投稿し、園芸ジャーナリストとして活躍した。

◉パーソンズ・ピンク・チャイナ

同じ頃、ピンクのコウシンバラも導入され、育種家の名からパーソンズ・ピンク・チャイナと命名された。文字通りには、パーソンのピンク色の中国産バラを意味する。リックマンワースにあるパーソンズ氏の庭で開花したのが最初といわれている。

このバラの導入年については諸説あるが、一説によると、一七九三年にキューの園長ジョゼフ・バンクスによって導入されたといわれている。おそらく、そのバラは中国駐在の英国大使ジョージ・マ

パーソンズ・ピンク・チャイナ
(ロサ・インディカ・ブルガリス)
ルドゥテ『バラ図譜』1817 年

スレイターズ・クリムソン・チャイナ
(ロサ・インディカ)
ルドゥテ『バラ図譜』1821 年

ブルボン・ローズ
（ロサ・カニナ・ブルボニアナ）
ルドゥテ『バラ図譜』1824 年

ヒュームズ・ブラシュ・
ティーセンテッド・チャイナ
（ロサ・インディカ・フラグランス）
ルドゥテ『バラ図譜』1817 年

カートニー卿（一七三七～一八〇六）の下で働いていたジョージ・ストーントン（一七三七～一八〇一）が広東近郊で収集し、それがバンクスに提供されたのであろう。アイルランド人のマカートニーはイギリス領カリブ諸島総督やインドのマドラス総督を歴任した外交官で、一七九一年に対中国貿易改善のため中国に派遣された。*Rosa bracteata*《ロサ・ブラクテアタ》は彼にちなんで名づけられた中国原産のバラで、今日でもマカートニー・ローズ（カカヤンバラ）として知られている。

ストーントンはマカートニーの下で使節団の副団長をつとめた。彼は東インド会社の社員でもあったが、植物学に精通しており、リンネ協会会員および王立協会の特別会員でもあった。マカートニー使節団の中国訪問に関する報告書をまとめたのもストーントンで、それには四百種余りの植物リストも含まれている。

パーソンズ・ピンク・チャイナは、スレイターズ・クリムソン・チャイナよりも丈夫で容易に増やすことができた。一七九八年にはフランスに伝わり、ルドゥテは一八一七年に *Rosa indica bulgaris*《ロサ・インディカ・ブルガリス》の名で紹介している（図版二六二頁）。

このバラは、十八世紀末にアメリカに持ち込まれ、一八〇二年にサウスカロライナのチャールストンで、フランス系移民のフィリップ・ノワゼットによりロサ・モスカータと交配された。こうして誕生したのがチャンプニーズ・ピンク・クラスターで、これがコウシンバラと欧米の園芸バラとの交配第一号となった。フィリップ・ノワゼットは、この淡いピンク色のバラをフランスに住む育種家の兄ルイ・ノワゼットに送った。十九世紀の初め、フランスではバラ熱が高まっていた。ルイは品種改良を重ね、ノワゼット・ローズを作り出した。蔓性で四季咲きの遺伝子を宿すこのバラは、フランスのリヨンでポリアンサ、さらにブルボン島でブルボンをそれぞれ生み出す交配親となる。

◉ヒュームズ・ブラシュ・ティーセンテッド・チャイナ

十九世紀初頭、広東近郊の種苗商から、相次いで二つのバラがイギリスに送られた。ひとつは淡いピンクの蔓性のバラで、中国のコウシンバラと野生のティーローズ（ロサ・ギガンテア）との交配により生み出された自然交雑種であるとみなされている。

このバラは、一八一〇年にエイブラハム・ヒューム卿（一七四九〜一八三八）によってイギリスにもたらされた。ヒューム卿はトーリー党の大物政治家で、東インド会社の筆頭株主でもあった。このバラの芳醇な香りは紅茶にたとえられ、ヒュームズ・ブラシュ・ティーセンテッド・チャイナと名づけられた。ブラッシュとは「淡いピンクの」、またティーセンテッド・チャイナとは「茶の匂いのする中国産のバラ」という意味である。入手者の名前から、単にヒュームズ・ブラッシュとも呼ばれる。強い芳香に加えて優雅な剣弁咲きの花の形が特徴である。一八一七年にはルドゥテが*Rosa indica fragrans*《ロサ・インディカ・フラグランス》の名前で精密な図を描いている（図版二六三頁）。

この品種はのちにノワゼット、ブルボンなど、他品種との交配により、ティーローズの源流となる。さらに、ハイブリッド・パーペチュアルを経て、ハイブリッド・ティーへと発展するのである。

輸入に際しては、幾多の悪条件が重なったが、それを乗り越えてこのバラは生き延びた。当時、植物は船の甲板に置かれたままだったため、中国からイギリスに運ばれてきた植物は千に一の割合でしか生存しなかったといわれる。バラの育種家だったヒューム卿はロンドンの北に隣接するハートフォードシャに広大なバラ園を構え、夫婦でバラの栽培に従事していた。

ヒュームは熱心な絵画のコレクターでもあり、友人のなかには肖像画家の巨匠ジョシュア・レノルズ（一七二三～九二）もいた。レノルズは遺言でヒュームに風景画家クロード・ロランの小さな絵画を遺贈したが、それは現在ニューヨークのメトロポリタン美術館に所蔵されている。


◉パークス・イエロー・ティー・センテッド・チャイナ

中国産のもうひとつのバラは大輪の淡い黄色のバラ、パークス・イエローである。ヨーロッパのオールド・ローズには黄色のバラはない。今でこそ珍しくないが、十九世紀になって後述するモダン・ローズが登場するまでは、黄色のバラは大変珍しかったのである。その意味でパークス・イエロー・ティーセンテッド・チャイナは注目すべきバラである。

一八二三年、ジョン・リーヴズ（一七七四～一八五六）は広東近郊の花地《フォア・ディ》種苗園（現在は酔観公園）で手に入れた四十枚余りの植物画をロンドンの園芸協会に送った。その絵のなかにイエロー・ティーローズが含まれていた。当時園芸協会は資金不足だったが、それでも若き庭師のジョン・ダンパー・パークスを中国に派遣し、そのバラを入手した。この黄色のバラは芳香を放つ八重咲きの大輪種で、パークス・イエローと呼ばれた。一八二五年にパリに送られ、それ以降数多く作出された黄色のティーローズの先祖となった。ちなみに、一八五〇年頃、マルメゾンの庭には千五百種ものティーローズがあったといわれている。

この種のバラのみならず、中国から多くの植物をヨーロッパにもたらした立役者は、ジョン・リーヴズだった。彼は一八〇八年、イギリス東インド会社の茶検査官に任命され、東インド会社付きの茶商人として活躍したが、博物学者としても有名だった。中国の動植物の絵を集めた彼のいわゆる「リーヴズ・コレクション」(一八二〇年代の水彩画)は当時の中国の動植物を知る上で、貴重な資料となっている。彼は収集した植物をまず自宅の庭で鉢植えにして育て、その後イギリスに慎重に搬送したのである。

◉ブルボン・ローズ

マダガスカル島の東、インド洋に浮かぶブルボン島(現レユニオン島)は一六三八年からフランス領となっていた。この島はインドやアジアに向かう船が喜望峰を廻り、アフリカ東岸沿いに北上して、インド洋に出る航路の要衝に位置している。フランスはここで奴隷を使ったサトウキビ栽培やコーヒー栽培をおこなっていた。フランスは一六七四年にインド東岸のポンディシェリを獲得するまで、この島をインド洋上の拠点とした。フランスの東インド会社がアジアから運んだ植物は、ブルボン島を経由して、本国に届けられたのである。

ブルボン島では生垣としてダマスク・ローズを植えていた。ある日のこと、この島の植物園長ブレオンは新種のバラを発見した。それは鋭い刺をもったダマスク・ローズとパーソンズ・ピンク・チャイナの自然交雑によって生まれた交雑種であった。ブレオンはパリ近郊のバラ園にその種子を送った。それは放香の強い、半八重咲きのローズピンクの花を咲かせた。一八二三年、「ブルボン島のバラ《ロジェ・ド・リル・ド・ブルボン》」と名づけられたこのバラは、新たな系統ブルボン・ローズの祖となった。ルドゥテはこのバラを *Rosa canina Burboniana*《ロサ・カニナ・ブルボニアナ》 の名で描写している（図版二六三頁）。

◉マルメゾン庭園のバラ

ナポレオン・ボナパルトの最初の妻ジョゼフィーヌ（一七六三～一八一四）は、一七九八年にパリの西方十六㎞に位置するマルメゾンに城館を購入し、巨額の資金をつぎ込んで、庭園をつくり上げた。ジョゼフィーヌはリュクサンブール庭園の園長だったアンドレ・デュポン（一七五六～一八一七）を雇い入れ、当時知られていたあらゆる品種のバラをかきあつめた。こうして、マルメゾン宮殿は当時最も有名なバラ園になったのである。

フランス領西インド諸島のマルティニーク島に生まれたジョゼフィーヌは、幼少期を過ごしたカリブ海に浮かぶ島に思いを馳せてか、巨大な温室をつくり、亜熱帯植物を育てたほか、バラをはじめ世界中から植物を収集した。温室の暖は四十個の石炭ストーブでとった。ジョゼフィーヌはナポレオンがつけた愛称で、本名をマリー・ジョゼフ・ローズといい、ナポレオンと結婚する前は「ローズ」と呼ばれていた。それもあってか、バラにはことのほか愛着をもっていたといわれる。ジョゼフィーヌはナポレオンと別離した後も、マルメゾンでバラの収集や品種改良に取り組んだ。

マルメゾンの庭はバラの栽培家のみならず、育種家、植物学者、芸術家たちのたまり場となり、人工授粉を採用するなど育種実験場となった。ジョゼフィーヌが収集したバラは、その数二百五十余種に及んだと伝えられているが、それにとどまらず、財力にものをいわせて育種家たちに新たな品種づくりを命じた。こうしてマルメゾンの庭で、史上初のバラの人工交配がおこなわれた。こうした交配技術の開発によってジョゼフィーヌの死後約五十年を経過してのち、「ラ・フランス」をその第一号とするハイブリッド・ティーローズが誕生するのである。

植物書も、その恩恵に浴した。当時数多く出版された植物書のなかで最も有名なのは、植物学者エメ・ボンプラン（一七七三〜一八五八）の『マルメゾンおよびナヴァールの希少栽培植物』（一八一二〜一七）であった。その著書はピエール＝ジョゼフ・ルドゥテ（一七五九〜一八四〇）の原図をもとにした彩色図版で飾られていた。ボンプランはマルメゾン庭園の管理人を務めていたが、ドイツの博学者で地理学者のアレクサンダー・フォン・フンボルト率いる探険隊に同行し、五年にわたって中南米の奥地を旅した経歴をもつ探検家でもあった。彼の著書に続いて、ルドゥテ自身が八巻からなる『ユリ科植物図譜』（一八〇二〜一六）と『バラ図譜』（一八一七〜二四）を相次いで出版した。

ベルギー出身の植物画家ルドゥテは二十三歳の時にパリにやって来た。パリでは王立庭園（現パリ植物園）に足しげく通い、植物画を描いていた。そこで出会ったのが王室役人シャルル・ルイ・レリチエ・ド・ブリュテルであった。ルドゥテは彼を通じてヴェルサイユ宮殿の離宮プチ・トリアノンに出入りするようになり、王妃マリー・アントワネットにその才能を認められて王妃付きの画家となるのである。フランス革命後はパリの自然史博物館付きの植物画家となるが、転機はナポレオンの第一帝政期に訪れた。すなわち、皇后ジョゼフィーヌがルドゥテのパトロンとなったのである。ジョゼフィーヌの庇護を受けたルドゥテは数多くの植物図譜を手がけた。その一つ、『マルメゾンの庭園』(一八〇三〜〇四)はパトロンだったジョゼフィーヌに献呈されたものだが、本書からアラビアやエジプトなど世界各地からマルメゾンの庭に植物が集められていたことがわかる。そうした植物画集の中でも植物学的な正確さに配慮した『バラ図譜』は白眉であり、最高傑作といえるものである。

ジョゼフィーヌの最晩年にあたる一八一四年四月、ルドゥテはバラを図譜に描くという構想をジョゼフィーヌに伝え、許可を得た。しかし、そ

ジョゼフィーヌの時代のマルメゾンの庭園(オーギュスト・ガルネー画　1815-20年頃　国立マルメゾン城美術館)

の図譜の完成を見ることなく、彼女はその翌月、不帰の客となる。ルドゥテは一八一七年から八年の歳月をかけてジョゼフィーヌのためにバラを描き続けた。ルドゥテの名を不滅のものとした『バラ図譜』は、ジョゼフィーヌの記念碑でもあった。

ジョゼフィーヌの時代はちょうど中国産のバラがヨーロッパに伝わった時期に当たる。そのためマルメゾンの庭には旧来のオールド・ローズだけでなく、モダン・ローズの初期のものも咲いていた。『バラ図譜』にはチャイナ系、ブルボン系、ノワゼット系、ポートランド系など転換期のバラのほか、北アメリカ、ペルシア、日本の野バラも描かれており、それ自体貴重な記録・絵画資料となっている。

ルドゥテは、ナポレオンが後妻として迎えたマリー・ルイーズのみならず、ナポレオン失脚後はブルボン家の貴婦人たちにも絵画の手ほどきをして生計を立てていた。しかし、彼は金銭的にはつねに困窮していた。ルドゥテは手持ちの銀器、自作の絵画、家具を売り払ってまで、金銭の工面をしていたという。芸術家の性《さが》であろうか、最高級の俸給を手にしていても、暮らし向きは決してよくなかったのである。八十歳のときに、彼はこれまでにない大作を描こうと企図した。それには一万二千フランの値がつくであろうとふんでいた。しかし、絵の完成を待たずして、この世を去った。

ジョゼフィーヌの没後、マルメゾンの庭園は放置され、結局、一八二八年に宮殿ともども競売に付された。庭園も宮殿も普仏戦争（一八七〇～七一）中に完全に破壊された。銀行家で慈善事業家のダニエル・オシリスは一八九六年にそれらを購入して修復し、一九〇四年フランス政府に贈与した。現在では、マルメゾンの宮殿も庭園も当時の姿に復元されている。

なお、「マルメゾンの思い出《スヴニール・ド・ラ・マルメゾン》」は、ブルボン・ローズの園芸品種で一八四三年にブリューズによって作出された。彼はそれに名前をつけず、マルメゾンに送った。当時、マルメゾンの庭はすっかり放置され、再建途上にあった。ある日庭を訪れたロシア大公は、サンクト・ペテルブルクにある帝室庭園のために植物を持ち帰り、「マルメゾンの思い出」と名づけて庭に植えたという。それとは別に、ロマンチックな逸話も残されている。すなわち、ジョゼフィーヌがハンサムなロシア皇帝アレクサンドル一世に心を弾ませバラを贈ったところ、皇帝はそれを「マルメゾンの思い出」と呼んだというのである。甘い香りと淡いピンクの花弁をもったこのバラには、どことなくクラシックな趣がある。

余談ながら、ジョゼフィーヌは歯並びが悪いこと気にしていたらしく、笑ったとき、それを隠すためにいつもバラを手元から離さなかったという。

◉ラ・フランスの誕生

一八六七年、ティーローズとハイブリッド・パーペチュアルとの交配により、初のハイブリッド・ティーローズ「ラ・フランス」が誕生した。バラ革命はこのモダン・ローズ第一号ラ・フランスの誕生をもって始まった。

一八六七年、フランスのリヨンで新種のバラ品評会が開催された。審査員は五十名から成るフランスのバラ栽培家たちであった。この品評会で、リヨンの育種家ジャン・バプテスト・ギョーが作出したバラが優勝し、フランスを代表するバラとして、ラ・フランスの名がつけられた。ハイブリッド・

ラ・フランス
ピース

マルメゾンの思い出
ソレイユ・ドール

ティー第一号とされるこのバラは、ティーローズと四季咲きのハイブリッド・パーペチュアルとの交配により誕生した。その特徴は尖ったような花びら、高くうずまいた形、大輪の花、そして四季咲き性にあった。ラ・フランスはバラのイメージを一新し、バラの園芸史を変えた。

これ以降、バラのなかでは、いわゆる剣弁高芯咲きで、大輪四季咲きのハイブリッド・ティーが主流となる。まさに革命的なバラであった。一般にラ・フランス以前に生まれたバラをオールド・ローズ、以降をモダン・ローズと呼んでいる。その後、モダン・ローズは品種改良によって、オールド・ローズにはない多彩な花色を獲得していくのである。

ラ・フランスは日常生活の面でも大センセーションを巻き起こした。ほどなくして、人びとは品種にかかわりなく無作為にバラを贈ることをやめ、ラ・フランスに限定した。フランスのいたるところで、公設のバラ園にはラ・フランスが植えられた。体面を重んじる造花のバラですら、イギリスではラ・フランスでなければならなかった。

●世界初の黄バラ

色鮮やかな黄色のバラの作出は、バラの人工交配技術が飛躍的に発展した十九世紀初頭以来、育種家たちの憧れであった。それまでは色の薄い黄バラしかなく、ハイブリッド・ティー種の流行に合致した深い黄、鮮やかな黄色のバラはなかったのである。黄バラの園芸品種「ソレイユ・ドール」が誕生したのは一九〇〇年のことであった。

十九世紀前半、ハイブリッド・パーペチュアルが誕生した。その第一号は、一説には一八三七年、コウシンバラの交配種ハイブリッド・チャイナとブルボン・ローズから得られたといわれる。一九〇〇年、フランスの育種家ペルネ・デュシェは西アジア原産の濃黄色のロサ・フェティダの園芸品種にハイブリッド・パーペチュアルを交配し、「黄金の太陽《ソレイユ・ドール》」を作出した。このバラは世界初の黄バラで、この時からモダン・ローズに「黄」という新色が加わることになった。

◉ルノワールのバラ

ピエール＝オーギュスト・ルノワール（一八四一～一九一九）といえば、一般に裸婦の絵が思い起こされるであろうが、裸婦の次に多く描いたのがバラだといわれる。ルノワールはバラの画家でもあったのだ。次頁に掲げた作品のタイトルは《モスローズ》。モスローズはオールド・ローズのケンティフォリア種から突然変異によって生じた系統で、強いバルサム香（樹脂の重く甘い香り）を放つ柔らかな腺毛が萼や花托に密生している。これが苔《モス》のように見えるのでモスローズと呼ばれる。モスローズは十八世紀初期にオランダのレイデン植物園で最初に出現したといわれているが、栽培が盛んになったのは十九世紀で、特にフランスで人気があった。

この作品では、白いテーブル・クロスに置かれた花瓶に入りきら

モスローズ

ピエール＝オーギュスト・ルノワール
《モスローズ》一八九〇年頃
パリ、オルセー美術館

エミール・ガレ
《フランスの薔薇》一九〇一年
ナンシー、ナンシー派美術館

ないほど沢山のバラが活けられている。ルノワールは花弁の形態を仔細に描写するのではなく、むしろモスローズの特徴ともいえる幾重にも重なり合った花弁の印象をうまく捉え、それを自由な筆触で表現している。画家五十歳頃の作品だが、印象派らしい描き方が残っている逸品である。

ちなみに、モスローズの代表品種のひとつ「ウィリアム・ロブ」は、一八五五年にプラントハンター、ウィリアム・ロブ（三八六頁参照）にちなんで命名されたものである。強健でよく伸びるため、蔓バラに向く。咲き始めは暗いピンクだが、退色が始まると鮮やかな紫になる。

◉エミール・ガレのバラ

ガラス工芸家でアール・ヌーヴォーの巨匠エミール・ガレ（一八四六〜一九〇四）は、フランス北東部のドイツとの国境に近いナンシーで生まれ、少年の頃から植物に関心を抱いていた。ナンシーにあった植物園の創設者ゴルドン博士や植物学者のヴォルトラン教授について植物学を学ぶとともに、実際にアルザス・ロレーヌ地方の山々を歩きまわっては植物を採集し、植物画や風景画も描いていた。自宅の庭には二千種を超える植物を栽培していたといわれる。ガレは植物をさまざまな装飾に採り入れたが、その中に赤いバラをモチーフにした連作《フランスの薔薇》がある。その背景にはプロイセンとの戦争があった。

一八七〇年に普仏戦争が勃発すると、当時二十四歳だったガレは義勇軍に入隊して出征し、フランス北東部で繰り広げられたセダンの戦いに参戦した。この戦争は結局、フランスの敗北に終わり、アルザス・ロレーヌ地方はドイツに割譲される。ガレの故郷ロレーヌ地方には唯一赤い野バラ（ロサ・ガリカ）が見られるサン・タンカン山があった。この山は軍事的に要衝の地にあり、戦後ドイツ領となったため、ロレーヌの人びとは容易には近づくことができなくなった。それでも、赤いバラはその山で咲き続けた。

《フランスの薔薇》には故郷ロレーヌの山で見た「流血を象徴するような」赤い野バラへの思いが込められている。そこに見られるのは馥郁たるバラではなく、萎れかけてうなだれるバラであり、その蕾である。それはバラが祖国のために戦った兵士たちが戦場で流した血と同時に、敗北したフランスを象徴しているからである。ガレの《フランスの薔薇》には失われた祖国フランスへの哀惜の念が込められている。

◉ピースとサンフランシスコ会議

二十世紀の大戦中も、フランス人はバラの品種改良の技術を失っていなかった。フランシス・メイアンが作出したバラ「ピース」の大成功が、それを物語っている。第二次世界大戦が終結した一九四五年に、アメリカで平和への願いを込めてピースと名づけられたこのバラは、世界的に大ブームとなった。ナチス・ドイツのフランス侵攻が危ぶまれた頃、メイアンはこの新種のバラの苗を海外の知り合いの業者に託した。そのなかには同盟国アメリカ、トルコだけではなく、敵国ドイツやイタリアの業者も含まれていた。

一九四二年、メイアンは彼の母親にちなんでマダム・アントワーヌ・メイアンと呼んでいた試作品No. 3-35-40号をフランスの庭師たちに紹介した。ドイツに送られたものは「神の栄光《グロリア・デイ》」、アメリカに送られたものは「ピース」と呼ばれ、好評を博した。

一九四五年四月二十五日、国際機構の設立をめぐって連合国の五十ヵ国の代表がサンフランシスコに集まった。この会議は二ヶ月にわたって続き、六月二十六日に閉会する。会期中の四月二十九日、カリフォルニア州のパサデナで太平洋バラ協会展が開催され、このバラをピースと命名することが正式に決定された。そして五月八日、全米バラ協会会長のレイ・アレン博士より各国の代表者全員にピースが贈られた。そこには、次のようなメッセージが添えられていた。

「私たちは、このピースという名前のバラによって人びとの胸に恒久的な世界平和への思いが刻まれることを願っています。」

五月八日はドイツ降伏のニュースがアメリカに伝えられた日でもあった。会議も終盤にさしかかった六月二十五日、前年提起されていた国際連合憲章を採択し、ここに国際連合の設立が決定した。人びとはピースに文字通り平和への願いを託したのである。

パリの『園芸雑誌』(1890年) に掲載された*Rosa rugosa*《ロサ・ルゴサ》(和名ハマナス) の園芸品種。ハマナスは東アジアの温帯から亜寒帯の海岸に自生するバラで、1845年にヨーロッパへ紹介されて後、交配親として用いられ、多数の園芸品種が誕生した。

III
プラントハンターの世紀
大英帝国の植物熱

窓辺の鉢植えを変えた南アフリカの花々

一七七二年、ジェイムズ・クック（一七二八～一七七九）が南太平洋へ二度目の探検航海に出ることを知ったジョゼフ・バンクス（一七四三～一八二〇）は、キュー植物園の庭師の中から選りすぐりの者を乗船させようと決意した。選ばれたのは、フランシス・マッソン（一七四一～一八〇五）。彼は、キューが派遣した最初のプラントハンターとなった。当初、クックはバンクスが送り込んでくるプラントハンターの乗船には反対の意向を示していた。前回の探検航海では、帰国後、ロンドンの社交界で話題をバンクスにすっかりさらわれてしまったこともあり、かなり不愉快な思いをしていたのだ。そのためバンクスは、今回は莫大な私財を寄付してようやくクックの同意をとりつけたのである。

マッソンはスコットランド北部の港町アバディーンに生まれ、庭師の見習をした後、ロンドンに出てキュー植物園で働くようになったといわれているが、それ以外のことはわからない。彼はもの静かで、感情をあまり表に出さないタイプの男であったらしい。キューの園長バンクスは、マッソンの勤勉な働きぶりを日頃から目にしており、彼の忠実さと植物に対する並々ならぬ好奇心が、プラントハンターにはうってつけと考えたようだ。バンクスの肝煎りでクックの第二回探検航海に加わったマッソンは、レゾルーション号に乗船し、一七七二年十月三十日に南アフリカのテーブル・ベイに到着した。以後、二年半の間に三回にわたり内陸への大きな採集旅行をおこなうことになる。

◉南アフリカ第一回目の旅

一七七二年十二月十日、案内役兼通訳を務めたファランツ・オルデンベルクとともに八頭の牛に引かせた荷車で出発、御者は現地人を雇った。オルデンベルクはオランダ東インド会社に雇われていたスウェーデン人兵士で、植物に非常に関心を持っていた。一行はケープ・タウンから東に進路をとり、パール、ステレスボッシュ、そしてスワートバーグを経て東方のスウェレンダムまで足をのばした。この旅では美しいエリカの種子を大量に収集した。スワートバーグ、スウェレンダムには温泉もあった。ホッテントット・ホランド山脈ではケープ・ヒースと呼ばれるエリカを見つけた。一七七三年一月五日の日記には、「この山脈はおびただしい数の珍奇な植物で満ち溢れている。植物学者にとって、ここは間違いなくアフリカで最も豊かな山脈だ。」と書き記している。

同年一月末、ケープ・タウンに戻ると、オランダ人の農園主からさらに現地の情報を仕入れ、次回の大がかりな旅の計画を練っていた。それが「分類学の父」といわれるカール・フォン・リンネの高弟で、当時喜望峰に滞在していたカール・ペーター・ツンベリー（一七四三〜一八二八）の耳に入ったのである。

スウェーデン人の植物学者ツンベリーはオランダ東インド会社に医師として勤務し、一七七五年にバタヴィア（現ジャカルタ）経由で長崎に来航するが、バタヴィアにやって来る前に、四年間南アフリカに滞在していた。長崎では出島のオランダ商館医として約一年四ヶ月滞在する。この間、出島の庭に収集した植物を植え込み、オランダ船が来航するまで世話をした。それらは最終的にはバタヴィア経由でアムステルダムの薬草園に送られた。

幕末に日本にやってきたケンペル、シーボルトと比較すると、ツンベリーは最も植物学に造詣が深かった。その著『日本植物誌』は日本の植物を集大成した最初の著作として高い評価を得ている。リンネの後継者としてウプサラ大学の教授となり、晩年には同大学の学長も務めた。

マッソンとツンベリーの性格は正反対だった。ツンベリーはプライドが高く、鼻持ちならない男で、自己顕示欲も強かった。一方、マッソンは控え目で口数も少なく、一途な男だった。それでも、ふたりで行動してみると、意外なほど植物採集の仕事はうまくいき、効率もよかったという。それは第二回目の旅で証明されることになる。

◉南アフリカ第二回目の旅

この旅は上述したツンベリーの誘いによるものだった。一七七三年九月十一日にケープ・タウンを出発したが、このときは、まず進路を北にとり、サルダナ・ベイまで行き、オリファント川に沿ってシトラスダールに到着した。その後、南方に向かい、スウェレンダムまで下った。そして、進路を東にとり、リトル・カルー盆地を通過して、十二月十四日、一行はポート・エリザベス近くのアルゴア・ベイに到着した。そこから東に進み、十二月十七日にはサンデーズ川にたどり着いた。そこが最も東

フランシス・マッソン
関連地図

フランシス・マッソン

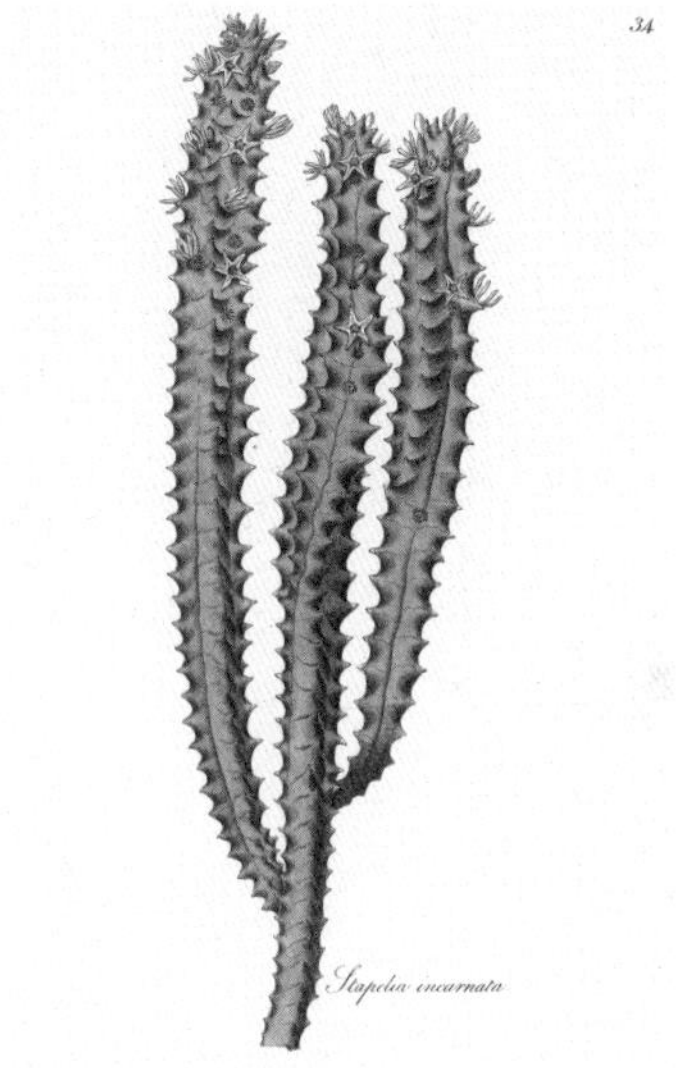

マッソンの著書『スタペリア属の報告』(1797年) に描かれたスタペリア・インカルナタ

の到達地点であった。

今回はヨーロッパ人の召使一人と先住民コイ族の御者三名、それに複数の助手も同行させた。借り上げた牛車には食料をはじめ必要物資を山のように積み、自分たちは徒歩によらず騎馬で旅をすることにした。それによってエネルギーの消耗を防ぐことができたばかりか、牛車から遠く離れた所にまで出かけることができた。ツンベリーはマッソンのことを「腕利きのイギリス人庭師」と評している。

ケープ・タウンへは海岸線に沿って戻った。その間、多くの種類のイキシア、グラジオラス、アイリスなどを収集したほか、年の瀬も押し迫る十二月三十日には高い峰の岩棚で *Erica tomentosa*《エリカ・トメントサ》を発見した。ケープ・タウンに戻る途中、グレート・ソーニィ川の近くで刺の多いゼラニウム（*Geranium spinosum*《ゲラニウム・スピノスム》）を見つけた。また、この旅ではアヤメ科の球根植物 *Ixia viridiflora*《イキシア・ヴィリディフロラ》、*Strelitzia reginae*《ストレリチア・レギナエ》、それにラン科の *Disa caerulea*《ディサ・カエルレア》も発見した。

この四ヶ月に及ぶ採集旅行で最も危険だったのは、カバの落とし穴だった。ツンベリーの乗っていた馬が川を渡ろうとした時にカバの落とし穴に落ち、もがき苦しみながらもやっとのことで対岸にたどり着いたことがあった。ボーア人（オランダ系の南アフリカ移住者の子孫）の農園主たちはカバの肉を豚肉と同じように食べていたほか、獣皮も利用価値があったので、多くのカバを捕獲していた。

ケープ・タウンに戻ったのは、一七七四年一月二十九日のことだった。

◉南アフリカ第三回目の旅

この旅もツンベリーと一緒で、ことによるとオルデンベルクも一緒だったかもしれない。一七七四年九月二十五日、二名のコイ族の荷車御者とともにケープ・タウンを出発した。ツンベリーとは十月四日、パールで合流した。一行は進路を北にとり、雨で増水した川を苦労して渡り、十月十三日にピケットバーグ山麓に到達した。そこでは多くの植物にまじって多肉植物スタペリアの一種*Stapelia incarnata*《スタペリア・インカルナタ》を発見した、その後、一行はオリファント川の源流の方角に進んでいった。この一帯は乾燥した気候で、あたり一面砂漠のような風景が広がっていた。加えて灼熱の太陽が降り注いでいたため、いきおい行動は早朝と夕方に限られた。

十月末にオリファント川を渡り、数日後ヴァンリスドープに到着、そこからボッケヴェルド山まで採集の旅に出た。山道は険しく難儀だったが、地元民の助けもあって山頂までたどりついた。山頂では冷たい風に吹かれながら約四mもある高木のアロエ(*Aloe dichotoma*《アロエ・ディコトマ》)の発見を祝ったという。その後、一行はハンタムズバークを経て、十一月半ばにロッゲヴェルド山脈に到着した。今回の旅の主要目的は、ロッゲヴェルド探訪にあった。標高約千二百mのこの山に登るには、幅の狭い小道を通らなければならず、危険極まりなかった。折からの氷雨を伴う暴風雨がそれに追い打ちをかけた。結局、マッソンとツンベリーは、このとき集めた植物を捨てざるを得なかった。

その後、十二月初めに四日間かけて砂漠のようなタンクワ・カルーを越えたが、その間喉は渇きっぱなしだったという。十二月八日にボッケヴェルデ山脈の麓に到着し、そこでようやく冷たい清流にありつき、一行は歓喜したといわれる。その後、ウースター、タルバ、パールを経由し、ケープ・タウンに戻ったのは一七七四年十二月二十九日のことだった。

この三回目の旅では、上述のアロエ・ディコトマ、南アフリカ共和国の国花となっているキング・プロテア（学名 *Protea cynaroides*《プロテア・キナロイデス》）などを収集した。マッソンは、一七七五年末にイギリスに帰国したが、それに先立ってリンネに手紙（一七七五年十二月二十六日付）を書き、「四百以上の新種」を見つけたと記している。帰国後マッソンは大歓迎を受け、もはや一介の庭師をはるかに凌ぐ地位にのぼりつめていた。キュー植物園を訪れたある熱心な植物愛好家は、マッソンが彼自身の温室の中で「新世界」を見せてくれたと感動の面持ちで述べている。そこには、百四十種のエリカ、多くのプロテア、ゼラニウム、そして五十種を上回るバラ科の植物 *Cliffortia*《クリッフォルティア》 があった。

◉マッソンが導入した植物

【ゼラニウム／ペラルゴニウム】

南アフリカでの植物採集は、めざましい成果をあげ、合計四百種にも及ぶ植物を本国にもたらした。なかでも今日ヨーロッパの窓辺を飾る花の代表格ともいえるゼラニウムは、この時にマッソンによって南アフリカからもたらされ、それがもとになって改良されたものが大半である。ゼラニウムは、またたく間にイギリス人の一般家庭に入りこみ、イギリスのみならずヨーロッパ中にゼラニウム・ブームを巻き起こした。

ゼラニウムは、絵本作家ビアトリクス・ポターの生きた時代、すなわちヴィクトリア朝の人々にこよく愛された花だった。マッソンがいなければ、ピーター・ラビットの絵本の中で、ピーターがゼラニウムの鉢植えをひっくり返すシーンもなかったかもしれない。また、ゼラニウムはウィーン宮廷の絵皿の代表的モチーフの一つともなった。

マッソンが南アフリカで発見した「ゼラニウム」(四十七種)は、植物学ではペラルゴニウムと呼ばれる。現在の *Pelargonium*《ペラルゴニウム》属に分類される以前は、リンネによって *Geranium*《ゲラニウム》属に分類されていたことから、その名残で現在も園芸ではゼラニウムと呼ばれている。ヨーロッパに入った最初のゼラニウムは葉に馬蹄形の紋がある深紅のもので、一六〇九年に南アフリカのオランダ植民地総督によってオランダに持ち込まれたといわれている。

一般にいうゼラニウムは南アフリカ・ケープ地方原産の *Pelargonium zonale*《ペラルゴニウム・ゾナレ》と *Pelargonium inquinans*《ペラルゴニウム・インクイナンス》を主な親とし、これに他の数種が交配されて作出された(図版二九四頁)。やや多肉質の茎をもち、乾燥には強い反面、過湿には弱い性質をもっている。花は一重咲きから八重咲きまである。星形やカップ状の小花がボール状に多数集まって長い茎の先端につく。葉に白や黄色の斑が入る品種やモミジに似た葉をもつ品種もある。

窓辺に置かれたゼラニウムの鉢をひっくり返して逃げるピーター・ラビット

【ストレリチア・レギナエ】 *Strelitzia reginae*

ストレリチアはイギリス国王ジョージ三世の妃メクレンブルク＝シャルロッテの出身家シュトレリッツ家にちなむ。種小名レギナエは「女王の／王妃の」という意味である。ジョージ三世とシャルロッテは一七六一年九月八日にロンドンのセント・ジェイムズ宮殿で挙式した。同年、国王ジョージ三世は妃のためにバッキンガム公爵が所有していたバッキンガム・ハウスを購入し、国王夫妻はここ、バッキンガム宮殿で暮らすことになる。

王妃は熱心なアマチュア植物学者で、キュー植物園や持ち込まれる植物に大変興味を示した。それもあって、この新種植物に王妃シャルロッテの名がついた。王妃に敬意を表してこう命名されたのであるが、キューの園長バンクスはこの花が一七七三年にキューに持ち込まれた時、すでにストレリチアと名づけていた。キュー植物園の運営やプラントハンターの派遣に財政的支援を惜しまなかった国王ジョージ三世のことも念頭にあったにちがいない。

ストレリチアはバナナと同じバショウ科の植物であるが、極楽鳥のような鮮やかな色と奇抜な形をしているところから、極楽鳥花（bird-of-paradise flower）とも呼ばれる。ユニークなオレンジ色の萼片（外花被片。花のつけ根につく葉の変形したもの）が極楽鳥の頭部に似ているところから、この名がついた。極楽鳥はパプアニューギニアの国鳥であり、「風鳥」の別名をもつ。風鳥はオスの羽が美しいことで知られるが、マッソンによってイギリスに持ち込まれたストレリチアは極楽鳥に勝るとも劣らず豪華で鮮やかだった。

今日では、切り花としてパーティ会場などでも重宝がられている花だが、当時の社交界では今とは比較にならないほど非常な人気を博した。一七九一年の『植物学誌《ボタニカル・マガジン》』(第四号)は、マッソンが持ち帰ったストレリチアを絵入りで紹介し(図版二九四頁)、「イギリスにもたらされた最も珍しく、最も華麗な花のひとつ」と絶賛している。ゼラニウムとならんで人々を驚かせたのがストレリチアだった。

【マッソニア・プスツラタ】 *Massonia pustulata*(図版二九五頁)

南アフリカ北ケープ州スピッツコップから南ケープ州アルバーチニアまでの海岸線に沿った広い範囲が原産で、乾燥した平原や砂を多く含む粘土質の土壌に自生している。

属名*Massonia*《マッソニア》は、ツンベリーによってマッソンに敬意を表して命名された。種小名のプスツラタはラテン語で「水ぶくれのような」という意味がある。多肉質の葉の表面はデコボコした溝のような小突起で覆われており、これが「水ぶくれのような」という種小名に繋がっている。のっぺりと地面を覆うように広がる葉を持った冬型球根植物の人気種で、大きな楕円形の葉は十〜十三㎝ほどの大きさにまで生長する。一つの球根につき、葉は二枚だけ出し、それ以上の葉を出すことはない。生長がピークを迎える頃になると、葉の中心部から白い花柱(雄しべ)を無数に出した不思議な花を咲かせる。それはまるで白いイソギンチャクの触手のようである。

【ロベリア・エリヌス】 *Loberia erinus*(図版二九五頁)

和名ルリミゾカクシ。ミゾカクシは日本でも水田のあぜ道でよく見かけるロベリア属の野草で、溝を覆い隠すくらい茂るのでこの名がある。花の色と形からルリチョウチョウ（瑠璃蝶々）という別名もある。春花壇、寄せ植え、鉢花、ハンギングバスケットなどに欠かせない定番ともいえる草花である。草丈は低く、矮小性で十〜二十五㎝に収まる。

属名のロベリアは植物学者のマティアス・ド・ローベル（一五三八〜一六一六）に由来する。ローベルはネーデルラント出身の植物学者で、ジェイムズ一世の侍医を務めるなどイギリスで活躍した。主著『新植物稿』(ピエール・ブナとの共著)は一五七〇〜七一年に刊行され、増補版が『植物誌』(一五七六)として再刊、フランドル語にも訳されて『本草書』の表題で一五八一年に出版された。ロンドンでは『本草書』（一五九七）の著者として有名な植物学者で本草家のジョン・ジェラードとよく会っていた。だが、ジェラードが『本草書』を出版して名声と賞賛をかち得ると、ローベルはジェラードと疎遠になったといわれる。

【ザンテデスキア・アエティオピカ】 *Zantedeschia aethiopica*（図版二九五頁）

オランダカイウ（和蘭海芋）。英名は arum lily あるいは calla lily だが、ユリではなく、サトイモ科の植物である。属名の *Zantedeschia*《ザンテデスキア》は十七世紀イタリアの植物学者ザンテデスキにちなむ。種小名のアエティオピカ aethiopica は「エチオピアの」という意味で、この花がアフリカ固有のものであることを示唆している。ちなみに、オランダカイウはエチオピアの国花に定められている。

園芸の分野ではカラー、またはカラーリリーと呼ばれている。水辺や湿地に生える多年草で、肥大した地下茎をもつ。「海芋」とは「海外の芋」の意味で、江戸時代（一八四三）にオランダから渡来したところから、この和名がついたといわれている。

花のようにみえる白い部分はサトイモ科特有の「仏炎苞」で、真ん中にある直立した黄色い部分は小花の密生する肉穂花序（花が密生したもの）である。全体の形はメガホンのようにみえる。花は芳香を放ち、多くの園芸品種がある。観葉植物として栽培されるものもある。

【プロテア】

ヤマモガシ科、*Protea*《プロテア》属。約四十片のピンクの総苞片に囲まれて、多数の小さな花が頭状花序につく。見るからに豪華な花である。葉は卵形で互生する。プロテアは変種が多く、姿を自由に変えられるギリシア神話の海神プロテウスにちなんで、プロテアと名付けられた。*Protea cynaroides*《プロテア・キナロイデス》はキング・プロテアと呼ばれ、南アフリカ共和国の国花になっている（図版二九五頁）。キナロイデスは「アーティチョークに似た」という意味である。花の色は白、黄、ピンク、赤、ダイダイ色など。暖地の砂壌土で成育する。

◉世界最古の鉢植え植物《ポット・プラント》

キュー植物園の大温室《パーム・ハウス》には、一七七三年にマッソンがツンベリーとともに東ケープ地方

ストレリチア・レギナエ（『ボタニカル・マガジン』1791 年）

ペラルゴニウム・ゾナレの園芸品種「クイーン・ヴィクトリア」
（L. ファン・ウーテ『ヨーロッパの温室と庭の花』1845 年）

295 ──窓辺の鉢植えを変えた南アフリカの花々

マッソニア・プスツラタ

ロベリア・エリヌス（ルリミゾカクシ）の園芸品種

ザンテデスキア・アエティオピカ（オランダカイウ）

プロテア・キナロイデス（キング・プロテア）

を採集旅行した際に発見したといわれるソテツの一種、*Encephalartos altensteinii*《エンセファラルトス・アルテンステイニー》が収められている。それは巨大な鉢に植え込まれ、現在も生き続けている。鉢の横にある解説板には「世界最古の鉢植え植物《ポット・プラント》」と記されている。マッソンは東ケープの海岸沿いの崖で発見・採取したこのソテツを鉢植えにし、一七七五年に帰国する際に南アフリカから持ち帰った。キューの園長バンクスにとって、このソテツは自慢の種だった。一八四八年にキューのパーム・ハウスがした完成ときには、最初に温室に入れられた。

このほか、*Erica massonii*《エリカ・マッソニー》（マッソンのヒース）、ブルニア科の*Thamnea massonia*《タムネア・マッソニア》といったマッソンの名を冠した植物もマッソンが南アフリカで発見し、イギリスに持ち込んだものである。

メンテナンスを受けるキュー植物園の「世界最古の鉢植え」のソテツ

◉マッソンのその後

マッソンは一七七八年五月九日に再び旅に出た。このときは、大西洋上に浮かぶマディラ島、カナリア諸島のテネリフェ島、アゾレス諸島、そして西インド諸島に足を伸ばし、一七八一年に帰国した。

その後、一七八三年には二年間の予定でポルトガル、アルジェリアへ旅立ち、植物採集をおこなった。帰国後、短期間キュー植物園で過ごしたが、一七八五年には再び南アフリカでプラントハンティングに従事するため、イギリスをあとにした。翌年一月十日、ケープ・タウンに到着してみると、前回訪問した時とは状況が一変していた。当時ケープ・タウンはオランダの支配下にあったが、イギリスと交戦状態にあったため、オランダ当局は外国人がケープ・タウンから徒歩で三時間以上要する場所への立ち入りを禁じていた。とりわけ、イギリス人は厳しい監視下に置かれていた。それでもマッソンは、そうした規制をものともせずに内陸の深奥部にまで進入し、長期にわたる採集旅行を敢行した。三月にはキューの園長バンクスに百七十六種類の種子を送っている。その中にはオランダカイウや多くのケープ・ヒースが含まれていた。

マッソンは計八年間の南アフリカ滞在で数多くの植物を採集し、折をみてキューに送り続けた。園長バンクスも彼の期待にたがわぬ働きに満足の意を表明した。マッソンは植物を採集すると、一旦ケープ・タウンにある自分の庭で育て、そのあと船に積みイギリスに送り出していたのである。最終的には、政情が不安定になり、マッソン自身も耐え難くなった。そのためこれ以上南アフリカに留まることは危険と判断し、一七九三年三月に帰国した。

マッソンは静謐なキューの温室に閉じこもり、じっとしていられるような男ではなかった。一七九七年九月、悲願であった北アメリカ行きを敢行する。だが、マッソンはもはや若くはなかった。南アフリカの酷暑に慣れていた体も、厳冬期の北米大陸で徐々に衰弱していった。一八〇五年十二月二十三日、マッソンは厳しい寒さが続くモントリオールでついに息を引き取った。享年六十四。死因は凍死といわれている。まさに「プラントハンターの鏡」であった。

オオオニバスが水晶宮《クリスタル・パレス》を建てた!?

◉オオオニバスの発見

オオオニバスは十九世紀初頭に南米を訪れたヨーロッパの植物学者や探検家によって目撃されていた。たとえば、フランスの探検家・植物学者エメ・ボンプラン（一七七三〜一八五八）はドイツの探検家・博物学者アレクサンダー・フォン・フンボルト（一七六九〜一八五九）と一緒に南米を旅行中に、リオ・プラタ川の支流沿いでオオオニバスを見つけた。このときは興奮のあまり、ボンプランは川に飛び込まんばかりの勢いであったというが、フランスには持ち帰らなかった。

オオオニバスを発見し、それを最初にヨーロッパに送ったのは探検家ロベルト・ヘルマン・ショムブルク（一八〇四〜六五）であった。彼はドイツのフライブルクに牧師の息子として生まれ、叔父のもとで植物学を学んだ。長じて商人となり、一八二六年に渡米。アメリカ東部の町で事務員として働いたが、一八二八年にヴァージニアに移り住み、牧羊やタバコ会社の共同経営にも参画した。元来、探検好きだったショムブルクは、一八三〇年にカリブ海に浮かぶヴァージン諸島のアネガダ島に渡り、自費で島の探検・調査をおこなう。その報告書がイギリス王立地理協会の目にとまり、一八三五年に同協会から英領ギアナの探検を任されることになるのである。その目的は主に水路の探索・測量にあった。

ギアナ地方は南米大陸の北東部に位置し、南部のギアナ高地から幾つもの大河が大西洋に注いでいる。この地方を最初に発見したヨーロッパ人は、エリザベス一世の寵臣として知られるウォーター・ローリー卿（一五五二／五四～一六一八）であった。だが、そこに入植した最初のヨーロッパ人はオランダ人で、十七世紀初期のことである。オランダは十八世紀半ば、三つの植民地（ベルビス、デメラアラ、エセキボ）を建設し、奴隷を使って綿花、サトウキビ、カカオ、それに鮮やかな藍色の植物性染料を産する洋藍《インディゴ》の農園をつくり、植民地経営をおこなった。一七九六年、イギリスはフランス革命とそれに続くナポレオン戦争に乗じて、それら三つのオランダ植民地を奪取する。その後、一八一四年のロンドン条約によって、それらの土地はイギリスに割譲され、一八三一年に正式にイギリスの植民地になった。いわゆる英領ギアナの誕生である。一八五〇年代に金鉱が発見されると、イギリスは英領ギアナ鉱山採掘会社をつくり、金鉱の採掘に乗り出す。ギアナがイギリスの植民地支配を脱して独立するのは、一九六一年のことである。

ショムブルクにとって、否、植物学史上、記念すべき日は一八三七年元旦におとずれた。この日、スリナム国境の最も近くを流れる大河ベルビス川を測量中に、ショムブルクは行く手の先にこれまで見たこともない植物を発見した。小船で近づいてみると、水面に浮いたそれらの華麗な花は数百枚もの花弁をもち、色は白、ピンク、バラ色とさまざまであった。明るい緑色の浮葉は盆状で、直径は百五十～百八十㎝もあり、底は深紅色をしていた。あたり一面、芳しい香りが漂っていた。ショムブルクは、これまでの苦労をすべて忘れ、まるで自分が植物学者になったかのようで、自分で自分を褒めてやりたい気分になったという。

この巨大な植物は、当時ロンドン大学植物学教授で王立園芸協会の副理事を務めていたジョン・リンドリー（一七九九～一八六五）のもとに送られ、*Victoria regia*《ヴィクトリア・レギア》と命名された。十八歳のヴィクトリアがちょうど女王に即位したばかりのときで、ショムブルクがこのスイレンを「ヴィクトリア」と名づけ、リンドリーが「レギア」をつけ加えたのである。二十世紀になって *Victoria amazonica*《ヴィクトリア・アマゾニカ》と改名されるまで、*Victoria regia* が学名として広く用いられていた。

ショムブルクが探険の最中に偶然見つけたこの巨大なアマゾンのスイレンこそ、今日オオオニバスの名で知られているものである。ショムブルクはほかに新種のランも発見した。その一つが *Schomburgkia crispa*《ショムブルキア・クリスパ》で、属名ショムブルキアは一八三八年にリンドリーによっ

ショムブルクがベルビス川で見つけたオオオニバス（『ボタニカル・マガジン』73 号）

て命名されたもので、ショムブルクにちなむ。

リンドリーはショムブルクの記録をもとにオオオニバスについての豪華本を上梓し、百部限定で出版した。原寸大のオオオニバスの絵はチジックにある園芸協会の温室に飾られた。この絵がキューの王立植物園長ウィリアム・ジャクソン・フッカー卿の目にとまり、彼は一八四七年の『植物学誌《ボタニカル・マガジン》』七十三号を、まるまる一冊オオオニバスにあてた。この植物については、当時のヨーロッパではアルコールの入った瓶の中に保存されている一輪の花しか知られていなかった。フッカーは、いつか本物のオオオニバスが展示され、柔組織や繊維も手にとるようにわかる日が到来することを切望していた。

◉パクストンとオオオニバス

一八四六年、最初の種子がキュー植物園にあるヨーロッパの土壌にまかれた。二十二個の種子のうち発芽したのはたったの二個で、実生は枯死した。その三年後、園長のフッカーはキュー植物園の水槽で育った三十株のオオオニバスの実生を何人かの庭師に分与した。そのうちの一人が、チャッツワースにあるデヴォンシャ公爵の庭園主任ジョゼフ・パクストンであった。チャッツワースには半ヘクタールの大温室があり、そのなかに広さ三・六五㎡、深さ約一mの水槽が置かれていた。

一八四九年八月三日、チャッツワースの実生は四枚の開いた葉と一枚の未開の葉をつけた。九月になると葉は十九枚に増え、そのうち最大のものは直径約一m、周囲の長さは三m三十㎝余りあった。水槽は手狭になり、すぐさま二倍の大きさの水槽がつくられた。どの葉も既存の細胞が拡大するだけで、毎日約三十cm生長した。生長は昼夜を問わず続いた。正午から午後一時の間に生長のピークを迎え、午後は最も生長が鈍く、その後真夜中から午前一時にかけてふたたび生長が最大となり、朝になるとまたもや停滞した。水温は二十〜二十四度に保たれた。さらに、パクストンは巧妙な仕掛けをした。水槽内の水に流れをつけ、ゆっくりと回流する人工の「川」をつくったのである。

生長したオオオニバスの葉の直径は二m十三cmになり、その重さは小舟一隻ほどもあった。十一月一日、最初の蕾が出現し、一週間後に最初の花が咲いた。蕾は水面から十五cmほど上に伸び、夕方に開花した。パクストンによれば、それはまるでカップの中の大きな桃のようであったという。二日後に匂いが消え、三日後にはすべてが終息した。

十一月十四日、パクストンはヴィクトリア女

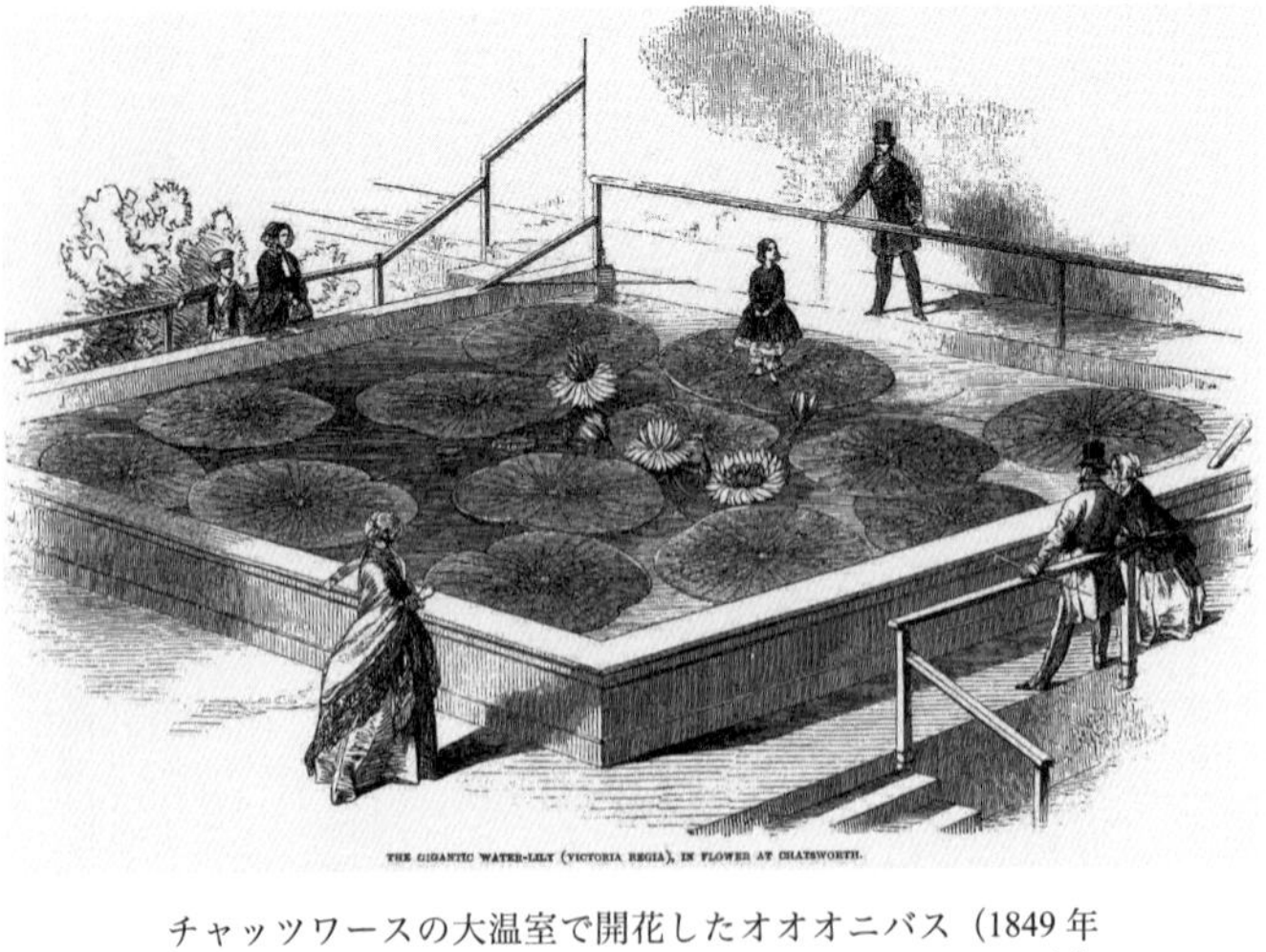

チャッツワースの大温室で開花したオオオニバス（1849年11月17日付『イラストレイテド・ロンドン・ニュース』紙）

王とその夫君アルバート公からウィンザー城に招待され、そこでオオオニバスの葉を一枚披露した。オオオニバスのお披露目は、ヨーロッパでは初めてのことであった。それから数日後、『イラストレイテド・ロンドン・ニュース』紙が開花成功の知らせを聞きつけ、チャッツワースに取材にやってきた。パクストンはオオオニバスの葉の強度を示すため、当時六才だった娘アニーを葉の上にのせた。すると、葉はパクストンの期待にたがわず、娘の体重を支えたのである。

◉オオオニバスと水晶宮《クリスタル・パレス》

建築家でもあるパクストンはここからある大きなヒントを得た。オオオニバスの葉の裏側を見ると、中心から放射線状に支柱がのび、さらに枝分かれした葉脈がくっきりと浮き立っている。これによって大きな浮力が生じ、オオオニバスは水面に浮かんでいるという次第だ。パクストンは娘の体重を支えたオオオニバスの葉の裏側の構造に着目し、より強靭な大温室の設計をおこなった。

さらに、一八五一年にロンドンで開催される予定になっていた世界最初の万国博覧会の会場建設が公式の議題にあがると、パクストンは温室を援用した設計案を王立委員会に提出した。それは長さ約五百六十三m、最大幅約百三十九m、高さ約三十三mもの巨大な建造物であった。素材は彼がチャッツワースの庭園にしつらえた大温室と同じく錬鉄とガラスで、どちらも産業革命によって大量生産が可能になった建築資材であった。

パクストンの設計案はみごと採用され、こうして当時にあっては世界最大の鉄（四千トン）とガラス（三十万枚）の構築物がハイドパークに建設された。敷地内にあったニレの大木はそのままパビリオン内に収められた。自然保護のためである。当時は一般市民に開放されていたハイドパークに出現したこの総ガラス張りの巨大な建物を『パンチ』誌は「水晶宮《クリスタル・パレス》」と呼んだ。評論家のジョン・ラスキンは、この建物を「これまでに建設された最大の温室」と皮肉たっぷりに評したが、水晶宮の建設も博覧会そのものも、ヴィクトリア時代の繁栄を象徴するできごとであった。

　博覧会の展示品は十万点にのぼり、五月から十月までの会期中、平均すると毎日四万三千人の入場者が訪れたという。パクストンの友人トマス・クックが往復の乗車券、宿泊料、入場料込みのいわゆるパック旅行を計画し、大成功を収めたことも娯楽としての旅行が定着するきっかけとなった。この万国博覧会は十八万六千ポンドの利益を生み出し、自然史博物館、ヴィクトリア＆アルバート美術館、科学博物館の設立資金となったのである。

第１回ロンドン万国博覧会のクリスタル・パレス（タリス『水晶宮の歴史と論評』1851 年）

　大博覧会の会場には各国の工業製品、美術品、発明品などさまざまな物品が展示されたが、イギリスが世界各地にもっていた植民地から原住民が連れてこられ、「展示」された事実を見落としてはならない。万国博覧会にはイギリス帝国主義の時代が影をおとしている。

ヴィクトリア朝のシダ狂い《プテリドマニア》

シダ植物が誕生したのは約四億五千年前という想像もできないほど太古の昔である。シダ植物は世界に約一万種もの種類があるといわれている。一例を挙げれば、ハワイ固有のシダで、ハワイ諸島の山地林に繁茂するパラパライ・ファーンは学名を*Microlepia strigosa*《ミクロレピア・ストリゴサ》という。パラパライ・ファーンはフラ（ハワイ語で「踊り、踊りの歌」の意味）の女神「ラカ」の化身といわれ、祭壇に捧げられた。このシダはハワイのみならず、ポリネシア、東南アジア、スリランカなどにも分布している。

シダには根、葉、茎の区別はあるが、花をつけず、種子もできない。そのため、種子が発芽して育つ植物とは異なり、胞子で増える。陸生で高温多湿の日陰を好むものが多いが、水生のものや乾燥した日当たりの良い場所を好むものもある。

朽ちたシダは徐々に泥沼の堆積物の下に埋まっていき、ピート層が形成される。そして何千年もの歳月を経て圧縮され、石炭となる。このシダ植物の遺物ともいえる石炭が蒸気機関車を動かし、あるいは暖炉にくべられ、人びとの生活を快適なものにした。他方で、石炭は大気汚染を生み出した。ヴィクトリア朝のロンドンは煤煙で覆われ、スモッグは、小説家チャールズ・ディケンズ言うところの「ロンドン名物」となっていたのである。長い航海を要する植物の輸送を可能にしたウォードの箱（後述）

は、そもそも十九世紀ロンドンの大気汚染からシダ植物をまもるために考案されたものであった。大気汚染の元凶がシダ植物の遺物であるとすれば、なんとも皮肉な話である。

当時、大都市ロンドンの市内と郊外の気温を九年間にわたって観測し続け、今日のいわゆるヒートアイランド現象を世界で最初に突きとめたアマチュア気象学者のルーク・ハワード（一七七二～一八六四）は、ロンドンにおける気温差の原因を石炭燃料の広範な使用に帰している。それほどまでに大気汚染は深刻化していたのだ。

◉ウォードの箱と「シダ狂い《プテリドマニア》」

一八二九年のある日、外科医でアマチュア昆虫学者でもあったナサニエル・ウォードは、テムズ川北岸のホワイトチャペルで蛾の蛹を見つけた。彼はこれを羽化させようと思い、自宅で瓶に詰め越冬させた。春になって瓶の中をのぞいてみると、予想もしなかったことが起きていた。蛹は羽化しなかったが、蛹を置いてあった湿った土から草とシダの実生が発芽していたのだ。

実は、一冬を越す間、ウォードは一度も水をやらなかった。原理はこうである。昼間、日光を受けて植物は呼吸し、水分はガラス面に付着する。それが夜間、水滴となってガラスの内側をつたい土塊に流れ落ちる。最初に土に十分水をふくませ、湿り気が外に逃げないようにガラスケースを密封しておけば、中の植物は自足して生長を続ける。こうして、瓶の中で芽吹いたシダは二十年も生き続け、一八五一年にロンドンで開催された世界最初の万国博覧会で展示されたのである。

ウォードは長いこと自宅の庭でシダを育てようとしてきたが、煤煙で汚れたロンドンでは育ちにくかった。ところが、今回の発見をもとに、陽光の差し込む窓台に密封した瓶をならべてシダを育てる実験をしてみたところ、三年もしないうちに三十種類ちかい数のシダが生育したのである。実験は大成功だった。シダのケースのひとつをリンネ協会に持ち込むと、これが評判になった。それがきっかけで、上流階級の間で、趣味のひとつとして室内に置いたガラスケースでシダを育てることが始まったのである。

一八五〇年までには、「シダ狂い《プテリドマニア》」と称されるほどシダ愛好熱が高まり、シダ栽培が広く普及していた。シダの栽培は費用がかからなかったし、興味を抱いてシダを探し求める時間さえあれば、誰でもそれを楽しむことができた。シダ熱が階級の垣根を越えるのに、それほど時間はかからなかった。水をやる手間が省けたことも大きかった。一八四五年のガラス税撤廃がそれに拍車をかけた。シダは一八六〇年代に観葉植物として大流行したのである。

ウォードの箱はやがて四角いもの、丸いもの、ゴシック調のものなど、さまざまな形のものが作られた。イングランドとウェールズの境界を流れるワイ川

クリスタル・パレス型のガラスケース（ヒバード『趣味の家のための田舎風装飾品』1857年）

河畔のティンタン修道院や水晶宮《クリスタル・パレス》、あるいはゴシックの大聖堂に似せたものまで出現した。シダ熱に浮かされ、人びとは競い合って太古の植物を探し求めた。そして、採集したシダをファーナリと呼ばれるガラスケースに納め、シダ栽培と観賞に興じた。ファーナリは客間の必需品となった。その流行は水槽《アクアリウム》の流行と軌を一にしていた。こうして、ヴィクトリア朝の人びとの暮らしのなかに、太古の「森」と「海」が入り込んでいたのである。

アクアリウムとファーナリの合体（ヒバード『趣味の家のための田舎風装飾品』1857年）

　陶器、ガラス製品、鋳物製品に施されたシダ模様が最初に注目を集めたのは、一八六二年にサウス・ケンジントンで開催された第二回ロンドン万国博覧会においてであった。この時、世界初の鉄橋をつくったコールブルック会社は鋳鉄製の家具やガーデン・チェアも出品したが、そのなかにはシダ模様のものも含まれていた。一八八〇年代ともなれば、シダの意匠をあしらった銀製のティー・ポットも出現するが、それはベッドフォード公爵夫人が生み出したとされるアフタヌーン・ティーの流行と軌を一にしている。シダ・ブームは各方面に及んでいた。

　キュー植物園の正面入り口近くには、キューの教区教会が建っている。一八六五年に亡くなったキューの園長ウィリアム・ジャクソン・フッカーはこの教会に眠っているが、教会内部にはウェッジウッドが製作したジャスパーウェアの浮き彫りパネルが飾られている。ウィリアムの尊顔の周囲にあしらわれた異国産シダの装飾模様がいかにもヴィクトリア朝らしい。

イギリスに限らず、十九世紀のヨーロッパではシダの栽培箱《ファーナリ》と同様、パーム・スタンドと呼ばれる家具が人気を博し、中流階級の人びとはこぞってそれを買い求めた。このスタンドを部屋に置き、ヤシの木を植えて、室内観賞したのである。南国・熱帯産のヤシの木は、見方を変えれば、植民地支配を特徴とする帝国主義の象徴であり、パーム・スタンドやパーム・ハウスはいわばその申し子であった。コンサヴァトリー（二六九頁参照）もしかりで、十九世紀イギリスの帝国の拡大、覇権の拡大をみごとに象徴している。それらはイギリスが獲得した熱帯・亜熱帯の領土の自然、空気までを我が家で居ながらにして体験できる装置だった。

ウォードの箱に収められてヨーロッパ諸国に持ち帰られた植物の行き着くところは、コンサヴァトリーという名の「ガラスの庭」であった。ヴィクトリア朝のコンサヴァトリーは、家屋に直接接するか、通路や階段でつながれてい

コンサヴァトリーでお茶を楽しむヴィクトリア朝の人びと（1890年頃の写真）

た。造園家ジョン・ラウドン（一七八三～一八四三）が述べているように、コンサヴァトリーはゆったりとした優雅な住まいを象徴するものとして、また冬期の厳しい気候の下でも体を動かして楽しむことができるよう住まいに付属させることが望ましかった。コンサヴァトリーは耐寒性のない植物を保護・保存するための温室だが、そこではヤシやシュロといった大型の観葉植物のほか、葉ランや本木性のシダも栽培された。

◉キュー植物園とウェリントン植物園

一八六五年、ウィリアム・ジャクソン・フッカーの亡きあとを継いでキューの園長に就任したのは息子のジョゼフ・ダルトン・フッカーであった。ジョゼフ・フッカーは、すぐれた植物学者であると同時に、生来の探検家でもあった。北米、南極、ニュージーランド、タスマニアを探検し、『ニュージーランド植物誌』などの著作も残した。彼はまたインドやヒマラヤを訪れ、世界第三位の高峰カンチェンジュンガ周辺でプラントハンティングに従事し、多数のシャクナゲをイギリスにもたらした（三四九頁参照）。今日、イギリスの初夏をいろどるシャクナゲは、もとをただせばフッカーが持ち込んだものなのである。キュー植物園は英国王立協会の会長も務めた泰斗ジョゼフ・フッカーの時代に、たんなる珍種の植物の収集施設から植物学の一大研究センターへと変貌をとげることになる。

一八六八年、ニュージーランドでは最初の植物園がウェリントンに創設された。このウェリントン植物園の初代園長ジェイムズ・ヘクターはエディンバラ大学で植物学や動物学を修め、傑出した地質学者であると同時に、フッカー同様、生粋の探検家でもあった。二年あまりのカナダ探検旅行ですぐれた業績をあげ、英国地理学協会からゴールド・メダルを授与され、スコットランド王立協会の会員にも選ばれた。

その後、ヘクターはイギリス政府からニュージーランドに派遣され、南島を探検、貴重な岩石・化石・鉱物を蒐集した。それらは一八六五年にダニーデンで開催された勧業博覧会で展示され、大きな反響を呼んだ。この博覧会の成功が本国政府に高く評価され、ヘクターはニュージーランド協会（のちの王立協会）会長、地質調査局長、ウェリントン植物園長など複数の要職に就いている。

キュー植物園の園長フッカーとウェリントン植物園の園長ヘクターは、頻繁に往復書簡を交わしていた。そこからは両植物園が活発に植物の交換をおこなっていたことや、植物を生きたまま運搬するのは容易ではなかったことがうかがえる。

ウェリントン植物園からは、たとえば各種のシダがキュー植物園に送られた。ニュージーランドはシダ植物の宝庫なのである。そのうちの一つ、シルバー・ファーン（学名 *Cyathea dealbata*《キアテア・デアルバタ》）はニュージーランド固有のシダで、「ツリー」といわれるところからもわかるように、大木に生長する。その銀白色の葉は先住民マオリの信仰の対象とされてきた。一九五六年からは国章に使用されている。また、ラグビー・ナショナルチームのロゴデザイン

ニュージーランドの国章（1956年制定）

のモチーフにもなっている。

十九世紀後半には、ニュージーランドからイギリスまで、船で通常三ヶ月、長いと五ヶ月もかかった。植物の輸送には、ウォードの箱が使用された。この箱が発明されたことによって、長い航海の間も水をやる必要がなく、植物を運ぶことが可能になったのである。ウェリントンに入植者たちが到着しはじめていた一八四〇年頃までには、この箱の使用はすでに常態化していた。とはいえ、実際には長い航海に耐えうる植物はきわめて少なかった。一八七〇年にウェリントン植物園からキュー植物園に送られた植物は「すべてが枯死し、腐っていた。」フッカーが皮肉まじりに、ウォードの箱《ウォーディアン・ケース》を「ウォードの棺《ウォーディアン・コフィン》」と呼んだのも、無理からぬことであった。

イギリスはカリブ海に浮かぶ島々をはじめとして、世界各地の植民地に次々と植物園を建設していった。フッカーがキューの園長だった時代に、アマゾンから持ち込まれたパラゴムノキの種子はキュー植物園で発芽し、その苗木はセイロンの植物園を経てシンガポール植物園に運ばれた。そして、そこからマレー半島の各地に移植されたのである。マレー半島におけるゴム産業の勃興において、植物園の果たした役割は大きい。それと同時に、温室の発達も見逃せない。キューの大温室《パーム・ハウス》が建設されたのは、ほかならぬフッカーの時代であった。

1930年代までキュー植物園で
使用されていたウォードの箱

一八八三年、フッカーは世界各地の植民地に創設された植物園の責任者にみずから作成したガイドラインを示し、相互の情報・植物交換の必要性を説いている。指針の中には、顕花植物とならんでシダの標本室を設置するのが望ましいとの項目もみられる。シダはヴィクトリア朝のイギリスではシャクナゲとならんで人気の高かった植物で、時代を反映している。

キューから送られてきたガイドラインに目を通したヘクターは、各項目の欄外に走り書きで、逐一「済み」と書き込んでいる。業務の遂行を一つひとつ確認し、あたかも満足しているかのようである。ヘクターはキュー植物園の指示に忠実に従っていた。

このように、十九世紀後半にはキュー植物園を中心とする人的ネットワークが帝国各地の植物園を介して形成されていた。植物園は本国と植民地を結ぶもうひとつの紐帯であった。大局的にみれば、ウェリントン植物園の創設もイギリスの植民地帝国形成のなかに位置づけて考えることができるであろう。ヘクターがスコットランド人である点も見逃せない。彼が園長を務めていた一八六八～九一年まで、ウェリントン植物園はしばしば「ウェリントン植民地植物園《コロニアル・ボタニック・ガーデン》」と呼ばれた。ウェリントン植物園も、植民地時代の申し子だったのである。

女王陛下のクレマチス

クレマチス属（学名 *Clematis*《クレマティス》）は、イギリスでは蔓性植物の女王として親しまれ、愛好家も多い。クレマチスの Klema《クレマ》 はギリシア語で「蔓《つる》、巻きひげ」の意味である。クレマチスは世界各地に自生していた。原種は知られているものだけでも約三百種あり、日本でよく見かけるのは、そのうちテッセンあるいはカザグルマといった名前で呼ばれているものである。

イギリスの植物学者ジョン・ジェラード（一五四五～一六一一頃）は、クレマチスのことを「旅人の喜び《トラベラーズ・ジョイ》」と呼び、「蔓を伸ばしてこんもりした茂みで涼しい陰をつくってくれるうえに、美しい花まで咲かせてくれる。」と述べている。ジェラードのいうクレマチスはイギリスの自生種である *Clematis vitalba*《クレマティス・ヴィタルバ》 である。このクレマチスは生垣や塀をよじ登り、九～十二mの高さにまで達する。

イギリスに持ち込まれた最初の外来種は *C. viticella*《クレマティス・ヴィティケラ》 で、一五六九年にスペインから入って来た。その後、十六世紀末には地中海沿岸地域に自生する *C. cirrhosa*《クレマティス・キルローサ》、*C. integrifolia*《クレマティス・インテグリフォリア》、それに *C. flammula*《クレマティス・フランムラ》 の三種が南欧からイギリスに持ち込まれた。

しかし、今日人気のある大輪のクレマチスの祖先に当たるものが中国や日本から導入されるのは、十九世紀になってからのことなのである。クレマチスはヴィクトリア朝の人びとに非常に愛好された花で、種苗園の草分け的存在であるジャックマン種苗園のリストには三百四十三品種ものクレマチスが載っていた。

◉ジャックマン種苗園

ジョージ・ジャックマン二世（一八三七～八七）はイギリスの園芸家・種苗商で、クレマチスの初期の交配種で知られる。ジャックマン種苗園は彼の父方の祖父ウィリアム・ジャックマン（一七六三～一八四〇）によって、一八一〇年サリ州ウォーキングのセント・ジョンズにつくられた。敷地は二十ヘクタールで、種苗園は息子のジョージ・ジャックマン（一八〇一～六九）に受け継がれた。その息子がジョージ・ジャックマン二世である。

一八五一年までには種苗園の敷地も三十六ヘクタールに拡大され、四十一人のスタッフをかかえるまでになっていた。一八八〇年代後半に種苗園の敷地は都市開発のために売却され、仕事場も旧種苗園の近くに移した。そして、百年余りもたった一九九六年にジャックマンの看板をおろしている。

ジョージ二世が父親とともにクレマチスの交配を始めたのは一八五八年七月のことだった。生み出された新しい二つの種は一八六二年、それぞれ *C.* × *jackmanii*《クレマティス・ジャックマニー》、*C.* × *rubroviolacea*《クレマティス・ルブロヴィオラケア》と名づけられた。なかでもジャックマニー種はこれまで栽培されたクレマチスの中で最も傑出したものの一つとなった。華やかな紫色のこのクレマチスは生育旺盛で、アーチの付けられた入り口や屋根付きの玄関に絡みついていると、すぐ目にとまる。翌年八月にケンジントンで開催された王立園芸協会の品評会では第一級のメリット認証評価を獲得した。

ジョージ二世はトマス・ムーアとの共著『庭の花クレマチス』(初版一八七二)のなかで、「古木の切り株にクレマチスの蔓を這わせて栽培するのがよい。」と述べている。ちなみに、クレマチスには花びらがない。というと奇妙に聞こえるかもしれないが、花びらのように見える部分は、実は萼片《がくへん》なのである。

◉女王陛下のクレマチス

十九世紀にはさまざまな品種がイギリスに持ち込まれた。最も重要なのが一八三〇年代の*C. patens*《クレマティス・パテンス》(和名カザグルマ)と一八五一年の*C. lanuginosa*《クレマティス・ラヌギノサ》、それに一八六三年の*C. fortunei*《クレマティス・フォーチュネイ》及び*C. standishii*《クレマティス・スタンディシー》であった。これらの品種が日本や中国からヨーロッパに持ち込まれると、イギリス、フランス、ベルギー、そしてドイツの育種家たちは競って新しい園芸品種の作出に着手した。

カザグルマは、一八三六年にシーボルトによって日本からヨーロッパに紹介された。また、プラントハンターのロバート・

『庭の花クレマチス』(1872年)より、クレマティス・ジャックマニー。花壇用に育てたもの(左)と柱状に仕立てたもの(右)

右：パリの『園芸雑誌』（1868 年）で紹介されたクレマティス・ジャックマニー

左：ジャックマン種苗園で作出されたクレマティス・ジャックマニーの園芸品種。通常は偶数の萼片が、この品種では 5 つ付いている。(L. ファン・ウーテ『ヨーロッパの温室と庭の花』1845 年)

フォーチュンは中国でラヌギノサ種のクレマチスを発見し、一八五一年頃イギリス本国へ持ち帰った。これが契機となって、イギリスでは大輪園芸品種の本格的な改良がはじまったのである。

現代のクレマチスにみられるような大輪の作出に際して、最も重要な一歩を踏み出したのはスコットランド人のアイザック・アンダーソン＝ヘンリー（一八〇〇～八四）であった。彼は一八五五年、日本から導入されたカザグルマと中国から持ち込まれたラヌギノーサ種のクレマチスを交配して新しい品種を作出し、*C.* × *reginae*《クレマティス・レギナエ》と命名した。ヴィクトリア女王に敬意を表して「女王のクレマチス」と名づけられたこの花は、ラヴェンダーのような色をしていたといわれる。一八六二年にロンドンで公表され、王立園芸協会から第一級の評価を得た。

アンダーソン＝ヘンリーはもともとエディンバラの弁護士だったが、六十一歳で引退してからはスコットランド中部のウッドエンドに隠居し、そこにあった妻の相続地でガーデニングや交配に従事していた。彼は一八六七年から一年間エディンバラ植物協会の会長も務め、南米アンデス、ヒマラヤ、ニュージーランドなど世界各地から植物を集めた。チャールズ・ダーウィンとも親交があり、文通をおこなっていた。

オーリキュラ栽培とアジアから来たプリムラ

プリムラはサクラソウ属（学名 *Primula*《プリムラ》）の総称で、日本ではとりわけ外来種を指す場合が多い。和名の「桜草」はサクラに似た花形からつけられた。原種はアジアからヨーロッパにかけての温帯および亜寒帯地方に分布している。プリムラはラテン語で「最初」を意味するプリムスに由来し、「春一番の花」を意味する。英名は Primrose《プリムローズ》で、一年で「最初に咲くバラ」の謂《いい》である。

◉プリムラとプラントハンター

プリムラのさまざまな自生種は、ヨーロッパ・アルプスから中央アジアの高原にかけての地域で知られている。だが、圧倒的にその数が多いのは中国の四川省・雲南省、あるいはチベット高原からヒマラヤにかけての一帯で、そのあたりはプリムラの宝庫といわれている。

中国や日本などのアジア産プリムラは、十九世紀末から二十世紀初めにかけてヨーロッパに多数導入された。日本の固有種であるクリンソウ（*Primula japonica*《プリムラ・ヤポニカ》）は、四国と本州以北の高原湿地に群生する大型のプリムラである。二〜五段に輪生して多数の花をつけ、幾重にもなるところからクリンソウ（九輪草）の名がついた。このヤポニカ種のプリムラを日本からイギリスに持ち込んだのは、茶で

古い教会の敷地をおおいつくして咲くイギリス自生のプリムローズ（オックスフォードシャ、コーンウェル、ロー近郊のセント・マーティン教会）

交配で生まれたオーリキュラの多彩な花（『ザ・ガーデン』誌　1878年）

有名なプラントハンター、ロバート・フォーチュン（一八一二〜八〇）であった。

中国のプリムラをヨーロッパに最初に送り込んだのは、フランス人宣教師たちだった。イエズス会の宣教師として中国に派遣されたジャン・アンドレ・スーリエ（一八五八〜一九〇五）は、紛争の絶えないチベット国境地帯に幾度となく足を運んだ。植物学者としてのスーリエが本国フランスに導入した植物はほとんどなかったが、庭園植物で重要なものが一つあった。それはフサフジウツギで、彼はその種子を一八九五年にフランスに送った。また、スーリエは*Primula polyneura*《プリムラ・ポリネウラ》の最初の発見者であり、スーリエ種のプリムラ（*Primula soulei*《プリムラ・スーリエ》）にその名をとどめている。スーリエは一九〇五年に勃発した中国とチベットの国境紛争に巻き込まれ、巴塘《バタン》のラマ僧に捕まり、拷問を受けた末、銃殺された。

フランス人宣教師のジャン＝マリー・ドラヴェー（一八三四〜九五）は布教活動のかたわら数多くの植物を集め、パリの博物館に種子や標本を送ったが、その多くが杜撰な管理のために散逸してしまった。神父ドラヴェーは多数の植物を発見したが、本国に持ち込んだのは他のプラントハンターだった。プリムラの場合も然りで、ドラヴェーは多くのプリムラを発見した。そのなかの一つ、*Primula malacoides*《プリムラ・マラコイデス》は雲南省や四川省に生育するプリムラで、現地では「報春花《パウチュンファ》」と呼ばれ、早春をいろどる花として知られている。サクラソウは一般に春の訪れを告げる花であるといわれているが、属名プリムラの通り、春に咲く「最初の」花なのである。

多数のプリムラを導入したのはプラントハンターのアーネスト・ヘンリー・ウィルソン（一八七六

〜一九三〇）であった。彼はバーミンガム植物園で働きながら、バーミンガム工科大学で植物学を学び、ヴィクトリア女王賞を受賞した。一八九七年、キュー植物園に職を得て、植物学の教師になろうと思っていた矢先に、園長ウィリアム・システルトン＝ダイヤーの推薦もあって、ヴィーチ商会から中国に派遣されることになった。その後、半年あまりヴィーチ商会の種苗園で働き、さらに渡米してハーバード大学付属アーノルド樹木園でプラントハンティングの最新の技術を学んだ。樹木園には五日間しか滞在しなかったが、その間に園長サージャント教授の知遇を得たことは、その後のウィルソンの人生にとって大きな意味をもつことになった。というのも、のちにサージャントに招かれ、アーノルド樹木園が派遣するプラントハンターとして中国を再訪することになるからである。

一週間足らずの滞在後、ウィルソンは北米大陸を横断し、サンフランシスコまで行き、そこから中国に向けて出航した。西廻りではなく、東廻りで中国に渡ったのはウィルソンが最初であった。ウィルソンの派遣目的は中国でハンカチノキや *Meconopsis integrifolia*《メコノプシス・インテグリフォリア》 の種子を入手することだった。ウィルソンはその目的を達成したが、それ以外にも多くの植物を収集しヴィーチ商会に送り届けた。プリムラについては、花がだいだい色の *Primula cockburniana*《プリムラ・コックブルニア》、*P. polyneura*《プリムラ・ポリネウラ》、四川省原産でクリンソウに酷似した *P. pulverulenta*《プリムラ・プルヴェルレンタ》、*P. veitchii*《プリムラ・ヴィーチー》、*P. vittata*《プリムラ・ヴィッタータ》、それにウィルソンの名を冠した *P. wilsonii*《プリムラ・ウィルソニー》 を導入した。ウィルソンは中国で三万種もの植物を収集したが、そのうち一千種が新発見であったといわれている。ウィルソンは日本のサクラやツツジを欧米に紹介したプラントハンターとしても知られる。

シャクナゲの採集で有名なプラントハンター、ジョージ・フォレスト（一八七三〜一九三二）は雲南省の麗江山脈やチベットの国境地帯あるいは大理山脈で数多くのプリムラも見つけている。そのなかには、*P. bulleyana*《プリムラ・ブリーアナ》、*P. beesiana*《プリムラ・ビーシアナ》、*P. forrestii*《プリムラ・フォレスティー》、*P. littoni*《プリムラ・リットニー》などがあった。

学名を見ると、フォレスト自身の名前が付いているものもあるが、他はフォレストに関係した人物ないしは種苗商である。たとえば、種小名ブリーアナはフォーチュンの最初の二回の採集旅行の後援者だったアーサー・キルピン・ビュリー（一八六一～一九四二）にちなむ。ビュリーはリヴァプールの綿花商人として財を成した富豪で、彼の庭はのちにリヴァプール大学に寄贈され、現在はリヴァプール植物園として一般に公開されている。また、種小名ビーシアナはビーズ種苗商会からその名をとっているが、この商会の創始者は上述のビュリーであった。種小名リットニーは雲南の騰越《トンユエ》（現騰衝《トンチョン》）の英国領事であったジョージ・リットンの名前からとっている。リットンは騰越に到着したフォレストを厚遇し、すぐに二人は打ち解けて友達になった。一緒にメコン川上流域までプラントハンティングの旅にも出かけ、フォレストが亡くなった時は、リットンの墓の隣に埋葬されたほどである。プリムラはシャクナゲとならんで、フォレストの専門分野だった。

フランク・キングドン＝ウォード（一八八五～一九五八）は、約五十年間にわたって二十五回もプラントハンティングの旅に出かけた。中国を訪れたのは三回だけで、主な活動舞台はチベット、ビルマ（現ミャンマー）、アッサム（インド北東部）地方の北部にあった。キングドン＝ウォードは、確かに植物は好きだったが、根《ね》は探検家だった。それが証拠に、彼は王立園芸協会から贈与されたヴィクトリア栄誉メダルよりも、王立地理学協会から授与された創立者メダルの方を自慢していたのである。ロバート・フォーチュン同様、彼は数多くのプリムラを発見したが、なかでも*P. florindae*《プリムラ・フロリンダエ》は出色である。彼は、この大柄で芳香性のプリムラを一九二四年にチベット南西部を流れるツアンポー川の両岸で見つけた。種小名フロリンダエは最初の妻フロリンダにちなむ。ツアンポー峡谷一帯は*P. sikkimensis*《プリムラ・シッキメンシス》の宝庫でもあった。水辺や湿地に生えるシッキメンシス種のプリムラは、黄色い花をかんざし形につけ、下向きに咲く。花茎を長く伸ばす習性があり、大きなものだと高さ一mになるものもある。プリムラ・シッキメンシスはもともとジョゼフ・フッカーがヒマラヤを探検（一八四八～四九）した際に見つけたもので、彼はこの花をムーンライト・プリムラと呼んでいた。キングドン＝ウォードは六十三歳の時にジーン・マクリンと再婚し、夫人と二回プラントハンティングの旅に出かけている。その時に発見したプリムラのひとつが*P. macklinae*《プリムラ・マクリニアエ》で、これは夫人の名前からとって現地で命名された。

ヒマラヤ東部、チベット、ネパール、ブータン、インド北部のアッサムからシッキムにかけての高山地帯、そして中国の雲南省、四川省は、プリムラの自生種が最も多い地域である。種類の豊富さと数の多さから、サクラソウ属はこの地域で発生したと考えられている。高地を流れる川のほとりや湿地など、高層湿原に自生するプリムラは、まさにヒマラヤの花である。

ウィリアム・パードム（一八八〇～一九二一）はイングランド北西部のウェストモアランド出身で、ヴィーチ商会やキュー植物園で働いたのち中国にわたり、プラントハンティングに従事した。彼は甘粛《カンスー》省の省都蘭州《ランチョウ》の南西で*P. conspersa*《プリムラ・コンスペルサ》、P. purdomii《プリムラ・プルドミー》、*P. woodwardii*《プリムラ・ウッドウォーディー》を発見している。

イギリス原産のサクラソウ属をさすプリムローズは、*P. vulgaris*《プリムラ・ウルガリス》の英名である。短い花茎に直径数

㎝の淡黄色の花を一つずつ咲かせる。ヨーロッパの山野でごく一般的に見られるのがこのプリムラである。

プリムローズはイギリスの政治家ベンジャミン・ディズレーリ（一八〇四〜八一）の好きな花だった。ディズレーリは二度首相を務めたが、在任中はインド帝国の実現、スエズ運河の買収、キプロス島の獲得など帝国主義的外交を推進したことで知られる。ディズレーリの命日に当たる四月十九日は伝統的に「プリムローズの日」とされ、国会議事堂やウェストミンスター寺院の北廊にあるディズレーリの銅像はプリムローズで飾られる。

ディズレーリはヴィクトリア女王に寵愛された首相であった。女王は定期的にプリムローズをお気に入りのディズレーリに贈っていたという。一八八一年四月十九日に彼が亡くなったとき、女王は葬儀への出席は見合わせたが、代わりにプリムローズの大きな花輪をワイト島にあった別荘オズボーン・ハウスから送り届けた。葬儀に参列しなかったのは、当時慣例により女王が臣民の葬儀に出席することが禁止されていたためである。

プリムローズは、「彼の寵花」(his favourite flowers) だった。

プリムローズの日に花を束ねる母娘。壁にはディズレーリの肖像が貼ってある（パーシー・ボヴィル画　1889 年）

従来この「彼の《ヒズ》」はディズレーリを指すものとされてきたが、今日では当時すでに亡くなっていた女王の夫アルバート公を指していたのではないか、と言われている。いずれにせよ、ヴィクトリア女王にとって、ふたりが大切な人だったことに変わりはない。

◉園芸家ウィルモット

プリムラの品種改良に熱心だったのは、イギリスの園芸家エレン・アン・ウィルモット（一八五八〜一九三四）であった。彼女は王立園芸協会の有力メンバーのひとりで、一八九七年にはガートルード・ジークルと共にヴィクトリア栄誉賞を受賞している。二人はこの賞の最初の受賞者となった。また、当時にあってはきわめて珍しく、リンネ協会の数少ない女性メンバーの一人でもあった。ウィルモットは十万種類以上もの植物を栽培し、新種の植物を発見すべく派遣されたプラントハンターのスポンサーでもあった。その中には上述したアーネスト・ヘンリー・ウィルソンもいた。

ウィルモットの名前もしくは庭のあったエセックス州のワーリー・プレイスにちなんで命名された植物は、六十以上にのぼる。たとえば、花弁の青色が美しい *Ceratostigma willmottianum*《ケラトスティグマ・ウィルモッティアヌム》や *Corylopsis willmottiae*《コリロプシス・ウィルモッティアエ》（通称ウィルモットミズキ）がそうで、名付け親はアーネスト・ウィルソンだった。同様にウィルソンは、バラにもウィルモットにちなんだ名前をつけている。ウィルモッティアエ種のバラ（*Rosa willmottiae*《ロサ・ウィルモッティアエ》）はウィルソンが送った種子から彼女が育てたのである。

ウィルモット一家は資産家として有名だったが、家族全員が大の庭好きで、ことのほか高山植物を主体としたアルペンガーデンの造園には熱心だった。エレンは二十一歳の誕生日プレゼントとして、父親から庭に岩山や峡谷をつくることを許された。さらに、南フランスの保養地フレンチ・リビエラやスイスに別荘を所有し、数多くの植物を育てていた。ナポレオンに心酔していたウィルモットは皇帝がアルプス越えのときに泊まった山小屋と同じものを自分の庭につくらせたという。フランスの地中海沿岸は十九世紀には非常に人気のあったリゾート地で、裕福なイギリス人はこぞってそこに別荘を構えた。当時は海水浴が健康に良いとされ、「海」の医学的な効用が注目された時代でもあった。さらに鉄道の発達によって海辺に押し寄せる行楽客も増加した。そうした時代に、資産家のウィルモットは自分のためというよりは植物のために別荘を購入し、栽培にいそしんだのである。

生涯独身だったエレンは父親が亡くなったときにワーリー・プレイスを相続し、庭の拡大・改良につとめた。一時は百四名もの庭師を雇っていたが、口うるさい雇い主として有名だった。庭に一本雑草が生えていただけでも、庭師を解雇したといわれている。彼女の横柄で激情的な性格は如何ともし難いものがあった。

ウィルモットはバラの愛好家で、実際に多くのバラを栽培していた。一重咲きの名花「エレン・ウィルモット」は彼女の名前を冠したものである。このバラは一九三六年、ヨークシャの家具職人ウィリアム・エドワード・バジル・アーチャーによって作出された。

ウィルモットは植物画家アルフレッド・ウィリアム・パーソンズ（一八四七〜一九二〇）に依頼し、バラの植物図譜を描かせた。この『バラ属』（一九一〇〜一四）には、百三十二枚の水彩画が収められている。彼はバラを決して理想化せず、虫食いのある葉など、自然界のバラをありのままに描いた。『バラ属』は、花のラファエロと称されたルドゥテの『バラ図譜』に比肩しうるほど、優れた作品として名高い。現在、この作品はロンドンのリンドリー図書館に収蔵されている。

◉ヨーロッパ自生のプリムラ―オーリキュラ

プリムラの一種オーリキュラ（学名 *Primula auricula*《プリムラ・アウリクラ》）はドイツ・アルプスに自生する可憐な花である。フランス北部アラス出身の植物学者クルシウス（一五二六〜一六〇九）は、その根をベルギーにいる友人のファン・デル・デルフトに送った。その後、フランスの新教徒《ユグノー》が亡命先のイギリスに持ち込み、十七世紀後半には花の愛好家たちの間で垂涎の的になった。一輪のオーリキュラに二十ポンドもの大金が支払われた。一七二四年、当時一流のオーリキュラ栽培家といわれたイギリス人は、それをオランダに輸出した。ケンジントンの種苗業者ロバート・ファーバーが著わした種子目録『花の十二ヶ月』（一七三〇）では、オーリキュラが第一等の座を占めており、二十六品種が挙げられている。次位がアネモネで、その次にヒアシンス、そしてバラと続く。意味ありげにも、価格の表示はまったくなされていない。この種子目録は上流階級向けに作成されたものであるが、価格を尋ねる者などいなかったのである。十八世紀半ばのイギリス貴族の肖像画にはオーリキュラの鉢植えを描いたものもある。

十七世紀初期からオーリキュラを含む花卉栽培家たちの品評会が開かれていた。初期の品評会はパブで開催され、アルコールもはいって宴会の様相を呈していたといわれる。当時の花卉栽培家は男性だけで、女性はひとりもいなかった。

イギリスでは一八七二～七三年に全国オーリキュラ協会が創設された。とりわけランカシャ地方は、十九世紀初期にはオーリキュラの産地として名を馳せていた。マンチェスター植物協議会の後援を得て、一八七三年四月二十九日に全国オーリキュラ協会の最初の品評会が開かれた。黒色の厚い敷物を陳列棚のうしろに飾り、さながら劇場のようにして楽しんだという。この品評会では賞金が出たが、それはかなり高額だった。たとえば、花弁が黒系でそれを緑色、灰色、白色などのエッジが取り囲んでいるもの、あるいはセルフと呼ばれ、花弁の色が単色で、中心円が白粉に覆われているものなどが出品されたが、その各々の一等賞金は六十シリング（すなわち三ポンド）だった。一般庶民の週給が八シリング以下だった時代の話である。実際、初期の会員は比較的裕福な人たちで、会員の多くは工場主や弁護士や医師といった専門職についているジェントルマン階級の人びとであった。

ロバート・ファーバーの種子目録『花の 12 ヶ月』(1730 年)

貴族を魅了した熱帯のラン

ランはラン科植物の総称で、一種類の植物の名前ではない。その数およそ二万五千種。被子植物のなかで最大の種数であり、熱帯を中心に世界中に分布している。俗にわれわれが胡蝶蘭とかカトレアと呼んでいるのは「科」の下に設けられた「属」の名前で、七百以上の「属」がある。この「属」の下に「種」がある。

まれに例外はあるが、ランは三枚の花弁と三枚の萼《がく》から成る。ランの英名Orchid《オーキッド》は、「睾丸」を意味するギリシア語のOrchis《オルキス》に由来する。ランの塊茎（地中にある茎の一部が養分を蓄え肥大したもの）が丸く対になってついていることを睾丸にたとえたのである。

その祖先は約六千万年前に誕生し、今なお進化を続けているといわれている。地上で最も進化した植物である。興味深いことに、ランはすでに多くの植物が存在していた地球上に、最も遅く出現した植物であった。そのため地面には生存スペースが少なく、いきおい地上から離れ、岩や樹木の上に暮らすことが多くなった。こうして誕生したのが着生ランである。不思議な形の花、丸く太い茎、肉厚の葉などの特徴は、ランが生き抜くための進化のあらわれなのである。

◉ギリシア神話のラン

ギリシア神話では、オルキスは好色漢のサテュロスと若い乙女の姿をとった精霊ニンフの間にできた子どもとされている。オルキスは父親に似て大の酒好きで、女好きでもあった。サテュロスが仕えていたディオニュソス（酒の神）の祝祭日のこと、いつものように酔っぱらったオルキスは女司祭に淫らな行為をしようといどみかかったが、まわりの神々が一斉に飛びかかり、オルキスをばらばらに引き裂いた。父親のサテュロスは息子の体をもとに戻してくれるよう頼んだが、神々は耳をかさなかった。とはいえ、さすがに体を引き裂いたのは行き過ぎだったとして、神々はオルキスを花に変えた。それがランだった。言い伝えによると、この花の根を食べると、オルキスのように淫乱、粗暴になるという。

◉十九世紀のランブーム

十九世紀、ヨーロッパではランの一大ブームが巻き起こった。きっかけはブラジルからイギリスに送られてきた採集植物の船荷だった。一八一八年、植物学者のウィリアム・スウェインスンはブラジル北西部で肉厚の葉をもった植物を採取したが、発見した時には花をつけていなかったこともあり、その価値をまったく認識していなかった。そのため、他の採集植物をイギリスに送る際の梱包材として利用したのである。

その荷を受け取ったのは園芸家で輸入業者のウィリアム・キャトリーだった。彼はロンドン郊外のバーネットで、おもに海外から持ち込まれる熱帯植物を栽培していた。キャトリーは送られてきた植物もさることながら、詰め物として使われていた奇妙な植物に興味を抱き、自分で育ててみた。すると、これまで見たこともないような大きな花弁をもった桃紫色の花が咲いた。植物学者のジョン・リンドリーはこれに栽培者キャトリーの名を冠してカトレア属と名づけ、開花した花の大きな唇弁《リップ》にちなんで、種小名を labiata《ラビアタ》（ラテン語で「唇形の」の意）とした。*Cattleya labiata*《カトレア・ラビアタ》の誕生である。

話は岐路に立ち入るが、クローバーはヨーロッパ原産で、江戸時代にオランダから輸入されるガラス器具の「詰めもの」としてその乾草が使われていた。そのため和名をシロツメクサというのだが、クローバーもカトレアも元々梱包材として使われていた、いわば脇役だった。

カトレアの登場により、ランの栽培熱が一気に高まった。ランのなかでもひときわ華やかなカトレアは貴族のあいだで評判となった。一八〇〇年代に最も人気があり、需要があったランは大輪のカトレアだった。

◉蛾のように美しい胡蝶蘭

日本でもよく知られている胡蝶蘭は、学名を *Phalaenopsis aphrodite*《ファレノプシス・アフロディテ》という。属名ファレノプシスは「蛾のような」という意味で、種名アフロディテは愛と美の女神アフロディテからきている。「蛾のような」といわれる所以は、その花の形にある。東南アジアに分布している胡蝶蘭の原種の模様はさまざまで、色も熱帯に生息する蛾に近いため「蛾のような」といわれたのである。日本では、蛾はあまりいいイメージは持たないが、「蛾眉」といえば美人を意味するように、必ずしも悪い意味ばかりではない。ともあれ、日本では蝶の方が蛾よりも縁起がよく、蝶が舞っているようにみえるところから胡蝶蘭と名づけられた。

一八三六年、このランがフィリピンからイギリスに持ち込まれると、デヴォンシャ公爵は即金で百ギニー支払った。公爵はイングランド中部のチャッツワースに大邸宅と広大な庭園を構えており、庭園主任のジョゼフ・パクストンは当時、温室で八十種類のランを栽培していた。十九世紀末には二千種類のランを栽培するまでになっていた。ちなみに岩倉具視を特命全権大使とする欧米使節団が一八七二年にイギリスで訪れた唯一のカントリーハウスが、このチャッツワースであった。

十九世紀イギリスのヴィクトリア朝はランの時代だった。エクセターに本拠地のあったヴィーチ商会では、ジョン・ドミニィやジョン・セダンといった一流の育種家がランの品種改良に従事した。ロンドンで投資顧問として財を成し、サセックス州のナイマンズに庭園を構えた金融業者のルードウィッヒ・メッセルはヴィーチ商会からおびただしい数にのぼる苗木を購入し、大温室を建造してランを栽培していた。

現在、世界各地に広まっている胡蝶蘭はほとんどが人工による交配種である。おもな原種は *Phalaenopsis amabilis*《ファレノプシス・アマビリス》で、アマビリスは「愛らしい」という意味である。花屋の店頭でよく見かける白色系の胡蝶蘭の生みの親がこれだ。この種のランはフィリピン、台湾、インドネシア、パプアニューギニア、オーストラリア北部に自生する着生ランで、おもに標高八百mまでの熱帯雨林に根を着生させて、樹木から養分を摂って生活している。

一八四三年、プラントハンター、ロバート・フォーチュンはロンドン園芸協会の要請を受けて中国に渡り、香港を拠点に中国の珍しい植物を収集した。香港はその前年（一八四二）、アヘン戦争の結果イギリスに割譲されていた。一八四五年、フォーチュンはフィリピンのマニラを訪問したが、その目的のひとつはファレノプシス・アマビリスの入手にあった。当時、フィリピンはスペインの支配下にあり、フォーチュンがマニラを訪問するにあたっては、事前にスペイン当局から許可証を四つも取得する必要があった。上陸、滞在、国内旅行、そして帰国のための許可証である。無事フィリピンを訪れたフォーチュンは、マニラでランの収集につとめ大成功を収めた。その結果、ロンドンの園芸協会は、マニラから送られてきた四十五株のファレノプシス・アマビリスを希望する会員に配布することができたのである。

◉チャッツワース庭園のラン・コレクション

ロンドンのハックニーに種苗園を構えていたコンラッド・ロディジーズは、ウォードの箱の有用性にいち早く気づき、一八三四年に植物をウォードの箱に詰めてシドニーに送った。その結果、長い船旅にもかかわらず、植物が生長し続けていたことを聞き、たいそう喜んだという。ロディジーズはランを商業的に栽培した草分け的存在でもあった。ウォードの箱はランを運ぶのにも使われた。

一八三五年、第六代デヴォンシャ公爵ウィリアム・キャヴェンディッシュとジョゼフ・パクストンは、チャッツワース庭園にグレイト・コンサーヴァトリーと呼ばれる大温室を建設中であった。それまでは、デヴォンシャ公爵は主にハックニーのロディジーズ種苗園からランを購入していた。しかしながら、公爵とパクストンは大温室の完成を見込んで、チャッツワースの庭師ジョン・ギブソン（一八一五～七五）をインド北東部のカーシー丘陵に派遣することにした。

一八三六年三月、当時二十歳のギブソンは、カルカッタに向けて旅立った。目的はランをはじめとする植物の採集だった。カルカッタでは同植物園の園長ナサニエル・ウォリッチ（一七八六～一八五四）の助言を仰いだ。ギブソンはカーシー丘陵のチラ・プーンジェに赴き、プラントハンティングに従事した。この採集旅行は非常に実り多いものだった。ギブソンは八十種類を上回る新種のランを船荷で送ってきたのである。その中には *Dendrobiumdevonianum*《デンドロビウム・デボニアヌム》 や *Thuniaalba*《ツニア・アルバ》 といったランが含まれていた。ランのほか、ギブソンは新種の植物を二百二十種類も発見した。

七ヵ月の採集旅行を終えた一八三七年二月、ギブソンは無事カルカッタに戻った。それからまもなくして、三十箱分の植物をチャッツワースに送った。その際には十二個のウォードの箱を船尾楼甲板にしっかりと固定した。彼の船室もランや他の植物を詰めた籠でいっぱいだったという。その中には *Amherstia nobilis*《アムヘルスティア・ノビリス》（和名ヨウラクボク）もあった。その後、大型汽船で帰国の途についたギブソンは、途中ケー

1840年に完成したスチーム暖房完備のチャッツワースの大温室（19世紀末頃の写真）

プ・タウンとセント・ヘレナに寄港し、同年七月にプリマスに到着した。

プリマス港に到着したランは四輪馬車でチャッツワースに運ばれた。航海の途中で枯死したものもあったが、生き残ったランの損傷を防ぐため道路の一部区間はチャッツワースまで平らにされたという。ランの栽培に使われたチャッツワースの大温室は六つのボイラーを備え、その燃料である石炭はデヴォンシャ公爵の所領にある炭田から運ばれてきた。ともあれ、こうしてチャッツワース庭園はヨーロッパ最大のラン・コレクションをもつことになった。すべてはギブソンのおかげといってもよいほどだった。

●失われたラン

Cypripedium fairrieanum《シプリペディウム・フェイリリアヌム》は、一八五五年にヒマラヤ山中で発見された。リヴァプールの熱心なラン収集家フェアリーは、アッサム地方から持ち込まれた植物のオークションでこれを手に入れた。フェイリリアヌムの種小名は彼にちなむ。入手して三年後に開花し、かなりの注目を集めたものの、まもなく消滅してしまった。その後半世紀にわたり、妖精のように愛らしいといわれたこのランは、愛好家の間では「失われたラン」として知られていた。現在では、それは *Paphiopedilum fairrieanum*《パフィオペディルム・フェイリリアヌム》と同種とされている。ちなみに、パフィオペディルム・フェイリリアヌムはヒマラヤ山脈東部シッキムからアッサム地方、ブータンの南、標高千四百〜二千二百mの高地に自生している。フェアリーは一八五七年、王立園芸協会にこのランを最初に出品した。

◉ダーウィンとラン

ランのなかには蜜を分泌する花になりすまして蜂をおびき寄せるものもあれば、匂いで羽虫を引きつけるものもある。*Ophrys*《オフリス》属のランは雄の蜂（マルハナバチの仲間）に交尾への期待をちらつかせておびき寄せ、花粉を別の花へ運ばせる。オフリスのだましのテクニックには刮目すべきものがある。オフリスは雄の蜂が好むフェロモンを発しているのだ。雄の蜂は雌と勘違いし、オフリスの唇弁に舞い降りて、さかんに交尾をしようとする。だが、相手は雌ではなく、雌の蜂に化けた雌もどきにすぎない。雄の蜂がさかんに身体を動かすと、一瞬にして花粉が蜂の背中に付着する。そして、別のオフリスまで花粉を運んで行く。つまり、雄の蜂は一介の「運び屋」になりさがるのだ。

チャールズ・ダーウィン（一八〇九～八二）が注目したのはマダガスカル島に自生する*Angraecum sesquipedale*《アングレカム・セスクイペダレ》で、このランは花蜜を分泌する器官（距《きょ》）の長さが三十cmもある。ダーウィンは、細長い器官の奥にある蜜を吸うことができる長い口吻をもった蛾がいるはずだという仮説をたてた。そのような蛾の存在はダーウィンが存命中は確認されなかったが、ダーウィンが没して数十年後、口吻の長さが約三十cmある蛾が発見された。こうしてダーウィンの仮設の正しさが証明されたのである。

蜂に似た花をつけるラン
（オフリス・フキフロラ）

蛾のような胡蝶蘭、ファレノプシス・アフロディテ。普通は白色だが、筋が入るものもある。
(エドワーズ『ボタニカル・レジスター』1838 年)

ブルー・オーキッドとして知られるバンダ・コエルレア。ランにまれな青色が子孫に強く遺伝するため、交配に多用される。
（ワーナー『ラン類精選図譜』1862 年）

◉マネの《オランピア》と娼婦のラン

雌の蜂の擬態をして雄の蜂を誘い、色仕掛けで雄を惑わすオフリス属のランは、「娼婦のラン」とも呼ばれるが、意外なことに、娼婦とランの結びつきは十九世紀フランスのマネの絵画にも見てとれる。

題名になっているオランピアは当時の娼婦に多い通り名であったという。事実、ここに描かれているのは、ナポレオン三世（ナポレオン・ボナパルトの甥）による第二帝政（一八五二〜七〇）下のパリの裏社会で活躍した高級娼婦なのである。

第二帝政期といえば、パリの人口が急増し、それに対処するためセーヌ県知事ジョルジュ・オスマンによってパリの大改造がなされた時期として知られる。現在のパリの街並みは、もとをただせばこの大改造の結果であったといっても過言ではない。下水道や緑地の整備がおこなわれ、凱旋門があるシャルル・ド・ゴール広場から放射状に延びる十二本の大通り《ブールヴァール》がつくられたのもこのときだ。チュイルリー宮殿やサロンを中心にパーティが盛んに催され、華やかさを演出した。

その一方で、十九世紀後半のパリでは、娼婦の数も急激に増えた。マロニエの街路樹と側道を備えた斬新な大通り《ブールヴァール》とは別に、猥雑な裏通りも活気に満ちていた。

マネの《オランピア》の寝台に横たわる若い女性は、挑発的な目でこちらを直視し、左手で下腹部を隠してはいるものの、恥じらいは微塵も感じられない。首に黒の紐飾りをつけ、右手首には腕輪、履いたミュールは片方が脱げている。シーツ代わりに敷いた大判ショールにはスペイン刺繍が施されている。これらの小道具は、奔放な性を象徴するに十分だ。

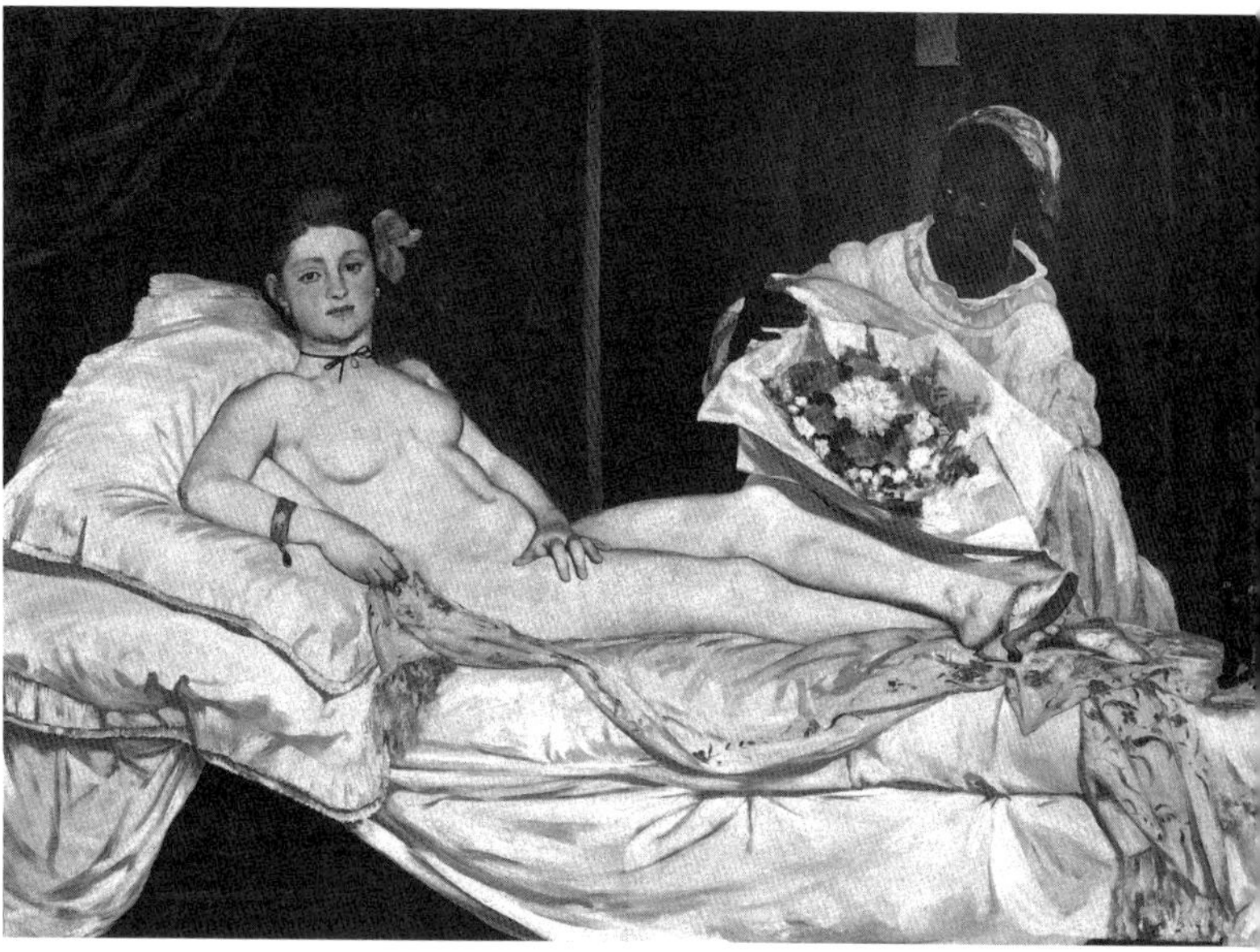

エドゥアール・マネ《オランピア》
1863 年　パリ、オルセー美術館

そして、《オランピア》のモデルが髪につけているのがランの花飾りだ。この作品が制作された一八六〇年代は、まさにラン・ブームがヨーロッパ中を席巻していた。ランは淫乱、騙し上手な花なのだ。《オランピア》のモデルになったのは、ヴィクトリーヌ・ムーランという実在の女性である。マネにとってヴィクトリーヌとの出会いは偶然だった。一八六二年のある日、パリのシテ島の裁判所付近で彼女を見かけたマネは、ひと目で彼女のことが気に入り、モデルになってくれるよう頼んだ。それ以後十二年間、ヴィクトリーヌはマネの作品のモデルをつとめたのである。

娼婦を描いたこの作品は、あまりの大胆さに物議をかもし、社会現象となるほど一大スキャンダルを巻き起こした。当時にあっては、娼婦の裸体はギリシア神話からイメージされるヴィーナスにはほど遠く、そうでなくても厳格な官展《サロン》で、このような「卑猥」な裸婦像は受け入れられるはずもなかった。裸婦はギリシア・ローマ神話に登場する女神を理想化して描かなければならなかった。それが伝統というものだった。

●ヴィーチ商会のランハンター――トマス・ロブ

トマス・ロブ（一八一七〜九四）は十三歳の時からエクセターにあるヴィーチ商会の種苗園で働いていた。同商会の二代目ジェイムズ・ヴィーチ（一七九二〜一八六三）に兄ウィリアムをプラントハンターとして海外に派遣するよう働きかけたのは、ほかならぬトマスであった。兄ウィリアムは南米産のモンキーパズルツリーや北米産のジャイアンツ・レッドウッドをイギリスにもたらしたプラントハンターである。

やがて弟のトマスも兄の影響を受けてプラントハンターになることを決意し、ヴィーチにその意向を伝えた。折しもランをはじめとする熱帯植物が流行し始めていた頃で、絶好のタイミングだった。ヴィーチ商会は非耐寒性の植物の市場拡大と交雑実験を企図していた。ヴィーチがキューの園長ウィリアム・フッカーに相談をもちかけたところ、東インド地域がそれに見合った豊富な植物を提供してくれるだろうということだった。そうしたフッカーの助言もあり、ヴィーチはトマス・ロブをプラントハンターとして東インド地域に派遣することに決めた。

一八四三年一月、三十二歳のトマスはポーツマスを出航し、つごう四年間のプラントハンティングに旅立った。最初の旅では中国への入国がかなわなかったため、シンガポール、マレーシア、マ

ヴィーチ商会が設立した「ロイヤル・エキゾティック・ナーサリー」のカトレヤ温室（ヴィーチ商会による「ラン科植物の手引き書」より）

ラッカ、ペナン、ジャワで植物収集に当たった。マラッカ州の南東端に聳えるグヌン・レダン山（標高一二七六m）の周辺は熱帯雨林に覆われて湿気がひどく、ヒルもたくさん棲息していた。芳しいシャクナゲ（*Rhoddendron jasminiflorum*《ロドデンドロン・ヤスミニフロルム》）の生い茂るジャングルに分け入り、*Coelogyne*《コエロギネ》属の着生ランや黄金の花をつける陸生のラン（*Spathiglottis aurea*《スパティグロッティス・アウレア》）、血のように赤い食虫性の袋葉植物《ピッチャー・プラント》（*Nepenthes sanguinea*《ネペンテス・サングイネア》）、あるいはシダ植物を数多く発見した。

ジャワでは*Vanda tricolor* var. *suavis*《ヴァンダ・トリコロル・スアウィス》、*Bulbophyllum lobbii*《ブルボフィルム・ロビー》、ファレノプシス・アマビリスなどのランや、目もあやなオレンジ色の花をつけるシャクナゲ（*Rhododendron javanicum*《ロドデンドロン・ジャヴァニクム》）などを発見し、ビルマでは着生ラン（*Paphiopedilum villosum*《ファレノプシス・ウィロスム》）を見つけて、イギリスに送った。さらにビルマからは***Rhododendron veitchianum***《ロドデンドロン・ヴィーチアヌム》が持ち込まれたが、このシャクナゲは有用性が高く、後世ロドデンドロン・ヤスミニフロルムとならんで広く交雑に使われた。

トマスは一八四七年に帰国して八年ぶりに兄のウィリアムとの再会を果たし、種苗園で収集品の整理をしながら一年を費やした。

一八四八年のクリスマスにトマスは二回目の旅に出た。この時は向こう三年間の予定でインドに向かった。カルカッタには翌年の三月に到着し、しばらくの間インド北東部でプラントハンティングに従事した。次いでサラワク、フィリッピン、ビルマに赴き、数多くの袋葉植物、ラン、熱帯性シャクナゲを採集した。

フィリピンでは、マニラ近郊で最高級のランを収集した。トマスは一箇所に長く留まることは決し

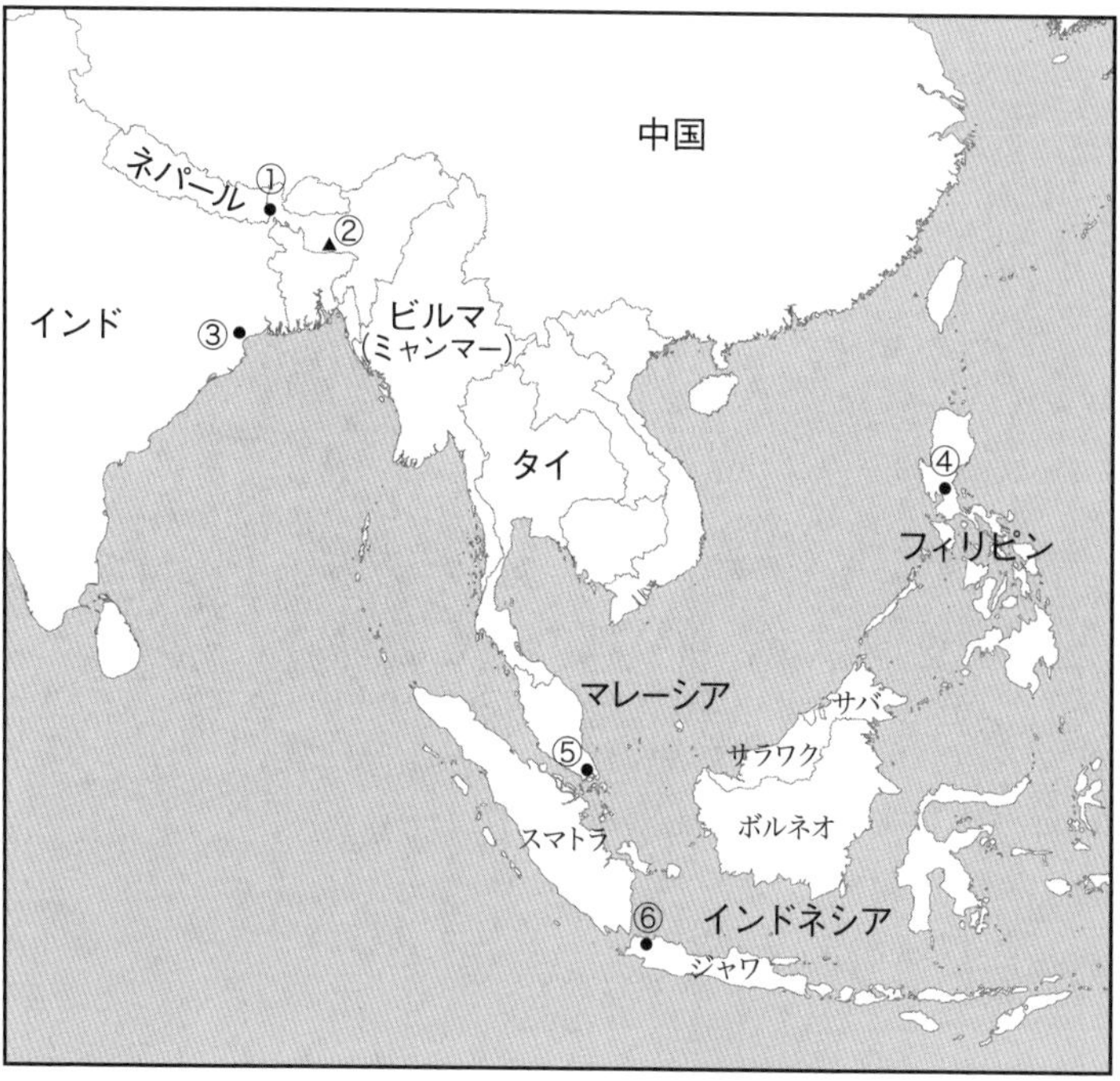

トマス・ロブ
関連地図

① ダージリン
② カーシー丘陵
③ カルカッタ(コルカタ)
④ マニラ
⑤ シンガポール
⑥ バタビア(ジャカルタ)

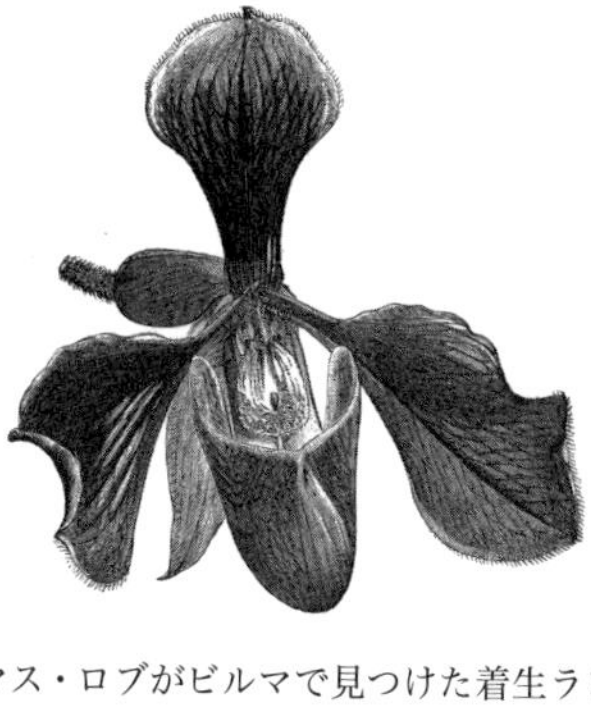

トマス・ロブがビルマで見つけた着生ラン、ファレノプシス・ウィロスム(ケルショーヴ・デ・デンテルヘム『蘭の本』1894年)

てせず、植物を求め、「地図の一方の隅からもう一方の隅まで、蚤のように敏捷にぴょんぴょん跳ねてまわった。」（アリス・コーツ）といわれている。この疲れ知らずのプラントハンターは、険しい山を駆け上がり、いくつもの川を渡り、ヒルがはびこる鬱蒼としたジャングルに飛び込んでいった。

　トマスは何種類ものシャクナゲをイギリスにもたらした。たとえば、ジャワの密林で発見されたロドデンドロン・ジャヴァニクム、ボルネオ北西部のサラワクで見つけた *Rhododendron brookeanum*《ロドデンドロン・ブルッケアヌム》、マラッカのグヌン・レダン山中で発見されたロドデンドロン・ヤスミニフロルムなどがそうである。ヴィーチ商会では、それらのシャクナゲをもとに約三十種の交配品種を生み出し、温室用シャクナゲの一大ブームを巻き起こした。このブームは第一次世界大戦の前まで続いたのである。トマス・ロブはツボウツボカズラ（*Nepenthes ampullaria*《ネペンテス・サンプラリア》）や同じウツボカズラ科で口の周りに白い帯が入った *N. albomarginata*《ネペンテス・アルボマルギナタ》 など珍種の袋葉植物《ピッチャー・プラント》をイギリスに最初にもたらしたプラントハンターでもあった。

　だが、トマスが持ち込んだ植物で最も注目すべきものは、第二回目の旅で訪れたインド北東部アッサム地方のカーシー丘陵で発見したランであった。一般に「青いラン《ブルー・オーキッド》」として知られている *Vanda coerulea*《ヴァンダ・コエルレア》 である。属名ヴァンダはサンスクリット語の vandaka（まとわりつく）から来ている。ヴァンダ属は東南アジアを中心に六十種ほど分布する着生種で、熱帯雨林で他の生物に付着し、生育する。種小名のコエルレアはラテン語で「青色の」という意味である。この着生ランは一八三七年に医師で博物学者のウィリアム・グリフィス（一八一〇〜四五）によって発見されていたが、生きたままでイギリスに持ち込んだのはトマス・ロブが最初であった。

この「青いラン」は一八五〇年十二月にイギリスで初めて上品で華やかなライラックブルーの花を咲かせた。実のところ、「青いラン」の多くがインドからイギリスに搬送される途中で枯死したのだが、長旅を生き抜いたものはイギリスで三百ポンドもの値がついた。その後、ヴィーチ商会はエクセターで苗木一本当たり最高十ポンドの値段で売り出し、店も繁盛した。

ちなみに、三百ポンドといえば、ヴィクトリア朝の中流階級の平均的な年収に相当する。この程度の年収があれば、召使を二名くらい雇い、週末にはホームパーティを開くこともできた。また、休日ともなれば、鉄道を利用してブライトンやスカバラといった海辺のリゾート地に出かけ、家族で余暇を楽しむこともできた。上流階級の場合、貴族の年間土地収入は一万ポンドをゆうに上回り、爵位を持たない大地主《ジェントリー》で平均三千ポンド、最低でも一千ポンドの土地収入があったといわれている。これに対して、下層階級の労働者の年収は五十ポンド前後であった。したがって、インドから持ち込まれた青いランを手にすることができたのは、おそらく貴族に限られたといってよいだろう。上流階級でも大富豪と呼べるような貴族、たとえばデヴォンシャ公爵は一八八〇年の年間所得が十八万一千ポンドもあったのだから、桁がちがうのである。

トマスはまた、ヒマラヤ山脈東部の標高千五百m付近でファレノプシス属のラン（胡蝶蘭）を発見した。こちらは「蛾のラン《モス・オーキッド》」である。その他、キューの園長フッカーにちなんで名付けられたオトギリソウ属の *Hypericum hookerianum*《ヒペリクム・フッケリアヌム》 やメギの一種 *Berberis hookerii*《ベルベリス・フッケリー》、さらには大きな緑白色の花をつけるヒマラヤ原産のヒマラヤウバユリ（*Cardiocrinum giganteum*《カルディオクリヌム・ギガンテウム》）といった耐寒性の植物もトマスによってもたらされた。帰路立ち寄ったインドのニルギリ丘陵でも多くのランを発見し、一八五三年に故郷のコーンウォールに戻った。

一八五四年八月、トマスは再びジャワに戻った。この時は西ジャワ州のバイテンゾルフ（現ボゴール）にあったオランダ東インド会社の植物園から日本の植物を入手した。その中には二種のスギ（*Cryptomeria japonica*《クリプトメリア・ヤポニカ》 ‘Lobbii’《ロビー》、*Cryptomeria japonica*《クリプトメリア・ヤポニカ》 ‘Elegans’《エレガンス》）、ニホンカサマツ（*Sciadopitys verticillata*《スキアドピティス・ヴェルティキラッタ》）も含まれていた。これらの日本に自生する針葉樹の入手については、トマスが出発する前にヴィーチがオランダ東インド会社と取引交渉をおこなっていたのである。

一八五八年、トマスにとっては最後となるプラントハンティングの旅に出た。行く先はボルネオ北部、ビルマ、スマトラ、そしてフィリピンであった。このときは窓辺の棚やウォードの装飾的なガラス箱で観賞する観葉植物の収集が目的だった。ボルネオでは、サトイモ科のナガバクワズイモ（*Alocasia lowii* var. *veitchii*《アロカシア・ロウィー・ヴィーチー》）、数種類のシノブ属のシダ（*Davillia*《ダヴィリア》）を、ビルマでは蔓性のシダ（*Lygodium polystachyum*《リゴディウム・ポリスタキウム》）やイノモトソウ属の銀の斑入りのシダ（*Pteris argyraea*《プテリス・アルギラエア》）を発見し、最初にイギリスに持ち込んだ。

トマスのインドならびに東南アジアにおけるプラントハンティングは大成功を収め、それによってヴィーチ商会の評判も高まった。週刊の園芸新聞『ガードナーズ・クロニクル』は一八八一年五月号で、イギリスの庭は誰よりもトマス・ロブがもたらしたインドとマラヤ原産の美しい植物で豊かになったと称賛している。

ヒマラヤへシャクナゲを求めて

ヒマラヤ山脈は世界的に有名なシャクナゲの自生地だが、ひとくちにヒマラヤ山脈といっても、その長さは東西二千km以上に及び、東と西では気候も大きく異なる。シャクナゲの生育に適しているのは東部のネパール、ブータン、それにインドのアッサム地方で、雨がよく降るところだ。ここからさらにビルマ（現ミャンマー）北部、中国の雲南省・四川省、そしてチベット東南部がシャクナゲの宝庫といわれている。中国ではシャクナゲのことを杜鵑花《トウチエンホウ》というが、これは杜鵑《ほととぎす》が鳴く頃にシャクナゲが満開になるためである。

ヒマラヤ山脈の周辺には非常に多くの種が分布しているが、なかでも *Rhododendron arboreum*《ロドデンドロン・アルボレウム》は、「血のように紅い《ブラッドレッド》」と形容される真紅な花をつけ、その美しさと大きさからネパールの人びとに愛されている。長さ五cmもある鐘形の花が一花序に二十ほど集まって豊満な花房を作っているさまは、豪華としか言いようがない。種小名のアルボレウムは「樹木」を意味し、その名の通り原生林の中では樹高二十〜三十mの高木になる。材は火もちが良いため、ネパールでは薪として利用されている。ネパールのヒマラヤ中部に聳えるアンナプルナ山麓のブーンヒルの丘では毎年春にこのシャクナゲの絶景を楽しむことができる。ちなみに、ロドデンドロン・アルボレウムはネパールの国花になっている。

ヒマラヤの巨峰を彩るロドデンドロン・アルボレウムは早くも一七九六年にヒマラヤ西部から導入され、シャクナゲの園芸化に大きな影響を及ぼした。一八二五年にはネパールで*R. campanilatum*《ロドデンドロン・カンパニラツム》が、一八二九年にはアッサムで*R. barbatum*《ロドデンドロン・バルバツム》がそれぞれ発見され、インドやネパールのシャクナゲへの関心を喚起した。

◉ジョゼフ・ダルトン・フッカーのヒマラヤ探検

一八四八年から翌四九年にかけて、ジョゼフ・ダルトン・フッカー（一八一七〜一九一一）はシッキムでプラントハンティングをおこなうが、ヨーロッパ人でこの地を訪れた者はそれまでほとんどいなかった。キュー植物園の初代園長ウィリアム・ジャクソン・フッカー卿の息子で、すぐれた植物学者であるジョゼフは、二十二歳の若さでジェームズ・クラーク・ロスの南極探検に加わり、南極圏の植物採集をおこなうなど、生来の探検家でもあった。

シッキムはインド北部の州で、かつてチベット仏教を国教とするシッキム王国が存在していた。一八九〇年にイギリスの保護領となり、一九七五年にインドに併合されて消滅した。紅茶の産地として有名なダージリンは西ベンガル州に属し、イギリス植民地時代、避暑地として人気が高かった。ダージリンも、もとはといえばシッキム王国の領土の一部で、一八三五年にイギリス東インド会社に割譲されたのである。その後、一八七九年に避暑客の移動と茶葉の輸送のために鉄道が敷設された。

ヒマラヤの名峰カンチェンジュンガ（標高八千五百八十六m）は、チベット語で「偉大なる雪の五宝庫」

を意味し、漢字では「五大宝蔵」と表記される。その主峰はエベレスト、K２に次ぐ世界第三の高峰である。シッキムのシンボルとなっているカンチェンジュンガは十九世紀当時、世界最高峰といわれていた。

一八四七年十一月十一日、フッカーは三年に及ぶヒマラヤ探検のためにイギリスを出発した。翌年一月十二日、カルカッタに到着、ダージリンには四月十六日に到着した。十月二十七日にネパール東部をめざして出発し、カンチュンジュンガを越えて旅をした。ポーターを含め総勢五十六名の大所帯だった。一行はタンブル川を北上し、その川の西と東の分岐点まで遡り、ワランチューン峠とヤンマ峠まで赴いた。ワランチューンには十一月二十三日に到着した。

一八四九年四月、フッカーはより一層長いシッキム探検に出かけた。北西に進路をとり、ラーチェン峡谷を遡り、コングラ・ラマ峠、さらにラチューン峠まで足を運んだ。十月五日、フッカーはチューンタムで、ダージリンの初代監督官アーチボルド・キャンベルと落ち合い、一緒にコングラ・ラマ峠まで行き、ボムツォ山に登った。キャンベルと訪れた東部シッキムのチョラ峠では多くのシャクナゲを見つけ、そのうち二十四種類のシャクナゲの種子を収集した。

この旅ではシッキムの藩王に逮捕され、一時期収監されるというアクシデントもあったが、幸いなことに、後日二人とも釈放され、無事ダージリンに戻った。その後、フッカーは再度シッキムへの旅を計画し、旅行許可証を受け取った。このときは、大ランギート川を探検し、ネパール国境にあるトンロ山まで出かけた。そして一八四九年十一月七日にドンキア山の頂に到着した。

ヒマラヤ探検の最終目的地はアッサム地方のカーシー丘陵であった。一八五〇年五月一日ダージリンを出発し、途中から像に乗ってカーシー丘陵まで赴いた。研究拠点をチュルラに置き、十二月九日までそこに滞在し、帰国の途についた。

フッカーがシッキムで見つけた最も美しいシャクナゲのひとつは *Rhododendron argenteum*《ロドデンドロン・アルゲンテウム》であった。このシャクナゲは高さが十五mにも達する高木で、光沢ある濃い緑色の群葉をつける。花はアイボリー・ホワイトで密生しており、美しさの点でこれに勝るものを知らないとフッカーは絶賛している。彼はこのシャクナゲをダージリンの南東数キロのところにあるシンチャル山頂で見つけた。ヒマラヤで最も多く分布しているシャクナゲがこれである。

シンチャル山頂付近では *R. dalhousiae*《ロドデンドロン・ダルハウジアエ》も見つけた。このシャクナゲはレモンの香りのする白い筒状鐘形の花を五つ前後つける。その付近ではキャンベルのモクレン（*Magnolia cambellii*《マグノリア・キャンベリー》）も見つけた。

ダージリンのほぼ真西に標高三千七十二mのトンロ山がある。ダージリンから直線距離だと十九㎞、実際に道を歩くとゆうに五十㎞はある。この山に登る道すがら、フッカーはグレイト・ランギート川峡谷で *R. falconeri*《ロドデンドロン・ファルコネリ》を見つけた。このシャクナゲは乳黄色のきれいな花をつける。

ティースタ川が分岐するチューンタム村はヒマラヤの内奥にある。そこでフッカーは十種類のシャクナゲを発見した。その中には非常に美しい *R. griffithianum*《ロドデンドロン・グリフィチヌム》があった。これはのちの交配を考えると最も重要なシャクナゲである。また芳しい香りを放つ *R. edgeworthii*《ロドデンドロン・エッジワーシー》もあった。その後、ゼム・サムドンに三日間滞在し、美しい新種植物を数多く採集した。たとえば、*R. niveum*《ロドデンドロン・ニヴェウム》や赤い筒状

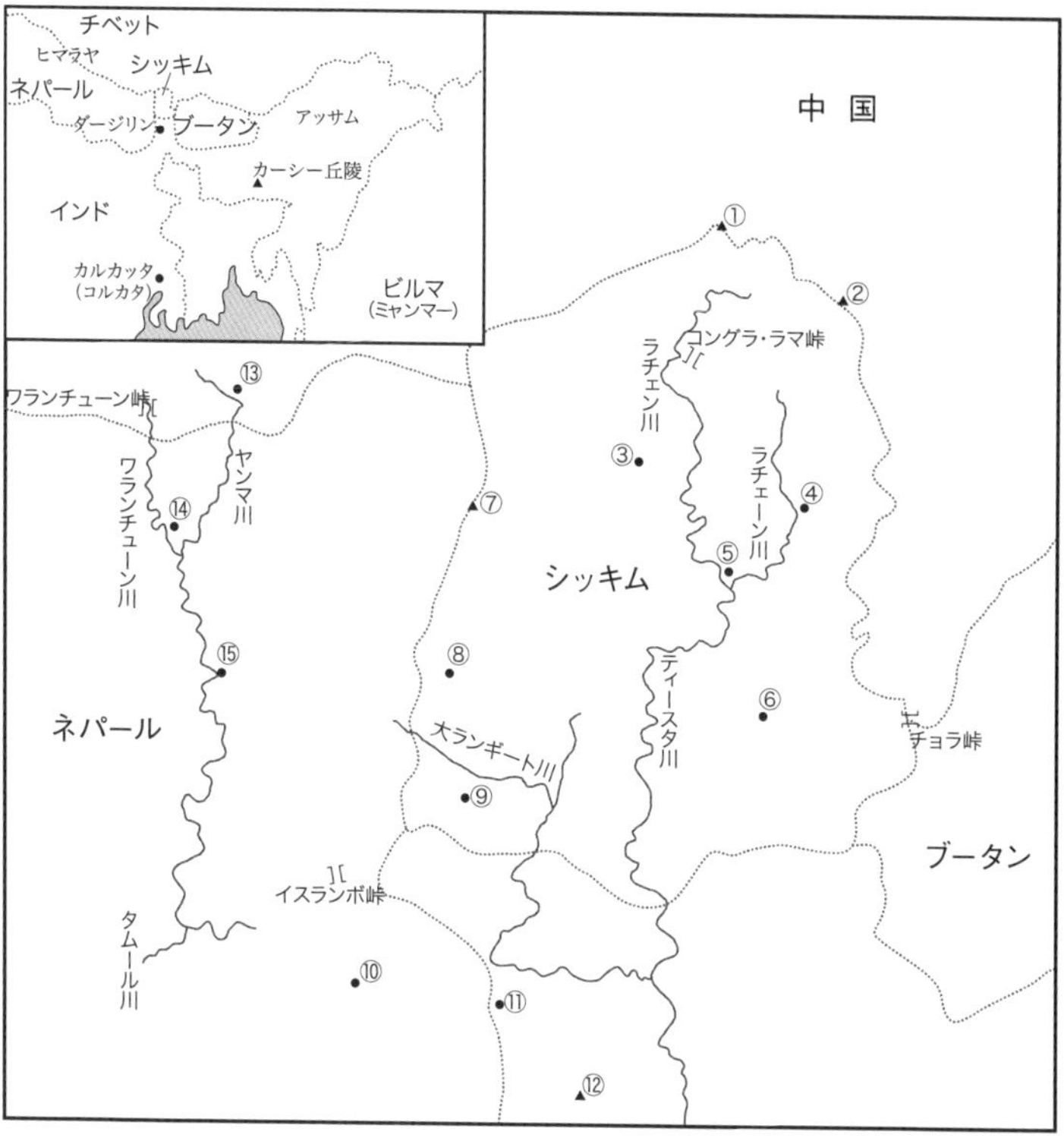

ジョゼフ・ダルトン・フッカー
関連地図

① ボムツォ山
② ドンキア山
③ ゼム・サムドン
④ ラチューン
⑤ チューンタム
⑥ トゥム・ルーン
⑦ カンチェンジュンガ
⑧ ジョングリ
⑨ チャンガ・チェリン
⑩ トンロ
⑪ ダージリン
⑫ シンチャル山
⑬ ヤンマ
⑭ ワランチューン
⑮ タプティアトク

標高4000mの根雪が残るスロノク谷にシャクナゲが咲いていた。遠くにカンチェンジュンガの峰がそびえている（フッカーによる『ヒマラヤン・ジャーナル』第2巻〔1854年〕より）

鐘状の花をつける *R. cinnabarium*《ロドデンドロン・キンナバリヌム》 のほか、サクラソウも見つけた。黄色い花をかんざし形につける *Primula sikkimensis*《プリムラ・シッキメンシス》 は湿地や水辺に生えている。全体に白粉を帯び、藤色の花をつける *P. capitata*《プリムラ・カピタタ》 も発見した。

フッカーは名著『シッキム・ヒマラヤのシャクナゲ』（一八四九〜五一）をはじめ、ヒマラヤの植物研究の成果を公刊するが、『英領インド植物誌』（全七巻、一八七二〜九七）はその集大成である。

◉フッカーの命名したシャクナゲ

フッカーには探検旅行の行く先々で協力してくれた人たちの名前を植物の学名にするという、温情あふれる習慣があった。そのうち代表的なシャクナゲの学名になっている人物の経歴、事跡、フッカーとの関係についてまとめておこう。

【ロドデンドロン・ホジソニー】 *Rhododendron hodgsonii*

ロドデンドロン・ホジソニーは、ブライアン・ホートン・ホジソン（一八〇一〜九四）にちなみ、植物学者のジョゼフ・ダルトン・フッカーとトマス・トムソンによって命名された。フッカーもトムソンもともにホジソンの厚意によりヒマラヤで植物研究に従事することができたのである。

フッカーは一八四八年四月十六日にシッキムのダージリンに到着するが、そこで外交官のホジソンと出会う。ホジソンはフッカーに自宅を探検の拠点として使用するよう提供し、フッカーは数ヶ月間ホジソンの家に寄宿していた。ホジソンはフッカーがシッキムに滞在していた二年間、多大な便宜をはかってくれた恩人の一人だった。

ホジソンは一八〇一年にイングランド西部のチェシャに生まれ、十六歳で東インド会社スタッフの養成所であるヘンリーベリー・カレッジ（一八〇六創設）に進学した。彼は語学、なかでもベンガル語に類まれな才能を発揮し、カレッジを最優等で卒業した。卒業後、一八一八年に東インド会社に入社し、すぐさまインドに渡ってカルカッタにあるフォート・ウィリアム・カレッジで現地の言語と法制度を中心とした研修を受けた。フォート・ウィリアム・カレッジは東インド会社の新人研修機関で、ここに派遣される新人はいわばエリート社員の途が拓ける可能性が高かった。

カルカッタで研修期間を終えたホジソンは、北インドのクマオン地方の副長官に任じられた。クマオンはヒマラヤ山麓の丘陵地帯で、イギリスがネパールとの戦争（一八一四〜一六）で新たに加えた領土だった。ホジソンは上官であるクマオン長官トレイルとともにネパールとの国境を画定すべく、地形調査、植生調査、地質調査、住民調査に従事した。

一八三三年から十年間にわたり駐在官としてネパールに滞在した。初代ネパール駐在公使はガードナーであったが、外交上要衝の地にあるネパールの政治に深く関わったのはホジソンが最初であった。植民地官僚というと、とかく高圧的な為政者のイメージがつきまとうが、ホジソンは上官のトレイル同様、少なくとも現地の人びとには親しみをもって接した。

ホジソンは単調な辺境生活の中で、ヒマラヤの動植物、地質学、民俗学の研究に生きがいを見出すようになる。もともと言語学に秀でていた彼は、サンスクリット語や仏教経典の収集も精力的におこなった。彼が収集した文献資料や動植物標本の多くは大英博物館に寄贈された。ホジソンの仏教研究は高く評価され、フランス政府からレジオン・ドヌール勲章を授与されたほどだった。アマチュア動物学者でもあったホジソンはインド人の画家を三人も雇い、さまざまな絵を描かせていた。

一八四四年インド勤務を終えて退官、イギリスに帰国するものの、翌年再びインドに戻ってくる。このときはネパール研究の集大成を目指していたが、長年ネパールに関係していたホジソンが私人としてネパールに入ることをインド政庁は認めなかった。ホジソンは仕方なくネパール入国を断念し、イギリス領内のダージリンに滞在することにした。そこを拠点にネパール東部に接するヒマラヤ山麓で野外調査をおこない、ヒマラヤの地理や地形、民族、宗教、動物などに関する論文を多数発表した。

一八四五年、ホジソンはノーサンバーランド、ダラム、ニューカスル・アポン・タインの博物学協会に二百五十九枚の鳥皮を贈呈した。一八五八年、老いた両親の介護のために帰国を余儀なくされ、その後二度とインドに戻ることはなかった。ホジソンは東インド会社がインド貿易の独占権を失い(一八三三)、貿易から統治へとその目的を大きく転換させた過渡期にインドで勤務していた。彼はダージリンに居を構え、三十年間インド北部の人びとに関する研究をおこなった。一八四五年、ダージリンに隠遁したのち、再び博物学に関心を寄せた。ジョゼフ・フッカーの訪問を受けたのは一八四八年の夏で、その時の様子をホジソンは妹ファニーに宛てた手紙の中で次のように書いている。

「私とフッカー博士は世界最高峰のカンチェンジュンガについてもっと知りたいと思っている。博

ネパールのマナスル山に自生する真紅のシャクナゲ

ロドデンドロン・ダルハウジアエ（ジョゼフ・ダルトン・フッカー『シッキム・ヒマラヤのシャクナゲ』1849年）

上：ロドデンドロン・アルゲンテウム
下左：ロドデンドロン・エッジワーシー
（ジョゼフ・ダルトン・フッカー『シッキム・ヒマラヤのシャクナゲ』1849 年）
＊
下右：ロドデンドロン・アルボレウム
（ウィリアム・ジャクソン・フッカー『外国産植物誌』1827 年）

士は私よりも年若だが、博識である。ロスといっしょに南極探検をおこない、フンボルト博士の友人でもあり、彼と書簡のやり取りをおこなっている。ダージリンの植生はネパールやヒマラヤ山脈西部よりもはるかに熱帯系と北方系が入り混じっていて、実にすばらしい。ここにはヤシ、木生シダ、ソテツ、野生のバナナがあるが、西方地域にはあってもごくわずかで、まったくないといっても過言ではない。また、ダージリンは西の方よりも隠花植物がずっと豊富で、とくに菌類が多い。老木はどれも菌類や地衣類で覆われ、ランや着生植物が甘い香りを放っている。フッカー博士は新種のシャクナゲを十種入手したが、そのうちのひとつは着生植物である。また、五種のヤシ、三種の野生バナナ、三種の木生シダ、二種の菌類も入手した。」

ホジソンはフッカーの親友となり、若いフッカーに本を貸し与え、待ち構えているヒマラヤ探険についての助言も与えた。フッカーにとってホジソンは良き指導者でもあった。

【ロドデンドロン・トムソニー】 *Rododendron thomsonii*

一八五〇年にフッカーはワランチューン峡谷で深紅の美しい鐘形花のシャクナゲを見つけた。彼はグラスゴー大学時代の学友トマス・トムスン(一八一七〜七八)から名前をとって、これにロドデンドロン・トムソニーと命名した。

トマス・トムスンはグラスゴー生まれの植物学者で、グラスゴー大学で医学を修めたが、その時フッカーと知り合ったのである。トマスの父親はグラスゴー大学の化学教授であった。大学卒業後、一八三九年にイギリス東インド会社に入り、ベンガル軍付き外科医助手に任命された。彼はフッカーに同行してカーシー丘陵、アッサム、東ベンガルでプラントハンティングをおこなった。

一八三九～四二年にはアフガニスタン戦争に従軍した経験をもつ。のちに植物学者となり、東インド会社付属のカルカッタ植物園の名誉園長に就任した。一八五五年、王立協会フェローとなる。トマスはまた旧友フッカーの著書『インドの植物相（Flora Indica）』第一巻の執筆を手伝った。

【ロドデンドロン・グリフィシアヌム】 *Rhododendron griffithianum*

このシャクナゲは大きな葉と白い広鐘形の大輪花で、フッカーによりチューンタム村で発見された。ウィリアム・グリフィス(一八一〇～四五)は、ロンドンのユニヴァーシティ・カレッジで植物学者ジョン・リンドリーの下で植物学を学んだ。一八三二年に東インド会社に入社し、外科医助手としてインドに渡る。インド着任後は、シッキム、ブータン、ヒマラヤ、そしてアフガニスタンで植物採集にも従事し、一八四二～四四年にかけてカルカッタ植物園園長も務めた。グリフィスは一八三五年、ウォーリッチ博士とアッサム茶の調査に赴き、一八三七年には大使付き外科医の資格でブータンに入国し、プラントハンティングにも従事した。その後、マラッカに外科医として渡った。

インドには十三年間滞在していたが、その間に約九千種類の植物を収集したといわれる。これほどまでに多くの植物を集め、広範囲に探険した植物学者はいなかった。先人たちや彼と同時代の植物学者は有能で一意専心の者が多かったが、グリフィスは天才肌の男だった。彼は花をつける植物の研究に限定せず、植物形態学の研究もおこなった。彼はまた隠花植物学者でもあり、コケ類やシダ類についても顕微鏡を用いて研究に取り組んだ。グリフィスは行く先々で風景をスケッチし、見聞したことについて詳細なメモをとった。それは植物学に限らず、動物学、自然地理学、地質学、気象学、考古学、そして各国の農業にまで及んだ。

外科医、植物学者、博物学者として活躍したグリフィスは、一八四五年マラッカでマラリアにかかり他界した。まだ三十五歳という若さだった。

【ロドデンドロン・オークランディー】 *Rhododendron aucklandii*

現在は前述のロドデンドロン・グリフィシアヌムと同種とされているこのシャクナゲは、かつてはロドデンドロン・オークランディーと呼ばれていた。これはフッカーのパトロンであったオークランド卿にちなんで名づけられた。

初代オークランド伯爵ジョージ・イーデン（一七八四〜一八四九）は、イートン・カレッジを経てオックスフォード大学に入学、卒業後はリンカーンズ法学院で学び、法廷弁護士の資格を取得した。政界入りしてからは商務大臣、王立造幣局長、初代海軍大臣を歴任した。ウィリアム・ホブソンは海軍大臣オークランドの指示で東インド諸島を航海したが、のちに初代ニュージーランド総督となった。そのとき海軍大臣オークランドにちなみ、ニュージーランドの首都をオークランドと命名したのである。

オークランド卿は一八三五〜四二年までインド総督を務めた。内政面では灌漑事情を発展させたほか、北インドが大飢饉に見舞われたときには大規模な飢饉対策を講じた。それはイギリスがインドでおこなった最初の本格的な飢饉対策であったといわれている。外交面では不用意にアフガニスタンに兵を入れて惨敗を喫し、イギリスの威信を著しく傷つけたことから、最低の総督の烙印を押されている。インド総督の仕事は激務で、オークランドもご多分にもれず、インドで健康を害した。帰国後、狩猟中に発作におそわれ、一八四九年の元旦に六十五歳で死去した。

フッカーのヒマラヤ、シッキム調査・探検旅行は政府派遣という形をとり、大蔵省が二年間にわたり、年四百ポンドを提供した。その際尽力したのが、当時の海軍大臣オークランドと森林局長官を務めていたカーライル伯爵だった。オークランド卿はカルカッタ植物園の園長ファルコナー博士ともども、ヒマラヤ山中で探検するのに最もふさわしい地域として、フッカーにシッキムを勧めた人物でもある。

【ロドデンドロン・ダルハウジアエ】 *Rhododendron dalhousiae*

フッカーがダージリン付近の山岳地帯、シンチャル山頂付近で見つけたシャクナゲで、インド総督を務めたダルフージ卿の夫人にちなんで名づけられた。三〜六つの白い筒状鐘形の花をつけ、レモンの香りがするこの「ダルフージ夫人のシャクナゲ」は、一八五〇年にイギリスに持ち込まれた。シャクナゲの中では最も高貴なものといわれる。

第十代ダルフージ伯爵、初代ダルフージ侯爵ジェイムズ・アンドルー・ブラウン＝ラムゼイ（一八一二

〜六〇）は、一八四八年から五六年までインド総督を務めたイギリスの政治家で、インドに向かう船でフッカーと一緒になった。インド北部ヒマーチャル・プラデーシュ州のチャンバ地区にあるダルフージは、彼にちなんで名づけられた町である。もともとこの町はインド駐在のイギリス人官吏・兵士たちの避暑地としてつくられたが、ダルフージ伯爵も夏の間ここに滞在していた。

ダルフージ伯爵はスコットランド貴族の家柄で、総督就任時は若干三十五歳だった。閣僚歴は商務長官だけであったが、保守党ホイッグのジョン・ラッセル首相にその精力的な仕事ぶりと能力が買われ、総督に抜擢された。インド総督としては最年少だった。

インド総督としてダルフージがおこなった業績は二つあった。第一に、藩王国や近隣諸国領土を併合し、インド帝国の領土を拡張した。在任八年の間に、パンジャブ、下ビルマ、シッキムの一部などを併合し、前任者ハーディングから引き継いだときよりも三十%以上領土を拡張したといわれている。第二に、鉄道、電信、郵便制度を導入したほか、道路、港湾、橋、灌漑などインフラストラクチュアの整備・拡充に努めたことが挙げられる。ダルフージ自らの発案で敷設した電信は六千四百三十七㎞余りに及んだ。イギリス本国で商務長官として鉄道敷設計画の策定に携わった経験を活かし、インドにおいても鉄道を敷設した。また、全国均一の郵便制度を導入したのもダルフージであった。

その他、カルカッタ、ボンベイ（現ムンバイ）、マドラスにイギリス式の大学を創設する準備をおこなった。このような活動を通じて、インドの社会的および経済的基盤を築いたところから、ダルフージは「近代インドの建設者」と呼ばれる。実際、彼の総督時代はインドの新時代を画するものであった。

しかしながら、過労のため健康を害し、四十九歳の若さで亡くなった。帰国後一年余りでインドの植民地支配に対する民族的な抵抗運動であるインド大反乱（一八五七〜五八）が起ったこともあって、心労が重なり、それが死期を早めたともいわれている。

【ロドデンドロン・ファルコネリ】 *Rhododendron falconeri*

一八四八年五月下旬、フッカーはトンロ山に登る途中、グレイト・ランギート川の渓谷でロドデンドロン・ファルコネリを発見した。くすんだ黄赤のシナモン色の樹皮にきれいな乳黄色の花をたくさんつけたシャクナゲを目にしたフッカーは、思わず足を止めたにちがいない。

ヒュー・ファルコナー（一八〇八〜六五）は地質学者、古生物学者、植物学者で、ジョゼフ・フッカーの友人であった。フッカーの探険旅行の場所としてヒマラヤ北東部のシッキムを最初に勧めたのはファルコナーだった。上述した初代海軍大臣のオークランド卿も同意見であった。シッキムは当時にあっては旅行者にとっても博物学者にとっても未踏の地であった。

ファルコナーはスコットランドのフォレスに生まれ、アバディーン大学で博物学を学んだのち、エディンバラ大学で医学を修めた。特に植物学や地質学を熱心に学んだといわれ、地質学はチャールズ・ダーウィンの師ロバート・ジェイムソンから学んだ。一八三〇年東インド会社に入社し、インドのベンガル州で外科医師補として働く。一八三二年にはサハーランプル植物園の園長に就任し、十年間その職にあった。この間、シワリク山地(現ネパール)で哺乳類の化石を採集し、古生物研究にも従事した。

一八三四年にはシワリク山地の地質に関する研究を公にし、プロビー・コートレー（一八〇二～七二）と共にロンドン地質学会から毎年優れた業績をあげた地質学者に与えられるウォラストン・メダルを受賞した。コートレーはイギリスの古生物学者であると同時に土木技術者でもあり、インドのガンジス運河の建設に携わった人物として知られる。また同年、ファルコナーはベンガルの委員会からインドにおける茶の栽培に関する調査を依頼され、調査を実施した。その結果、商業的に採算がとれることが判明し、一八三六年からファルコナーの手によって茶の産業開発が進められたのである。

一八四七年、ファルコナーはカルカッタ植物園の園長に任じられ、カルカッタ医学校の植物学教授も務めた。その間、テナセリウム（ミャンマー最南部、現タニンダーリ地域）のチークの森に関する調査をおこない、チークの乱伐を未然に防止した。彼はインド政庁及びベンガル農業・園芸協会（事実上、植民地インドの農務省）のアドバイザーも務めていた。

キナノキ（シンコナ）がインドに持ち込まれたのもファルコナーの勧めによるものだった。十九世紀のインドでは、駐留していたイギリス兵や入植者の間にマラリアが流行し、大きな問題になっていた。茶園労働者も例外ではなく、その多くがマラリアで命を落とした。一説によると、十九世紀半ばの英領インドでは年間二百万人もの人びとがマラリアで亡くなったといわれている。治療費削減のためもあって、インド政庁はキナノキのインドへの移植・栽培を計画した。マラリアの特効薬キニーネは、キナノキの樹皮から抽出される。樹皮を乾燥させ、それを粉末にして薬品にしたのである。キナノキには多くの種類があるが、著しい薬効成分を含有しているものは、南米アンデス山脈の奥地（現在のペルーやコロンビア）に自生していた。植民地インドで猛威をふるっていたマラリアに手を焼いていたイギリスにとって、キナノキの獲得は死活問題であった。

「ミルクのような樹液をもっている」と噂されていたキナノキの採集を委ねられたのは、インド政庁の事務官クレメンツ・マーカム（一八三〇～一九一六）であった。彼は、南米ペルーでインカ文明の調査・研究に従事した経験をもち、スペイン語以外に現地の言葉にも精通していた。一八五九年、マーカムはみずから志願し、キナノキ探検隊を組織した。キューの園長フッカーは、協力者としてリチャード・スプルース（一八一七～一八九三）を推薦した。スプルースはヨークシャ生まれの植物学者で、一八四九年よりアマゾン流域やアンデス山中に入り込み植物の調査に携わっていた。インド政庁が派遣した探検隊はペルーからボリビアに入り、自生のキナノキと種子を採取した。それらは十五個のウォードの箱に植えつけられ、リマとパナマを経由して最終目的地であるインドのマドラスに運ばれた。六百三十七本の苗木のうち四百六十三本が生き残ったという。

インドでは、一八六〇年に南部のニルギリ丘陵に最初のキナノキ農園が開園し、本格的な栽培が開始した。最初の三年間で二十五万本のキナノキが植えられたといわれている。ほどなくして、樹皮を加工するキニーネ製造工場も建設され、その製品（粉末状の薬品）はロンドンに送られて競売に付された。インド国内では一八八〇年代にキニーネの自給が可能になった。

◉ヴィクトリア朝のシャクナゲ

ジョゼフ・フッカーが導入したシャクナゲは低木から高木、花形は鐘形、漏斗形など変化に富み、色も白、黄、紫、ピンク、紅と多彩で、イギリスにシャクナゲブームを巻き起こした。ヴィクトリア朝とその後に続くエドワード朝の時代には、イギリスの庭園や大所有地、さらにはアメリカでもシャクナゲの森や高山植物を主体としたアルペンガーデンがつくられるようになる。シャクナゲは庭園史の一ページを飾るにふさわしい植物なのだ。

シャクナゲは、ことに十九世紀末のイギリスでは、ランとならんで大流行した花だった。英国庭園史家チャールズ・クエスト＝リトスンによれば、当時のイギリスでは、シャクナゲは社会的品格《ソーシャル・リスペクタビリティ》の表象となったという。このrespectability《リスペクタビリティ》という言葉が難物で、日本語の適訳がないため、そのままカタカナ表記されることが多い。本来の語義は「敬意を払われるに値すること」であるが、同時に他人の目に自分がいかに映るかという含意もあった。したがって、リスペクタビリティは人目につきやすい物質的側面からも規定されたのである。かくして上流階級の衒示的消費《コンスピキュアス・コンサムプション》も、リスペクタビリティの名で正当化されたという次第である。

そのリスペクタビリティがシャクナゲというまさに東洋趣味《オリエンタリズム》を彷彿とさせる花と結びつけられているところが、いかにもヴィクトリア朝らしい。当時、新興成金が田舎に土地を購入して邸宅をかまえる際には、その土壌がシャクナゲの栽培に適しているかどうか、前もって確かめるのが常であったという。リスペクタブルな家づくりはシャクナゲから、というわけである。

ロスチャイルド家といえば、いわずと知れた金融大財閥である。ロンドン・ロスチャイルド家の一族アルフレッド・ド・ロスチャイルド（一八四二〜一九一八）の庭で働いていたというある庭師が往時をふりかえり、次のように述懐している。一九〇三年、すなわち日英同盟が締結される前年の話である。

「あるときこんな話を聞いた。金持ちは敷き詰め花壇用植物《ベッディング・プラント》の目録の多さで自分の富を誇示するのだという。すなわち、郷士《スクワイア》は一万本、準男爵《バロネット》は二万本、伯爵《アール》は三万本、公爵《デューク》は五万本の植物をもっているというのだ。」

そして、「アルフレッドは四万四百十八本の植物を植えているので、伯爵よりもはるかに格が上」と、たいそうご満悦だったというのである。植物が衒示的消費社会の象徴と化し、同時に貴族の位階基準となっていたという話だが、これもヴィクトリア朝の一面であった。

同じくロンドン・ロスチャイルド家のライオネル・ネイサン・ド・ロスチャイルド（一八八二〜一九四二）は、シャクナゲをこよなく愛した。彼はシティに本拠を構える銀行家であったが、大の園芸好きで、パーティの席ではいつも「銀行業は趣味で、本職は庭師」と語っていたという。一九一九年、サザンプトン近郊のエクスベリーに広大な地所を購入したライオネルは、百五十人以上の人足を動員し、十年余りの歳月をかけて、世界有数のシャクナゲ庭園をつくりあげた。植栽のみならず品種改良にも力を注ぎ、作出した交配新品種は千二百種余り。日本のシャクナゲでは、ことにヤクシマシャクナゲに魅了されたという。かのシーボルトがヨーロッパに送った植物の中のひとつが、大輪のツクシシャクナゲであったことが思い起こされる。

ライオネル・ネイサンはヒマラヤでのプラントハンティングにも資金援助をおこなった。「ロスチャイルドのシャクナゲ」(*Rhododendron rothschildii*《ロドデンドロン・ロスチルディー》)は、彼にちなんで命名されたシャクナゲである。これはプラントハンターのヨーゼフ・ロックが一九二九年に雲南で見つけたもので、自生のものは六m以上の高木になるが、栽培種はその半分以下の灌木である。

ヨーゼフ・フランシス・チャールズ・ロック(一八八四〜一九六二)はオーストリアの名門の出で、一九〇五年にアメリカに移住し、ハワイ大学で植物学や中国語を教えていた。その後、アメリカ農務省の仕事で東南アジアに派遣され、一九二二年に中国に渡り、雲南やチベット国境地帯でプラントハンティングに従事した。彼は出入国を繰り返しながら、つごう二十七年間中国に滞在したが、その間に収集した植物の多くはハーバード大学付属アーノルド樹木園に送られた。

彼はチベット高原の北縁に位置する祁連《チーリエン》山脈や青海《チンハイ》湖まで足を運び、極寒の地でも生育する耐寒性にすぐれた針葉樹、チュウゴクハリモミとムラサキトウヒを見つけた。他方で、ロックは麗江を中心とした雲南省北部に暮らす納西《ナシ》族の研究でも知られる。東巴《トンパ》文字をはじめとする当民族の言語・文化に関する彼の収集資料は、現在でも一次資料とみなされている。

十九世紀の針葉樹ブーム

落葉広葉樹の多いイギリスの風土は、一年を通じて「緑なす」針葉樹の森を渇望していた。針葉樹は落葉樹の約六倍のはやさで生長し、軟材《ソフトウッド》を産出する。それゆえ、地主層にとっては、所領経営の観点からも大きな魅力だったのだ。十八世紀を通じておこなわれていた植林や造園趣味の時流に乗って、多くのプラントハンターが針葉樹の豊富な地域へと送り出された。彼らの持ち帰った成果によって針葉樹の植林活動に一層拍車がかかり、十九世紀にはブームを巻き起こした。

十九世紀のイギリスでは、クリスマスにツリーを飾る習慣も針葉樹ブームの中で各家庭に浸透していった。クリスマスにモミの木を飾る習慣は、マンチェスターやブラッドフォードといった新興産業都市に住みついたドイツ人の綿花商や羊毛商によってもたらされたといわれているが、当初は

クリスマス・ツリーを囲むロイヤルファミリー（『イラストレイテド・ロンドン・ニュース』紙　1848年）

ごく一部の地域に限られていた。

一八四〇年、ヴィクトリア女王の夫君アルバート公はクリスマスを祝うため、祖国ドイツからウィンザー宮にクリスマス・ツリーを持ち込んだ。それが一八四八年十二月『イラストレイテド・ロンドン・ニュース』に挿絵入りで紹介され、イギリス人は初めてクリスマス・ツリーを飾る習慣を知ることになる。十九世紀後半には、この習慣は広く一般家庭にも普及していった。こうしたクリスマス・ツリー普及の背後には針葉樹ブームがあった。

豊顕寺の境内にあったコウヤマキ（ロバート・フォーチュン『江戸と北京』1863年）

幕末に日本を訪れたヴィーチ商会のジョン・グールド・ヴィーチ（一八三九〜七〇）やロバート・フォーチュン（四〇五頁参照）といったイギリスのプラントハンターたちも針葉樹には大きな関心を抱いていた。東海道の宿場付近、神奈川の豊顕寺の広大な境内は八重桜の名所として知られていたが、ヴィーチもフォーチュンもそこにあったコウヤマキ（傘松）に注目し、その美しさに感動したらしく、両者とも図入りで紹介している。ヴィーチ商会が送り込んだチャールズ・マリーズのプラントハンティングも本国イギリスにおける針葉樹ブームを反映したものであった。

◉日本のオオシラビソとチャールズ・マリーズ

オオシラビソは本州中部地方以北の亜高山帯に生える常緑高木で、東北地方の多雪地帯では樹氷を形づくる。宮城県と山形県の県境に位置する蔵王連峰や青森県の八甲田山でも、樹氷ができるのはオオシラビソだけである。現今、地球温暖化の影響で、樹氷の観測される標高が上昇しており、蔵王連峰ではその存在範囲が年々縮小されつつある。平均気温の上昇と樹氷の存在範囲は密接に関係している。

オオシラビソの学名は *Abies mariesii*《アビエス・マリージー》であるが、アビエスはモミ属の意で、種小名にみえるマリーズは、この樹木を八甲田山で最初に「発見」したプラントハンターの名前からとられた。

一八七〇年代も後半になると、幕末の頃とは異なり、本州や九州のみならず北海道にまで足を踏み入れるプラントハンターが現われてくる。英国人のチャールズ・マリーズ（一八五一～一九〇二）は、東北から北海道に渡り植物収集をおこなった最初のプラントハンターであった。

マリーズは、かのシェイクスピアの故郷ストラッドフォード・オン・エイヴォンで生まれ、ハンプトン・ルーシィで教育をうけた。種苗園丁の兄といっしょにランカシャのリザムで庭師見習いの修業を積み、その後有名な園芸商会のヴィーチ商会に職を得る。マリーズ自身の報告によると、「ある日のこと、会社から日本で植物を収集してみないかといわれ、イエスと即答した。私の一番の望みは海外に出ることだった。」日本行はマリーズにとって、望むところであった。

一八七七年四月二十日、マリーズは日本に到着した。当時の日本は幕末の頃とはだいぶ様変わりしていた。彼の目には、日本の園芸は急速に衰退しつつあるものと映った。幕末に日本を訪れ、わが国の高度な園芸文化に驚嘆したロバート・フォーチュンとは大ちがいである。マリーズはそれまで日本を訪れていたプラントハンターとは異なり、東京の植木屋にはほんのつかの間、顔を出しただけだった。すでに大半の植物がヨーロッパで知られていたし、間近に迫っていた旅の準備で多忙をきわめていたということもあった。

一八七七（明治十）年五月、マリーズは横浜から陸路、北海道をめざした。時あたかも西南戦争の真只中で、横浜〜函館間の汽船が政府に徴用されてなかったため、徒歩での旅を余儀なくされた。牛馬に荷を積み、横浜を出て、まず日光をめざした。日光までは道も良かったが、日光から仙台まではあまり良くなかった。仙台より先はかなりの悪路だったため、大半は徒歩に頼らざるをえなかった。盛岡を過ぎると、人影も非常にまばらになった。結局、二週間かけ、マリーズはやっとの思いで青森に到着した。

しかし、汽船で津軽海峡を渡り函館まで行くのに、数日間待

マリーズがさがし求めたオオシラビソ

たなければならなかった。その間、青森の街を散策していたマリーズは、たまたま通りがかった家の庭にあった美しい針葉樹に目をとめた。すぐさまその群生地を聞きただし、それが八甲田山であることを突きとめた。さっそくマリーズは案内役の一人の少年を紹介してもらい、荷物係と一緒に八甲田山へ出かけた。

入山一日目は激しい雷雨のなか何十キロも歩き、夜半に帰宅した。マリーズは諦めきれず、翌朝再び出発した。今度は馬に乗り、別の経路をとった。二頭の熊と多数の蛇に遭遇したが、何とか求めていたオオシラビソ（別名アオモリトドマツ）をさがしあて、その球果を手に入れた。

新種のモミを八甲田山で発見したマリーズは、その後函館に渡り、幌泉町（現えりも町）に拠点を置き、北海道の南側にあたる沿岸地域を探訪した。道内では札幌や十勝にまで足をのばし、ミヤママタタビ、イワカガミ、カエデなどを採集した。植物ばかりでなく、さまざまな昆虫も採集しているが、旅の最終段階でちょっとしたアクシデントに遭遇した。晩秋に幌泉から函館まで収集品を運ぶため、海草を積んだ地元の漁船に乗せてもらった。ところが、航行中に漏水のため積んでいた海草が膨張し、船体がばらばらになってきて船を陸に揚げざるを得なくなったのである。にわかには信じがたい話だが、おそらくその漁船は小型で、かなり老朽化していたのであろう。

マリーズは一八七七年末に函館をあとにし、新潟を経由して横浜まで行き、収集植物を本国に送り出した。一八七八年の一月に香港に行き、数日滞在後、台湾に渡ってシャクナゲの種子とタカサゴユリの球根を手にいれた。それから上海で少しばかり過ごした後、揚子江沿岸の鎮江《チユシチアン》まで足を運んだ。

そのあたりでフジモドキやマンサクなどの花木を数多く目にした。日本には夏に戻り、北日本で針葉樹の種子を採集していた。

一八七八年十二月、マリーズは再び中国に渡り、杭州《ハンチョウ》へ赴いた。翌一八七九年には揚子江を遡り、上流の山峡地帯（いわゆる長江三峡）にまで足をのばした。そして夏に再び日本に戻り、ミズナラや竹を探し求めた。マリーズは花木の御三家とよばれるサラサドウダン、モモイロアジサイ、ヤブデマリの園芸品種マリージーを導入した。最終的には一八八〇年二月、帰国の途についた。

帰国して二年後の一八八二年、マリーズはキューの園長ジョゼフ・フッカーの推薦によって、ドゥルハンガー藩王国の藩王付庭園長の職を得た。その後グワリオル藩王国の藩王に仕え、一九〇二年インドの地でその生涯を閉じた。

◉マス・ツーリズムの誕生

ジェイムズ・クックの世界周航に象徴されるように、十八世紀は冒険と探検の時代であった。それに続く十九世紀も後半になると、観光旅行の大衆化が始まる。それまで上流階級に限定されていた旅行を一般大衆にまで普及させ、近代大衆観光旅行《マス・ツーリズム》の先駆けとなったのはトマス・クックであった。

一八五一年にロンドンで開催された第一回万国博覧会、そして一八五五年にパリで開催された第二回万国博覧会は、旅行斡旋業者としてのトマス・クックにとって発展の大きな契機となった。さらに一八六九年にスエズ運河が開通し、同年アメリカ大陸横断鉄道が完成すると、世界周遊ツアーも夢ではなくなった。

一八七二年、トマス・クック社は世界最初の世界一周ツアーを企画・実施する。この時はクック自ら添乗し、一行八名とともに客船オセアニック号でリヴァプールから出航した。一行は日本にもやって来たが、瀬戸内海の島々の美しさにすっかり魅了されてしまい、クックはそれまでに見たヨーロッパのすべての湖の最良の所を集めて一つにしたほど美しいと絶賛している。フランスの作家ジュール・ヴェルヌが「八十日間世界一周」を日刊紙『ル・タン』に連載したのも一八七二年のことで、世界は確実に狭くなっていた。

◉イザベラ・バードとマリーズ

十九世紀末から二十世紀にかけてイギリスから世界に飛び出し、世界各地を旅した女性たちがいた。彼女たちはレディ・トラベラーと呼ばれる。彼女たちに共通していたのは、中年女性のひとり旅で、旅の資金は自己負担であったこと、また大半が独身者だったことである。さらに言えば、彼女たちは何らかの持病を抱えていた。こうしたレディ・トラベラーは同じ旅行者とはいえ、マス・ツーリズムの波にのって旅に出た一般大衆とは一線を画する存在であった。

イザベラ・バードはレディ・トラベラーの一人で、脊椎の持病を抱え、背中の痛みと不眠症、神経の不安にさいなまれていた。医師たちはそんな彼女に転地療養を勧め、世界に旅立つことになる。日本にやって来たバードは一八七八（明治十一）年六月から九月にかけて、東京から北海道まで旅行し、その記録は『日本奥地紀行（Unbeaten Tracks in Japan）』としてまとめられた。
バードは日本語ができなかったため、駐日英国公使のアーネスト・サトウが編集した『英和口語辞典』（一八七六刊）を持参したが、それ以上に彼女の旅で重要な役割を演じたのが通訳の伊藤鶴吉（一八五七～一九一三）であった。神奈川県三浦郡菊名村出身の伊藤は、単に英語を話すことができただけでなく、旅の準備やさまざまな手配を要領よくこなした。

注目すべきことに、伊藤はバードに通訳として雇われる前年の一八七七年春から秋（五～十月）にかけて、上述したプラントハンター、チャールズ・マリーズの下で通訳兼従者として働き、東北地方や北海道で植物採集にも従事していたのである。

マリーズは一八七八年から活動の舞台を中国大陸に移し、植物採集に従事するが、伊藤がバードのところに通訳の採用面接に来たのはその時期であった。バードの伊藤に対する第一印象は良くなかった。「私は、これほど愚鈍に見える日本人を見たことがない。」とバードは著書の中で述べている。そして、「北部日本を旅行し、北海道《エゾ》では植物採集家のマリーズ氏のお伴をしたという。」だが、「私はこの男が信用できず、嫌いになった。」（高梨健吉訳、以下同じ）。

それでも伊藤を雇ったのは、英語ができたのと早く旅行を始めたいとの思いからだった。月給は十二ドルであった。

一方、伊藤がバードの通訳採用面接に申し込んだ背景にはマリーズよりも月給が高いという理由があった。それは既に雇用契約を結んでいたマリーズに対する背信行為でもあった。このへんの事情をバードは、のちに函館で次のように述べている。

「今当地にマリーズ氏がおり、氏の説明により私は、伊藤は当時すでに氏と七ドルの月給で氏の要求する期間だけ勤めるという契約を結んでいたのだが、私が十二ドル出すと聞いて氏のところから逃げて来て、嘘をついて私のところに勤めることにしたのだということが分かった！　マリーズ氏は、この背信行為によって非常な迷惑をうけ、彼の植物採集の完成に多大の不便を感じている。というのは、伊藤はたいへん器用で、氏が草花をうまく乾燥させる方法を教えこんだばかりでなく、種子の採集に二日も三日も出かけることを委せられるほどになっていたからである。私はそれを聞いてまことにすまないと思う。」

結果として、伊藤はバードの当初の予想に反して通訳としてのみならず、従者としても一生懸命働いた。それを裏づけるかのように、一八七八年九月十四日、函館で伊藤と別れたとき、バードは次のように述懐している。

「とうとう今日は伊藤と別れたが、たいへん残念であった。彼は私に忠実に仕えてくれた。」
「彼は男らしいりっぱな主人のところに行く。あの人ならきっと彼に良き模範を示し、彼をりっぱな人間にするのに役立つであろう。」

マリーズは一八七八年夏に日本に戻り、函館でバードと会っている。その時の様子をバードはこう記している。「私はマリーズ氏と領事館で会って、私の北海道旅行が終わったら、伊藤をその正当な主人に返すことに手はずを決めた。」同年九月十四日、バードと函館で別れた伊藤は、再び「りっぱな主人」マリーズのもとに赴き、彼の通訳兼従者として札幌、十勝方面で植物採集にあたったものと推察される。

イギリス人のプラントハンターとレディ・トラベラーの旅は、奇しくも一人の日本人通訳によって支えられていたのである。

◉旅する植物画家マリアンヌ・ノース

ところで、イザベラ・バードが来日する前年の一八七七年十一月、もうひとりのレディ・トラベラーが日本を訪れていた。植物画を描きながら世界各地をまわっていたマリアンヌ・ノース（一八三〇～九〇）である。

マリアンヌは名門家系の生まれで、物心ついたときから、いつか旅に出て熱帯の国を訪れ、自然のままに生い茂る珍しい植物を描いてみたいと夢見ていた。父親フレデリック・ノースは裕福な地主で、イギリス南東部の港町ヘイスティングズ選出の下院議員も務めた名望家であった。母親についてはほとんどわからない。一八五五年に母親が亡くなると、夏は父親と一緒によく海外に出かけた。一八六九年、その父親も病に倒れ、ヘイスティングズで息をひきとった。傷心のマリアンヌは、ヘイスティングズの邸宅を売り払い、一人旅に出ることを決意する。ときにマリアンヌ、四十一歳であった。

一八七一年から八五年にかけて、彼女はアメリカ、カナダ、ジャマイカ、ブラジル、カナリア諸島のテネリフェ島、日本、シンガポール、サラワク、ジャワ、スリランカ、インド、オーストラリア、ニュージーランド、南アフリカ、セイシェル諸島、チリなどを訪れた。行く先々で植物を写生しながらの旅だった。ブラジルではジャングルの中にある小屋で大半を過ごし、自然の中で植物を描いた。マリアンヌは旅に出る前、世界の熱帯植物を記憶にとどめることを自分自身に課していた。写真が登場する前であったため、今となっては彼女の描いた熱帯植物はなおのこと貴重なのである。

アメリカでは、プラントハンター、ウィリアム・ロブ（三八六頁参照）がカリフォルニアで発見したセコイアの大森林やヨセミテ渓谷にも足を運んだ。日本では、横浜、神戸、京都などを訪れ、何枚かの絵を描いている。なかでも藤の花と富士山遠望の作品は、当時のヨーロッパ人からみた「日本」を象徴しているかのようで実に興味深い。「富士には、月見草がよく似合ふ。」（太宰治『富嶽百景』）が、富士には藤の花もよく似合う。

マダガスカル島の北東、インド洋上に浮かぶセイシェル諸島では、最高傑作といわれる絵を何枚か描いたが、加えてこの諸島に一種のみが分布するとされるアカマツ科の常緑樹（*Northea seychellana*《ノーセア・セイシェラナ》）も発見した。その一方で、セイシェル諸島を訪れたころから、神経の

マリアン・ノースが描いた日本の風景（右）とモンキーパズルツリー（左）

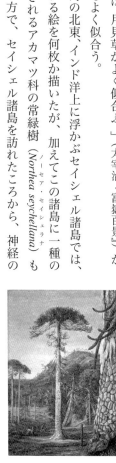

病に悩まされるようになったといわれる。マリアンヌは極度の神経の緊張で押しつぶされそうになり、人生に対する大きな不安を抱くようになったのである。一時的に家に引きこもることもあったが、やがて快復し、旅を再開することも可能になった。

彼女の描いた植物画は、現在キュー植物園のマリアンヌ・ノース・ギャラリーに収められている。その数八百三十二点。その中にはチリマツ（モンキーパズルツリー）の絵も含まれている。実はギャラリーが一般公開された一八八二年六月の時点ではその絵はなかったのである。そのため、マリアンヌは一八八四年十一月、わざわざチリマツを求めてチリに向けて旅立った。ギャラリーにその絵を付け加えたいという思いは相当なものだったにちがいない。チリでは求めていたチリマツだけでなく、アンデス山脈に自生するブヤ（パイナップル科の植物）の青い花も見ることができ、長旅の苦労が報われた。

キューの園長だったジョゼフ・ダルトン・フッカーは、ボルネオ原産の*Nepenthes northiana*《ネペンテス・ノーシアナ》など五種類もの植物に彼女にちなんだ名前をつけて、その功績を称えた。

ちなみに、マリアンヌ・ノースは上述したイザベラ・バードのことを、自己顕示欲が強く、冷たい感じのする女性だと評している。

◉アンデスの生きた化石

モンキーパズルツリーとして知られるチリマツ（学名*Araucaria araucana*《アラウカリア・アラウカナ》）は、チリ及びアルゼンチンのアンデス山脈に自生するナンヨウスギ科の常緑針葉樹で、高さ四十～五十mにもなる高木である。ただし、現在わが国でチリ松として一般的に知られているのは、北米カリフォルニア原産のラジアータ松（学名 *Pinus radiata*《ピヌス・ラディアタ》、英名 Monterey Pine）がチリに導入・植林されたもので、ここに取り上げるチリマツとは樹種が異なるので注意を要する。パルプ用のチップなどに利用するため日本にも輸出されているのは、ラジアータ松の方である。

チリマツは約二億年以上前に栄えた中生代の生き残りと考えられ、チリの先住民マプチェ族の神木として崇拝されてきた。彼らの子孫が居住するチリ南部に多く生育しており、チリの国木となっている。枝先が密生している硬い葉は二等辺三角形のような形状をしており、触ると皮膚を突き刺すほど鋭い。幹にも三角形の葉が螺旋状に茂り、老木になるにつれてシルエットが大きな傘型になっていく。そのため地元では「傘《パラワ》」と呼ばれている。五㎝程の細長い種子は古来、食用に供されてきた。生でも食べられるが、茹でて炒めた方がより一層おいしいといわれる。

地元アンデス地方では、鉄道の枕木、鉱山の支柱、船舶のマスト、紙パルプの原料として使用され、一九四〇年代には飛行機の製造にも使われたという記録が残っている。イギリスではヴィクトリア朝の時代に人気を博し、とりわけ公園や庭園の装飾樹としてよく植え込まれた。ところが、生長して巨木になると、庭の方が見劣りしてしまうため、次第に人気が衰えてしまったという。なんとも皮肉な話ではある。

チリマツは一七八〇年頃、スペイン人の探検家によって発見され、一七九五年にアーチボルド・メンジーズ(一七五四〜一八四二)によって最初にイギリスに持ち込まれた。スコットランド人のメンジーズは、キュー植物園で働いていたときに植物学者で医師のジョン・ホープ(一七二九〜八六)に見込まれ、医学を学んだ。ちなみに当時エディンバラ大学の植物学教授であったジョン・ホープは、エディンバラ王立植物園の創設者でもある。

メンジーズは外科医の資格を取得後、軍医助手としてイギリス海軍の軍艦に乗船、アメリカ独立戦争(一七七五〜八三)に参加した。その後、北アメリカの毛皮貿易に従事する商船に船医として乗り込んで北アメリカ、ハワイ、中国に渡り、行く先々で異国の植物を採集した。帰国後、一七九〇年にロンドン・リンネ協会のフェローに選ばれ、ジョージ・バンクーバー船長率いる世界一周航海に博物学者《ナチュラリスト》として参加している。この世界周航は一七九一年から九五年まで、五年間にわたる長い探検航海だった。このとき使用された船は、かのジェイムズ・クックが世界周航のときに舵を握ったディスカバリー号であった。

一七九五年のある日のこと、メンジーズはチリの総督と会食を共にしていた際、デザートにチリマツの実が出された。メンジーズは食後その種子を何個か持ち帰り、ガラスケースに入れて船の後甲板で育ててみた。イギリスに戻ってみると、幸運にも五個の種子が芽吹いていた。それらはすぐさまキュー植物園に送られ、そのうち実生の一つはジョゼフ・バンクスに贈られ、他の四つはキュー植物園で育てられた。当初、この木はバンクスにちなみ「ジョゼフ・バンクス卿のマツ《パイン》」と呼ばれていた。

一般にはチリマツは、モンキーパズルあるいはモンキーパズルツリーと呼ばれているが、その呼称

『ヨーロッパの温室と庭の花』(1845年) で紹介された、バッキンガムシャのドロップモア庭園にある高さ18mの巨大なモンキーパズルツリー

については次のような逸話がある。一八五〇年頃、当時にあっては庭園で見かけることもまれで、ほとんど知られていなかったこの樹木を貴族ウィリアム・モールスワース卿(一八一〇~五五)が自宅の庭に植えていた。モールスワースは十九世紀前半のグレイ内閣を支えた有力貴族で、イングランド西部コーンウォール地方のボドミン近郊にペンカロウ・ハウスと呼ばれる広壮な邸宅を構えていた。ある日のこと、友人たちを自宅に招き、庭に出て自慢のモンキーパズルツリーを披露した。する

とそのうちの一人で弁護士のチャールズ・オースティンがこう言った。「この木に登るのは、猿でもてこずるね。」

遠目に見ると、さながら手長猿のように長く湾曲した枝が多数密生し、刺刺しい葉が何層にも重なって幹から出ている。見るからに不思議な形をした樹木である。太古の昔からアンデスに聳え立つモンキーパズル《パズル》ツリーは、「生きた化石」ともいわれる。

◉ヴィーチ商会の針葉樹ハンター――ウィリアム・ロブ

針葉樹ブームがイギリスを席巻した十九世紀のヴィクトリア朝時代、ヴィーチ商会はウィリアム・ロブ(一八〇九頃~六四)を南米に送り込み、モンキーパズルの種子を採集させた。ウィリアム・ロブは、ヴィーチ商会としては最初のプラントハンターであった。彼はイングランド南西部コーンウォールの出身で、父親は大工であった。幼少の頃から植物に興味をもち、学校を卒業後、すぐに庭師の仕事に就いた。弟トマス(三四二頁参照)はエクセターにあるヴィーチ商会で働いていた。同商会の会長ジェイムズ・ヴィーチに兄ウィリアムを紹介したのは、弟のトマスであった。トマスは兄ウィリアムが植物に関心を抱き、海外渡航を熱望していることをヴィーチに伝えた。幸いにもトマスの願いは聞き入れられ、プラントハンター、ウィリアム・ロブが誕生した。

一八四〇年十一月七日、当時三十一歳だったウィリアム・ロブはシーガル号に乗船し、ブラジルのリオ・デ・ジャネイロに向けて旅立った。年棒は四百ポンドだった。一八四一年の冬はブラジルとア

コロンビア川
北アメリカ
パナマ
コロンビア
エクアドル
ペルー
アンデス山脈
南アメリカ
ブラジル
オルガン山脈
チリ
アルゼンチン
① オレゴン山脈
② カラベラス・グローブ
③ サン・フランシスコ
④ モントレー
⑤ サンディエゴ
⑥ リオデジャネイロ
⑦ ブエノスアイレス
⑧ メンドーサ
⑨ ヴァルパライソ
⑩ コンセプシオン
⑪ ヴァルディビア
⑫ チロエ島

ウィリアム・ロブ
関連地図

雪を頂くジャイマ山と
群生するモンキーパズルツリー

ルゼンチンのブエノスアイレスの周辺で過ごした。リオ・デ・ジャネイロ近郊のオルガン山脈のあたりでは、*Echites*《エキテス》、*Alstroemeria*《アルストロメリア》（ユリズイセン）、ベゴニア、ラン、サルビアなどを採集した。その後アルゼンチンのメンドーサ及びウスパラータ峠を経由してアンデス山脈を越え、チリに入国した。こうして南米最南端のホーン岬を周航する危険を回避することができた。とはいえ、陸路もかなりの積雪で、実際には危険きわまりなかった。

その後、ヴァルパライソから蒸気船でコンセプシオンまで行き、そこからモンキーパズルツリーの繁茂する大森林地帯をめざした。ヴィーチはウィリアムにその種子を採集し、エクセターの種苗園に送るよう命じていた。雪を冠した活火山ジャイマ山のあたりはモンキーパズルの自生地で、ウィリアムは高木の梢にライフルを向けては、種子と球果を打ち落とし、大量の種子を採集した。ヴァルパライソに戻ると、採集した三千個の種子を梱包し、その荷を港からヴィーチ宛に送付した。キュー植物園にも標本室用サンプルを送った。種子を受け取ったヴィーチは、種苗園でそれを育て、一ダース三十シリングという安値で苗木を販売し、大変な人気を博した。

ウィリアムはさらに北に向かって採集の旅を続け、チリでは次のような植物を発見した。熱帯雨林によく見られる常緑灌木の*Desfontainea spinosa*《デスフォンタイネア・スピノサ》。英名はChilean hollyで、ヒイラギのような葉をもち、管状の真紅の花をつける。花弁の口は黄色い。*Mandevilla splendens*《マンデヴィラ・スプレンデンス》。これはチリソケイ属の蔓性植物で、大きな淡紅色の花を咲かせる。アカネ科の*Hindsea violaceae*《ヒンドセア・ヴィオラケアエ》は、スミレ色がかった青色の大輪の花をつける。この植物はブラジルのオルガン山脈からウィリアム・ロブによってイギリスに持ち込まれた。一八四三年五月に花をつけたものが最初に展示されたが、その時には園芸協会から銀メダルが贈られた。蔓性植物の *Tropaeolum azureum*《トロパエオルム・アズレウム》 はノウゼンハレン科のナスタチウムで、チリの乾燥した山岳地帯に咲いている。花弁の真ん中に白い「目」があり、ラベンダーのようなスミレ色がかった青い花をつける。

その後、エクアドル、コロンビア南部、ペルーを旅し、パナマからイギリスに向けて出航した。この間、*Calceolaria amplexicaulis*《カルケオラリア・アンプレクシカウリス》 や *Passiflora mollissima*《パッシフロラ・モリシマ》 といった非耐寒性の植物を数多く収集した。前者はゴマノハグサ科の植物で、レモン・イエローの花を何枚もつける。その茎は柔らかい緑の葉で包み込まれている。後者は蔓性植物で、黄色い楕円形の実をつけるパッション・フルーツ。果肉はオレンジ色で、食用になる。三年半のプラントハンティングの末、最終的にコーンウォールに戻ったのは一八四四年五月のことだった。この旅は実り多きもので、ジョン・ヴィーチは大満足だった。そのため会社は再びウィリアムをチリに派遣することにしたのである。

一八四五年四月、ウィリアムは再び南米に向けて旅立った。この時も三年間の長旅となった。今回もブラジルに立ち寄り、リオ近郊のオルガン山脈を探訪した。しかし、リオからは陸路ではなく海路を選び、ホーン岬を周航してヴァルパライソに向かった。ウィリアムはヴィーチから、耐寒性あるいは半耐寒性の灌木を集中的に採集するよう指示されていた。この旅ではチリ南部のヴァルディヴィア(パタゴニア北部)、チロエ島、さらに同島の南岸沖の島々でも植物採集をおこなった。チロエ島では *Berberis darwinii*《ベルベリス・ダルウィニー》 と *Escallonia macrantha* var. *rubra*《エスカロニア・マクランタ・ルブラ》 を見つけた。前者はメギの一種で、オレンジがかった黄色い花をつける。英名はDarwin's barberry（ダーウィンのメギ）で、ビーグル号の探検航海（一八三一～三六）でチリを訪れたチャールズ・ダーウィンによって一八三五年に発見された。後者は南米原産の常緑灌木で、英名はRedclaws（赤い鉤爪《かぎづめ》）。細長い釣鐘型の赤い花を密集してつける。チリ本土では、*Lapageria rosea*《ラパゲリア・ロセア》、*Embothrium coccineum*《エンボスリウム・コッキネウム》、*Crinodendron hookerianum*《クリノデンドロン・フッケリアヌム》、*Tropaeolum speciosum*《トロパエオルム・スペキオスム》、そして次の三種のミルテ（*Myrtus luma*《ミルツス・ルマ》、*M. ugni*《ミルツス・ウグニ》、*M. chequen*《ミルツス・チェクエン》）を見つけ、イギリスにもたらした。

ラパゲリア・ロセアはチリの国花で、英名はChilean bell flower。和名はツバキカズラで、ツバキの花に似ているところからそう呼ばれる。蔓性で長さが三mにもなり、情熱的ともいえるほど赤いトランペット形の花をつける。実は果物として食用になる。ウィリアム・ロブはこの花をチリ南部ヴァルディヴィア地方の温帯雨林で発見した。ロブがパタゴニアで収集した植物のなかでは最も美しい花とされる。のちにフランス人植物学者によって高貴な花にふさわしく、ナポレオン一世の皇后ジョゼフィーヌにちなんでラパゲリアと命名された。もとをただせば、ジョゼフィーヌの結婚前の正式名がマリー・ジョゼフ・ローズ・タシェ・ド・ラ・パジュリだったことに由来する。ジョゼフィーヌはマルメゾンの庭に世界中から植物を集め、植物学に多大な貢献をした。そうしたジョゼフィーヌに敬意を表して名づけられたのである。

エンボスリウム・コッキネウムはスペイン語でノトロと呼ばれる。ヤマモガシ科の常緑低木で、英名はChilean firebush。燃え盛る炎のような真っ赤な花を咲かせる。チリやアルゼンチンの温帯雨林に広く分布している。パタゴニア地方を象徴する植物で、ウィリアムはこれをヴァルディヴィア地方の温帯雨林で発見した。クリノデンドロン・フッケリアヌムはチリ固有の常緑灌木で、湿気の多い日陰を好み、水辺によく見うけられる。英名 Chilean lantern tree から想像されるように、ランタンの形をした真紅の花をたくさんつける。種小名はチリの植物を研究したキューの園長ウィリアム・ジャクソン・フッカーにちなむ。

また、トロパエオルム・スペキオスムはノウゼンハレン科の蔓性植物で、緋色がかった赤い花をつける。英名は Flame Creeper で、炎のような花色と他の植物の間をぬって、あるいはその上を這って「よじ登る《クライミング》」性質がよく出ている。この他、容易に見落とされがちな「Prince Albert's yew《アルバート公のイチイ》」(*Saxegothaea conspicua*《サクセゴタエア・コンスピクア》)、ヒノキ科イトスギ属の *Pilgerodendron uviferum*《ピルゲロデンドロン・ウウィフェルム》、それにパタゴニアヒバ(*Fitzroya cupressoides*《フィツロヤ・クプレッソイデス》) も導入した。

一八四八年に帰国すると、ウィリアムは一年間会社の種苗園で弟のトマスとともに働いた。トマスは当時、ヴィーチ商会の第二のプラントハンターとして活躍していた。ウィリアムの健康状態は良くなかったが、それでも一八四九年には北アメリカに赴いた。三度目の旅（一八四八〜五三）だった。今回は針葉樹と耐寒性の灌木を探すのが目的であった。とくにダグラスモミの種子を大量に採集することに主眼が置かれた。サンフランシスコに到着してみると、時あたかもゴールド・ラッシュで、一攫千金を夢見る人たちで港はあふれかえっていた。サンフランシスコからサン・ディエゴへ南下し、モミの一種 (*Abies bracteata*《アビエス・ブラクテアタ》) やシャクナゲ (*Rhododendron occidentale*《ロドデンドロン・オッキデンタレ》) を発見した。その後、モントレーを拠点に一八五〇年から翌年にかけて、サンタ・ルシア山脈やサン・ファン川の流域で採集をおこなった。ダグラスのモントレー・パイン（*Pinus radiata*《ピヌス・ラディアタ》）やサトウマツ（*P. lambertiana*《ピヌス・ランベルティアナ》）、ホワイト・ウェスタン・パイン（*P. monticola*《ピヌス・モンティコラ》）などが主な収穫物だった。

一八五二年にはかつてデヴィッド・ダグラスが採取場所としていたオレゴン山脈やコロンビア川流域を踏破し、ダグラスモミやノーブルモミ（*Abies procera*《アビエス・プロケラ》）、ヒノキ科クロベ属のベイスギ（*Thuja plicata*《ツヤ・プリカタ》）、カリフォルニアアカモミ（*Abies magnifica*《アビエス・マグニフィカ》）、カリフォルニアビャクシン（*Juniperus californica*《ユニペルス・カリフォルニア》）などの種子を採集した。ウィリアムが針葉樹の巨木の話を耳にしたのは、この採集旅行中のことだった。

◉ジャイアントセコイアの発見

一八五二年、ウィリアム・ロブは植物学者アルバート・ケロッグ（一八一三～八七）から、創設されたカリフォルニア科学アカデミーの会合に客として招待された。このとき、ウィリアムはケロッグ博士が紹介してくれたある猟師から、次のような話を聞いた。くだんの猟師がシエラネバダ山脈（カリフォルニア州カラヴェラス郡）の麓の丘陵で白っぽい大きな熊を追跡していたときのこと、突然転びそうになって森の中に迷い込んでしまった。すると目に途方もなく大きな樹木群が飛び込んできた。その樹木のあまりの大きさに驚嘆し、熊どころではなくなったというのだ。猟師はキャンプに戻ってその話を仲間にしたものの、誰も信じてくれず、挙句の果てには酔っ払い扱いされ、相手にしてもらえなかったという。

ウィリアムは会合終了後、ただちにシエラネバダの山麓に急行し、カラヴェラスの森で巨木ジャイアントセコイアを発見した。ウィリアムは早速その種子や球果などを採集し、サンフランシスコで船積みした後、船荷とともにイギリスに戻った。一八五三年十二月十五日のことである。

ウィリアムは帰国後、直ちにロンドンのユニヴァーシティ・カレッジの植物学教授で『ガードナーズ・クロニクル』の編集にも携わっていたジョン・リンドリー（一七九九〜一八六五）のもとを訪ねた。リンドリーは、一八五三年のクリスマス・イブに同誌のフロント頁にニュースとしてジャイアントセコイアの発見を掲載した。この巨木に *Wellingtonia gigantea*《ウェリントニア・ギガンテア》と命名したのは、ほかならぬリンドリーであった。その当時亡くなったばかりの初代ウェリントン公爵に敬意を表して、この学名をつけたのである。ウェリントン公爵アーサー・ウェルズリー（一七六九〜一八五二）は、一八一五年に史上有

ジャイアントセコイア（左：幹径 10 m の巨木〔『ザ・ガーデン』誌 1871 年〕）、（右：L. フィギエ『植物の世界』1867 年）

名なワーテルローの戦いに勝利し、ナポレオンの野望を打ち砕いた国民的英雄であった。

一方、ケロッグ博士はこの時すでにアメリカ初代大統領ジョージ・ワシントンにちなみ、この巨木に *Washingtonia*《ワシントニア》 という名前をつけるつもりでいた。自国にある樹木の命名をめぐって、イギリス人に出し抜かれた格好になったアメリカ人がひどく怒ったというのも頷ける。その後、この木の学名をめぐる議論は何年間も続いたが、結局、*Sequoiadendron giganteum*《セコイアデンドロン・ギガンテウム》 に落ち着いた。

カリフォルニア州シエラネバダ山脈に自生するジャイアントセコイアは五十〜八十mの高さまで生長する。その体積は現存する植物のなかでは最大を誇る。カラヴェラスの森は現在国立公園の一部になっており、樹齢約三千二百年を誇る「シャーマン将軍」は世界最大の樹木とされている。

ヴィーチはウィリアム・ロブによる新しい巨木発見の知らせに歓喜し、早くも翌一八五四年の夏には苗木一本二ギニー、一ダース十二ギニーで市場に出している。

一八五四年、ウィリアムは再びカリフォルニアに戻り、針葉樹の種子の採集に大半を費やした。一八五八年にヴィーチ商会と結んだ契約期限は切れたが、アメリカに留まり、直接キュー植物園に採集した植物を送り届けた。結果として採集植物をキュー植物園にもっていかれることになったのであるから、ジェイムズ・ヴィーチの落胆ぶりは尋常ではなかったにちがいない。

ウィリアム・ロブは一八六四年五月六日、サンフランシスコで孤独のうちにその生涯を閉じた。彼の名前は一季咲きのバラ「ウィリアム・ロブ」に、その名をとどめている。

ロブ兄弟という類まれな二人のプラントハンターを派遣しようというジェイムズ・ヴィーチの決断

は、当初より好結果をもたらした。兄ウィリアムが耐寒性の植物を導入し、弟トマスが非耐寒性の植物を導入することで上手くバランスがとれていたのである。

◉イギリスの景観を変えた北米の針葉樹

ヴィーチ商会が海外に進出する十数年前、ロンドンの園芸協会（王立園芸協会の前身）が北米に向けて送り出したプラントハンターがデイヴィッド・ダグラスである。

デイヴィッド・ダグラスはスコットランドのパース近郊スクーンで、石工の子として生まれた。幼いころから野外を駆けまわるのが好きで、学校には長く通わず、十一歳の時からマンスフィールド伯爵の庭園で庭師見習いとして七年間働いた。その後、准男爵ロバート・プレストン卿の庭園に移り、そこで庭師となった。プレストン卿の信頼を得て書斎にも自由に出入りし、植物学を学んでいった。一八二〇年にはグラスゴー大学附属植物園に職を得て、同じ年にグラスゴー大学の植物学教授となったウィリアム・ジャクソン・フッカーと出会うことになる。ダグラスはフッカーの助手として野外での植物採集にも同行し、研究室では植物標本の作り方を学んだ。

・ダグラス一回目の旅

フッカーは、グラスゴー植物園の庭師主任に昇進したばかりのダグラスをロンドンの園芸協会に推薦した。当時園芸協会会長を務めていたジョゼフ・サビン（一七七〇〜一八三七）は北米の果樹を調

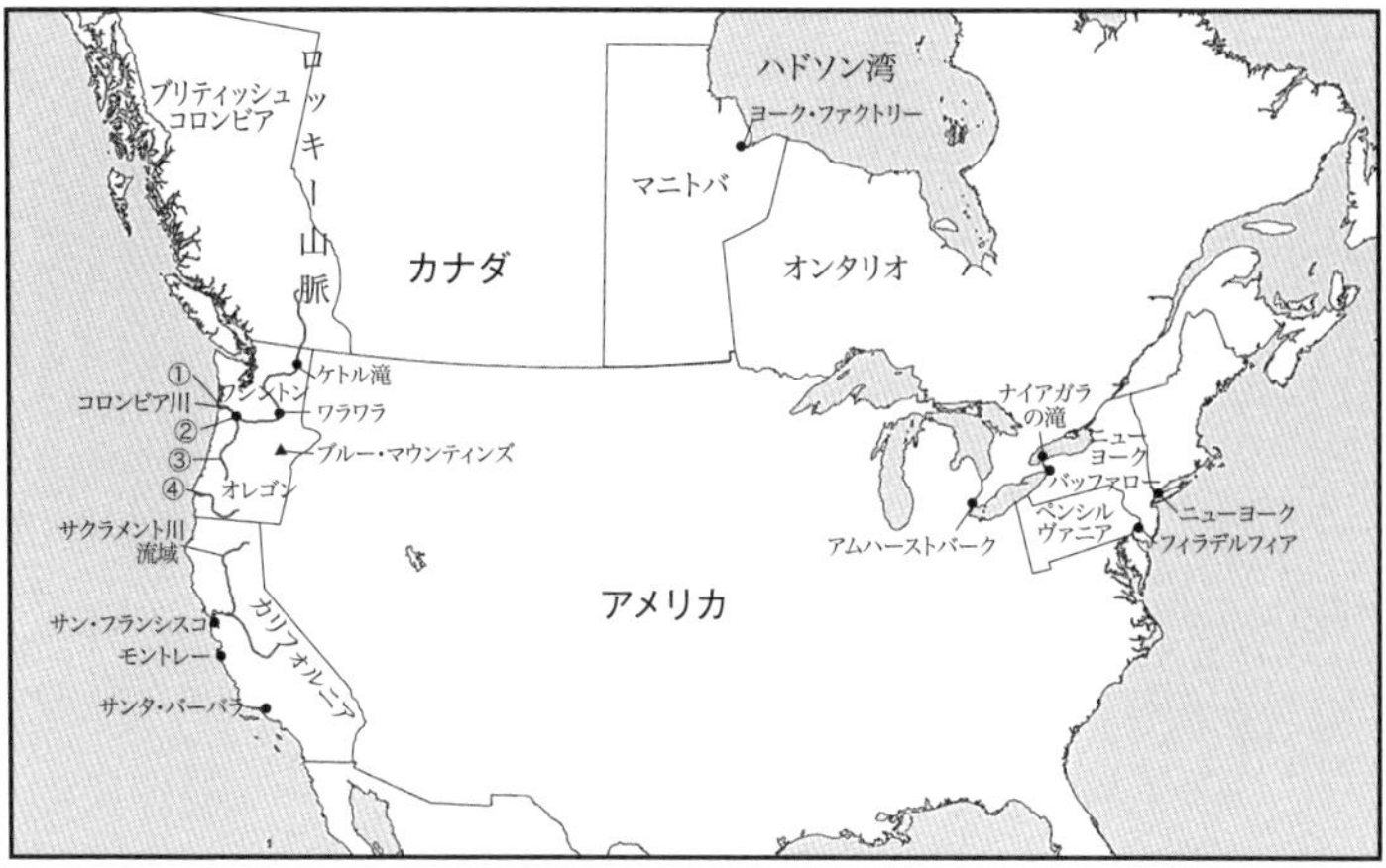

デイヴィッド・ダグラス
関連地図

①ケープ・ディサポイントメント
②フォート・ヴァンクーヴァー
③ ウィラメット川
④ アンプクア川

デイヴィッド・ダグラス

ヨセミテ渓谷のギンモミ（『ザ・ガーデン』誌 1872 年）

査するため、適任のプラントハンターをさがしていたのである。ダグラスは三ヶ月間協会の庭園で研修を受け、一八二三年六月にニューヨークに向けてリヴァプール港を出航した。七週間の長旅だった。その間、悪天候に悩まされ、空腹に耐える日々だったという。八月五日にニューヨークに到着したダグラスは、ニューヨークとフィラデルフィアで果樹園を見てまわった。限られた区域だったが、それでも北米産のリンゴなどをロンドンに送り届けた。

その後、ハドソン川を遡って、陸路バッファローまで行き、それからエリー湖をボートで横断し、アムハーストバークまで足を運んだ。そして、ナイアガラの滝を見物した後、ニューヨークに戻った。一八二三年十二月十二日、ニューヨークを出航し、帰国の途についた。この時にはヒマワリや *Liatris*《リアトリス》、アキノキリンソウの仲間（*Solidago*《ソリダゴ》）、アスターなどのほか、何種類ものリンゴ、ナシ、プラム、モモ、ラン、オーク、オレゴン・グレープなどをロンドンの園芸協会に送り届けた。

イギリスに帰国すると、サビンがダグラスに北米の植物や森林に関する書物を読ませようと準備していた。ダグラスの研究を指導したのは園芸協会のジョン・リンドリーだった。ダグラスの教育の仕上げにサビンはダグラスをアーチボルト・メンジーズに引き合わせた。一八二四年の春も遅くになってから、ダグラスモミの発見と命名において重要な役割を演ずることになるこの二人の人物は、ロンドンの一角で紅茶を飲みながら雑談に興じていたのである。

・ダグラス二回目の旅

イギリスには半年間滞在しただけで、ダグラスは園芸協会の要請により再びアメリカに渡った。このときはコロンビア川に沿ってプラントハンティングをおこなう採集家をハドソン湾会社も探しており、園芸協会に援助を求めていた。ハドソン湾会社は一六七〇年にアメリカ先住民と毛皮交易をおこなうために設立された会社である。

一八二四年七月二十六日、ダグラスはテムズ川の河口グレイヴズエンドから太平洋岸に向かうハドソン湾会社の補給船ウィリアム&アン号に乗船した。目指すは北米西海岸コロンビア河口のケープ・ディサポイントメントであった。

最初の寄港地マデイラ島では地元の市場を訪れて果実や野菜を見てまわり、島一番の山にも登った。その後、大西洋を南下してホーン峰を回り、ガラパゴス諸島を経て、北米西岸のケープ・ディサポイントメントに到着したのは一八二五年四月九日のことであった。八ヶ月半余りの退屈な船旅だった。大河コロンビア川は現在ではオレゴン州とワシントン州の境界を成しているが、当時はイギリスの勢力圏にあった。これ以後二年間にわたり、ダグラスはフォート・ヴァンクーヴァーを拠点にコロンビア川の流域でほとんど毎日採集に明け暮れることになる。コロンビア川の北岸に位置するフォート・ヴァンクーヴァーは、ロンドンに本拠を置くハドソン湾会社が一八二五年に設置した砦で、コロンビア地方の毛皮取引事業の地域本部となっていた。毛皮猟師《トラッパー》は冬に集めた毛皮を持参し、そこで取引をおこなったのである。

ダグラスは一八二五年九月初めに出航するハドソン湾会社の船ドライアード号に約五百種類の植物標本や鳥類や獣の剥製などを積んで送った。その中には彼がオレゴン・パインと呼び習わしていたダグラスモミも含まれていた。この樹木についてはアーチボルト・メンジーズが一七九二年に最初に記述しているが、その球果と種子をイギリスに送ったのはダグラスが最初だった。

当初の予定では一八二六年に帰国するはずであったが、ダグラスはアメリカに留まる決心をした。収集すべき目新しい植物がそれだけたくさんあったのである。この年にはコロンビア川やマルトノマ川（現在のウィラメット川）に沿って、内陸の奥まで入り込んでいった。六月にワラワラに移動し、そこから二回にわたってブルー・マウンティンズを探訪した。オレゴン山脈の北東部やカスケード山脈の峰々を踏破し、多くの樹木、灌木、花々を収集した。ダグラスモミも収集したと思われるが、ダグラスはそれについては触れていない。一八二七年の最初の三ヶ月は雨と雪で採集活動ができなかった。その後、同年三月二十日、ダグラスはハドソン湾急行便《ハドソン・ベイ・イクスプレス》と呼ばれるハドソン湾会社の社員エドワード・アーマティンガーら一行と共に、フォート・ヴァンクーヴァーからハドソン湾南西岸のヨーク・ファクトリーをめざした。北米大陸横断の苛酷な旅だった。

ボートに一切の収集物を積んでコロンビア川を遡り、四月末にボートを降りると、ことのほか厄介な場所にさしかかった。そこは薄氷の張った沼沢地で、氷は体の重みで割れ、凍った泥水に膝まで脚を突っ込んで進んだ。小高い丘陵地にさしかかると、今度は約二m三十cmもある雪の吹き溜まりと格闘しなければならなかった。その後、ロッキー山脈を越え、ウィニペグ湖やミシガン州のグランドラピッズを経てヨーク・ファクトリーに到着したのは八月二十八日のことであった。

フォート・ヴァンクーヴァーを出発してから五ヶ月余りの難儀な旅だった。空腹に耐えながら、一日約六十九km歩いた日もあった。文字通り、艱難辛苦を乗り越えて、やっとの思いでハドソン湾岸にたどり着いた。そこはハドソン湾会社の基地になっており、ロンドンからの物資はヨーク・ファクトリーから陸路フォート・ヴァンクーヴァーに運ばれるか、太平洋を航行する船で運ばれるかのいずれかであった。

ダグラスは過去三年間で一万千三百十六km余りを踏破し、一八二七年十月十一日イギリスに帰国した。

・ダグラス三回目の旅

一八二九年十月二十六日、ダグラスはハドソン湾会社のイーグル号に乗船し、ポーツマスをあとにした。三度目の旅だった。このときは園芸協会、動物学協会、地図作成を期待するイギリス海軍、そしてハドソン湾会社からも支援をとりつけた。サンドウィッチ諸島（現ハワイ諸島）に一ヶ月間滞在し、一八三〇年六月三日にコロンビア川の河口、フォート・ヴァンクーヴァーに到着した。そこで二ヶ月間植物の種子を集め、それを十二月にイギリスに送り届けた。その中には、ジャイアンツモミ（*Abies grandis*《アビエス・グランディス》）やギンモミ（*A. amabilis*《アビエス・アマビリス》）があった。

その後カリフォルニアを旅行し、一八三〇年十二月二十二日にモントレーに着いたが、植物の採集許可がおりたのは翌年になってからであった。このとき彼が歩いた地域はかなり限定されていたが、サンタ・バーバラまで南下して採集に当たった。当初、一八三一年十一月にハドソン湾会社の船が来ることになっていたので、それに便乗してコロンビア川に向かう予定だった。ところが、翌年の夏になっても当てにしていた船が来なかったため、やむをえずアメリカの船でサンドウィッチ諸島に渡り、そこからカリフォルニアで採集した種子をイギリスに送った。

一八三二年十月十四日にフォート・ヴァンクーヴァーに着いたダグラスは、ここで大掛かりな計画を立てた。アラスカ及びシベリア経由で帰国しようというのである。一八三三年三月十九日に出発し、ヴァンクーヴァーから北上したが、途中で予期せぬことが起こった。かつて雪の反射でかかっていた眼炎が悪化し、片目が見えなくなったのだ。その後カヌーでフレーザー川を下っている最中に岩に衝突し、四百点以上もの植物標本と日記を失った。ダグラス自身も濁流にのまれ、九死に一生を得た。さすがにダグラスは落胆し、当初の予定を変更して十月にサンドウィッチ諸島に向かった。ホノルルには十二月二十三日に到着した。

翌一八三四年一月二日にハワイ島に上陸し、夏にマウナ・ケアとマウナ・ロアに登り、活発に活動するマウナ・キラウエアを見物した。そして、マウナ・ケアに再び登山中、野牛を捕獲するために掘られた落とし穴に落下し、自らの命を落とした。享年三十五。若すぎる死であった。ハーバード大学付属アーノルド樹木園の園長サージャントは、こう述懐している。「アメリカで、彼ほど大きな収穫をあげた者はいないし、彼ほど多くの植物にその名を残した植物採集家はいない。」

・ダグラスの導入した植物

ダグラスは二百以上の新種植物を導入した。その中にはヴィクトリア朝の景観を変えた何種類もの針葉樹も含まれるが、とかく彼の貢献は看過されがちである。ブリテン島には固有種の針葉樹が三種（イチイ、スコッツ・パイン、セイヨウネズ）しかなかったこと、風景のはるかかなたに美しいスカイラインを描く針葉樹林は大半がダグラスの探険旅行の賜物であることを知っている者はほとんどいない。

ダグラスによって導入された樹木はまた、各地で林業の基礎となった。ベイトウヒ（*Picea sitchensis*《ピケア・シチェンシス》）はイギリス林業の主要な木材となっている。モントレー・パイン（*Pinus radiata*《ピヌス・ラディアタ》）は南半球の広大な地域に植えられている。ロッジポール・パイン（*P. contorta*《ピヌス・コントルタ》）、大球果パイン（*P. coulteri*《ピヌス・コウルテリ》）、ウエスタン・イエローパイン（*P. ponderosa*《ピヌス・ポンデロサ》）は、すべてダグラスによって持ち込まれたものである。なかでも最もよく知られているのはダグラスモミ（*Pseudotsuga menziesii*《プセウドツガ・メンジーシー》）で、これは一八二七年にダグラスによってイギリスに導入され、それより数年前にこの木を発見したスコットランドの軍医・植物学者アーチボルド・メンジーズ（一七五四〜一八四二）にちなんで命名された。ダグラスモミはブリテン島では最も丈の高い樹木で、現在ではあちこちで目にする。それはまた最も生長がはや

パリで刊行の『園芸雑誌』（1895年）に紹介されたダグラスモミ

い樹木のひとつに数えられる。

ダグラスによって発見・導入、もしくは命名された樹木には、その他にカエデの一種（*Acer circinatum*《アケル・キルキナツム》、*A. macrophylla*《アケル・マクロフィラ》）、ザイフリボクの一種（*Amelanchier alnifolia*《アメランキエル・アルニフォリア》、*A. florida*《アメランキエル・フロリダ》）などが含まれる。今日、ダグラスによって持ち込まれた灌木の一つや二つは、どの庭にもあると言っても過言ではない。たとえば、オレゴン・グレープ（*Mahonia aquifolium*《マホニア・アクイフォリウム》）、フサスグリ（*Ribes sanguineum*《リベス・サングイネウム》）、キイチゴの一種であるサーモンベリー（*Rubus spectabilis*《ルブス・スペクタビリス》）、ツツジ科シラタマノキ属の常緑低木（*Gaultheria shallon*《ガウルテリア・シャロン》）はよく見かける。*Calochortus*《カロコルツス》、*Camassia esculenta*《カマッシア・エスクレンタ》、*C. quamash*《カマッシア・クアマシュ》、*Fritillaria pudica*《フリティラリア・プディカ》といった球根植物もダグラスが持ち込んだものである。

ダグラスは、春に紫色から赤紫色の花を咲かせるダグラスアイリス（*Iris douglasiana*《イリス・ダグラシアナ》）や、花弁の先がハート型に割れていて、黄と白の複色の花をつけるリムナンテス（*Limnanthes douglasii*《リムナンテス・ダグラシー》）などに、その名をとどめている。また、カリフォルニア・ポピー（*Eschscholzia californica*《エッショルチア・カリフォルニア》）、マウンテン・ガーランド（*Clarkia elegans*《クラーキア・エレガンス》）、イワブクロ（*Penstemons*《ペンステモンス》）、*Liatris*《リアトリス》、ルピナス、ユリといった美しい花をつける植物も数多く北米から持ち込んだ。ダグラスが持ち込んだガーデン・ルピナス（*Lupinus polyphyllus*《ルピヌス・ポリフィルス》）は、有名なラッセル・ルピナスの親株となった。彼が収集したすばらしい植物のひとつが、見事な白い花房をつける「海辺の絹のタッセル《コースト・シルク・タッセル》」（*Garrya elliptica*《ガラヤ・エリプティカ》）であることは疑いを容れない。

ダグラスは北米大陸及びハワイ諸島で約二万種類もの植物を集めた。その踏破距離は全長約一万二千八百七十五㎞に及んだ。

紅茶の国を誕生させた男

ロバート・フォーチュン（一八一二〜八〇）はチャノキを中国からインドに移送し、インドにおける茶の栽培・生産に多大な貢献をした。彼はウォードの箱を植物運搬のために最初に利用した人物でもある。

一八四〇年、アヘン戦争が勃発し、二年後の一八四二年に締結された南京条約で清は香港を割譲し、広州《コワンチョウ》、上海《シャンハイ》、寧波《ニンポー》、廈門《アモイ》、福州《フーチョウ》の五港を開港した。ジョン・リーヴズ（一七七四〜一八五六）はこの好機をとらえ、ロンドン園芸協会にプラントハンターを派遣するよう働きかけていた。彼はイギリス東インド会社から中国に派遣された茶の検査員で、キューの園長バンクスとも交流があり、広東やマカオからバンクスに植物を送り届けていた。アヘン戦争の頃にはすでに引退していたが、園芸協会のリーダー的存在であった。すぐさまロバート・フォーチュンに白羽の矢が立った。一八四三年の春、フォーチュンは中国に渡ったが、彼自身も派遣される前から覚悟はできていた。

フォーチュンは一八一二年、スコットランドに生まれ、エディンバラ植物園の庭師を経て、チズィックにあるロンドン園芸協会付属植物園の温室係として雇われた。それまでフォーチュンには海外渡航の経験もなければ、プラントハンターとしての経験も皆無だった。当初、園芸協会は護身用ステッキさえあれば身の安全は確保できると考えていた。フォーチュンの任務は植物の採集にあるので、武器の所持は不要というのが協会幹部の主張であった。だが、護身のためには武器は必要だとするフォーチュンのたっての願いで、ライフル一丁と何丁かの拳銃、それに中国語語彙集が支給された。年俸は百ポンドだったが、決して十分な額とはいえなかった。フォーチュンが増額の交渉をもちかようとすると、協会側はあっさりそれを断った。

◉一回目の中国旅行─紅茶の木と緑茶の木

上述のように、最初の中国への旅は、ロンドン園芸協会からの依頼によるものであった。フォーチュンは一八四三年七月六日に香港に到着し、そこに七週間滞在した。その後、八月二十三日に香港をあとにし、廈門港に向かった。香港は丘の上部を除けば不毛であることがわかっていたし、廈門も似たりよったりであった。フォーチュンが中国の温和な気候帯の美しい植生を目にしたのは、舟山島《チョウシャン》が最初であった。タニウツギ属のオオベニウツギ(*Weigela florida*《ウェイゲラ・フロリダ》)は、舟山島の定海《ティンハイ》にある中国人の役人の庭で見つけた。これはフォーチュンお気に入りの花で、高貴なバラ色の花をつける。

ヨーロッパ人は当時、開港地から三十二ないし四十八㎞以上離れた所では旅行を認められていなかった。フォーチュンは美しいものがすべて揃っているといわれていた蘇州《スーチョウ》に行きたかったが、規定範囲を越えていた。そこで、中国服に身にまとい、頭を剃って弁髪にし、上海から小船で出発した。当初は船員に行く先も告げなかった。許容範囲の四十八㎞を越えたときは、賄賂をばらまき、船員たちにさらに遠くまで連れて行ってくれるよう頼み込んだ。嘉定鎮《ジェティンシェン》で一泊したときのことである。フォーチュンは船上で寝たが、それでも夜間船室に強盗が侵入し、衣服をぜんぶ持っていかれた。金銭は枕の下に隠しておいたので、使用人に新しい衣服を買いにやらせ、ひるまず旅を続けた。六月二十三日、蘇州に到着したが、ヨーロッパ人でそこに行ったのはおそらくフォーチュンが最初であろう。彼はそこに数日滞在した。種苗園には失望したが、白色のフジや八重咲きの黄色いバラなどいくつかの新種を手に入れた。上海に戻ったときは中国服のままだったが、知人のなかにはフォーチュンだとは気づかない者もいたほどだった。

上海の冬をいやというほど経験したフォーチュンは、一八四五年一月から三月にかけてマニラを訪問した。既述（三三四頁）のように、そのためには、スペイン当局から許可証を四つも取得する必要があった。このほかにも、厄介な問題はいろいろあったが、珍種のランである*Phalaenopsis amabilis*《ファレノプシス・アマビリス》の獲得に成功し、園芸協会は会員たちにその品種を四十五株ほど配ることができた。三月十四日、フォーチュンは上海に戻り、六月に福州に向けて出発した。福州は開港地ではまだ訪れたことのない唯一の港であった。種苗園の場所を突きとめるだけでも大変だったが、それでもどうにか茶の栽培地まで足を運ぶことができた。そこで、フォーチュンは「黒色《ブラック》」茶を産出するチャノキは、植物学的には「緑色《グリーン》」茶のそれと同じであるという重要な発見をした。

それまでチャノキには緑茶と紅茶（黒茶）という二種類の品種があるという説が有力であった。この説のルーツはリンネにあった。彼は緑茶(*Thea viridis*《テア・ウィリディス》)と紅茶(*Thea bohea*《テア・ボヘア》)は別種であると結論づけた。

緑茶の葉は丸みを帯びた卵形で、薄緑色をしている。一方、紅茶の葉は緑茶のそれと見かけはほぼ同じだが、やや黒っぽいといわれていた。フォーチュンは当初、紅茶の生産地に行けば、リンネのいうチャノキが見られると思っていた。しかし、実際に彼が目にしたのは緑茶の茶畑で見たのとまったく同じチャノキであった。

緑茶と紅茶のちがいは製法工程にあったのである。紅茶を作るには、茶葉を一日かけて天日干しにする。具体的には、半日干したところで葉をひっくり返し、葉の水分を混ぜる。この間にタンニンが出て、強い苦みが出る。そして、色も濃くなるというわけである。フォーチュンは紅茶も緑茶も同じ品種のチャノキから取れるという重大な発見をし、それまで定説だったリンネの説を覆したのである。ほどなくして、チャノキの学名は *Thea sinensis*《テア・シネンシス》となった。その後、ツバキ科の植物として再分類され、*Camellia sinensis*《カメリア・シネンシス》となる。

この第一回目の旅では、フォーチュンは「日本の」アネモネ（シュウメイギク）、舟山の二種類の小さなキク（これはのち「ポンポン咲き」系統の親株になった）、それにすでに持ち込まれてはいたものの、栽培には至っていなかったケマンソウとキキョウ、白色のフジ、そしてオウバイをイギリスにもたらした。しかし、フォーチュンが発見した植物で最も種類が豊富だったのは花木の類で、彼は十二種類以上のすばらしい新種の花木を入手した。そのなかには、ヨーロッパで最初のレンギョウ属（シナレンギョウ）、同じく最初のタニウツギ属（オオベニウツギ）、早春から花をつけるスイカズラ属の *Lonicera fragrantissima*《ロニケラ・フラグマンテッシマ》と *L. standishii*《ロニケラ・スタンディシー》、八重咲きのシジミバナ、ダンギク、三種のすばらしいガマズミ属（オオデマリ）などが含まれていた。さらに、露地植えは不可能だが、温室栽培用としては貴重な植物が数多くあった。たとえば、イワタバコ科の*Chirita sinensis*《キリタ・シネンシス》、ニワフジ、トウキョウチクトウがそうである。そのほか、数種の針葉樹とヒイラギモチもあった。

◉二回目の中国旅行──最上級の茶の木を求めて

一八四八年、フォーチュンは東インド会社の社員として再び中国に渡るが、このときは最高品種の茶の種子と木を入手し、それをインドに運ぶのが最大の使命だった。もともと東インド会社は中国から茶を独占的に輸入していたのだが、一八三三年に独占が廃止されたためインドで茶を栽培・生産しようと企図したのであった。インドにはすでに茶の大農園があったが、そこで植えられていたのは広東から入手したチャノキであった。しかし、広東は茶の本場からかけ離れており、持ち込まれた茶の品種も劣悪だった。

それにしても、東インド会社がこのときフォーチュンに提示した年俸はなんと五百ポンド。それまでの年俸が百ポンドであったことを考えると、破格の待遇だった。一八四八年六月二日、フォーチュンは上述の新しい任務に着手した。最初の旅では、蘇州を隠密に訪れた以外は、開港地から四十八㎞以上の許容範囲を越えたことは一度もなかった。今回は、名目上まだ同一規制がしかれていたが、最初のときよりもずっと大胆な行動にでた。危険な目にもあったが、最初の旅のときのように襲撃されることはなかった。実際、遠くへ行けば行くほど、安全だった。というのも、田舎の人たちはフォーチュンがヨーロッパ人であることすらわからず、はるかかなたの国から万里の長城を越えてやって来たといえば、納得してくれたからである。フォーチュンは自分の素性を見抜いてしまうような、教養ある中国人にはできるだけ近づかないようにした。

厄介なことに、最良の緑茶の産地は沿岸地域からかなり内陸に入り込んだ所にあった。フォーチュンは今回も中国服を身にまとい、頭部も剃ってもらった。こうして一八四八年十月に上海をあとにし、およそ三百二十㎞内陸に入った徽州《ホイチョウ》区へ向かった。このときは使用人を二人同行させた。この旅で最も危険だったのは出発時であった。フォーチュンは利用する銭塘江《チエンタンチアン》に浮かぶ貨物船まで行くのに、杭州府《ハンチョウフ》を通過しなければならなかった。その夜、宿ではあえて夕食をとらなかった。箸の使い方が不慣れで、そのために正体がばれるのをおそれたのだ。フォーチュンはどうしても自分の名前を名のらなければならないときは、「鮮花《シン・ファ》」という中国名を使った。

船はゆっくりと西方に進み、上流の分岐点厳州府《イエンチョウフ》に向かった。そこで針路を北西にとり支流を遡っていったが、多くの急流に進行を阻まれた。フォーチュンにしてみれば、逆にこれが幸いした。好都合なことに、急流のおかげで余裕をもって当地の豊富な植物を探しまわることができたのである。フォーチュンは枝をたれたシダレイトスギを初めて目にしていたく感動し、その種子を収集した。それはイギリスでみごと発芽した。さらに九分通り耐寒性をそなえたヤシを発見し、数本の若木をキューの園長ウィリアム・フッカーに送った。その際、そのうちの一本をワイト島のオズボーン・ハウスにあるヴィクトリア女王の夫君アルバート公の庭に転送してくれるようお願いした。

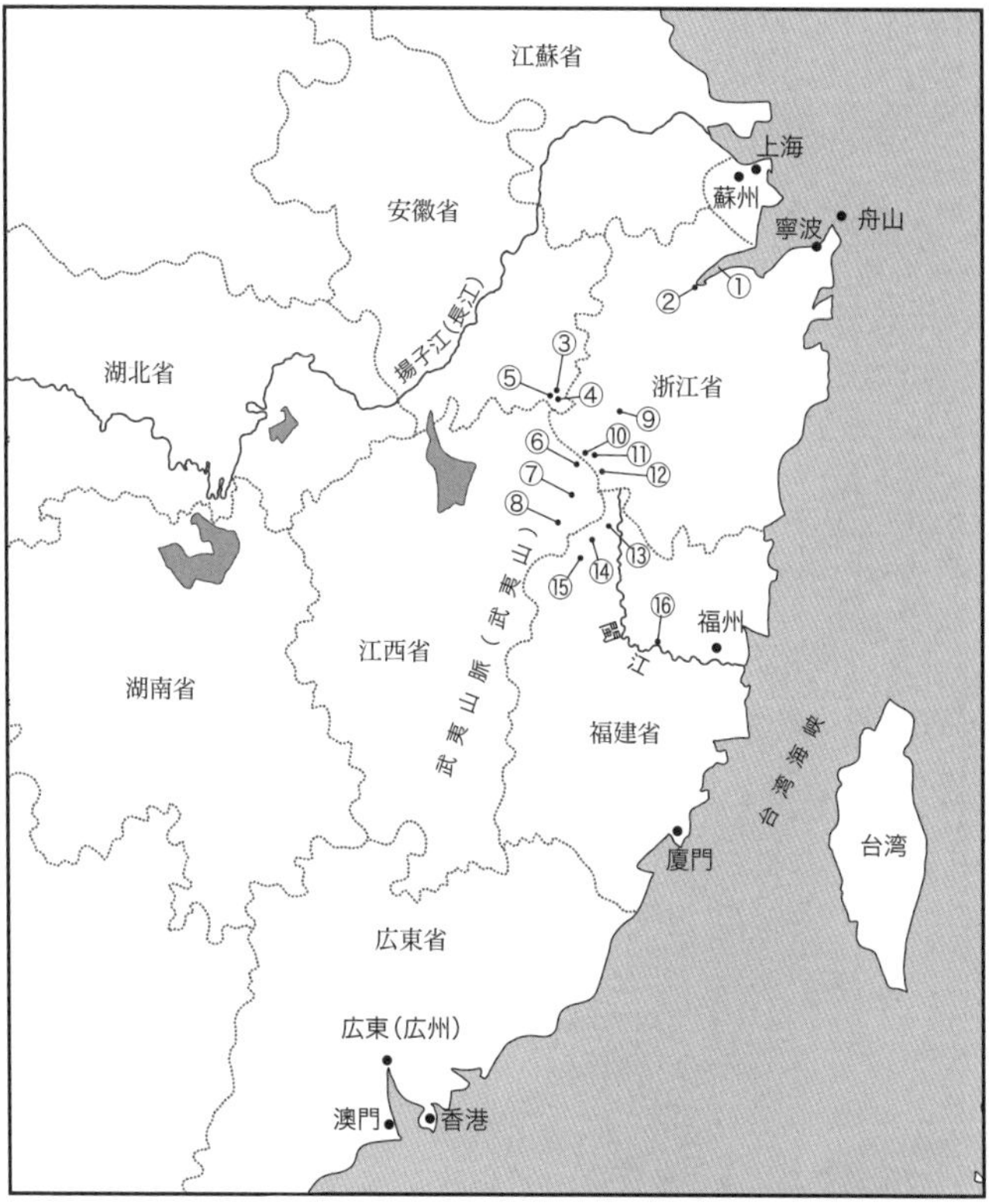

ロバート・フォーチュン
関連地図

① 銭塘江　⑨ 厳州府
② 杭州府　⑩ 常山
③ 徽州区　⑪ 青石
④ 屯渓　⑫ 清湖
⑤ 松羅山　⑬ 浦城鎮
⑥ 玉山　⑭ 崇安県
⑦ 广信　⑮ 星村
⑧ 河口　⑯ 水口

ロバート・フォーチュン

緑茶を栽培している地域
フォーチュンの著書『中国、茶の産地への旅』（1852 年）より

三週間後、一行が徽州に近づくと、川は非常に浅くなった。フォーチュンは屯溪《トエンシー》から輿に乗って西に向かい、緑茶の灌木が最初に発見されたといわれている有名な松羅山《スンローシャン》の丘まで行った。帰りは行きとほとんど同じ経路をたどったが、上海には戻らず、いくつもの運河や水路を渡り寧波まで行った。それから上海に戻り、中国の新年を祝ったのち、香港に向け出帆した。一八四九年一月、集めたチャノキと種子を香港からカルカッタに送り出すと、さらに多くの植物を求めて上海に戻った。

それまで緑茶の産地だけで収集活動をしてきたフォーチュンは、今度は黒茶の産地を調査しようと思い立った。手はじめに、福州から川を遡ってみることにした。しかし、航行可能な最終地点である水口《ショイコウ》に着いたとき、陸路の旅は必要以上に費用がかかることに気づき、使用人を陸路、寧波まで行かせ（これだと黒茶の産地を必ず通過することになる）、自分は船で川を下り福州に戻った。二人の使用人はチャノキと種子を採集し、滞りなく戻ってきたが、フォーチュンは彼らの採集活動を実際に見ていたわけではなかったので、良心の呵責を感じた。そこで、自ら採集旅行に乗り出した。一八四九年五月十五日のことである。

フォーチュンは以前のように銭塘江を厳州府の合流地点まで遡ったが、今回は更に南にある支流をたどり、航行可能な最終地点の常山《チャンシャン》まで足を伸ばした。そこから輿で山を越えて玉山《イユシャン》まで行き、广信《クアンシー》川を下って、广信、そして河口《フーコウ》にたどり着いた。こうして、フォーチュンは武夷山脈の西側に出て、再び輿に乗り換え、険しい峠をいくつも越えて東へと旅を続けた。植物を念入りに調べあげるため道中はほとんど歩きつめだった。フォーチュンは採集植物を生きたまま上海まで運び、そこからヨーロッパに向けて送り出した。そのなかには、アジサイ、ツクバネウツギ属（*Abelia uniflora*《アベリア・ウニフロラ》）、シモツケの変種（*Spiraea japonica fortunei*《スピラエア・ヤポニカ・フォーチュネイ》）も含まれていた。

いくつもの丘を越え、東方の黒茶の本場崇安県《チュアンシエン》に向かう道はにぎやかで、荷をかついだ苦力《クーリー》の隊列がひっきりなしに往来していた。フォーチュンは崇安県で進路を南西に変え、聖なる武夷山《ウイシャン》をめざした。この山こそ最上の黒茶がとれる場所なのである。そこでは二つの寺に逗留し、閩江《ミンチアン》沿いにある星村《シンツン》まで行った。そこから北に進路をとり、武夷山脈の東にある浦城鎮《プーチエンシエン》に行った。賭博師やアヘン吸飲者たちが頻繁に出入りしていた旅籠では、危ない目にも何度かあった。そのあと北の青石《チンシー》および清湖《チンフー》に出て、そこで再び川船に乗り移った。こうして、フォーチュンは三ヶ月に及ぶ長い旅を終え、無事上海に戻ってきた。

一八五一年二月十六日、フォーチュンは二万三千八百九十二株の茶の苗木と一万七千本の発芽した実生株、それに八人の中国人茶専門製造人を連れて、香港経由でカルカッタに向けて旅立った。この旅でフォーチュンが持ち帰った園芸植物には*Clematis lanuginosa*《クレマティス・ラヌギノサ》があるが、これは園芸のクレマチス類の原種の一つである。ほかにリキュウバイ、レンギョウの変種（*Forsythia suspensa fortunei*《フォーサイシア・ススペンサ・フォーチュネイ》）、カラタチ、ミヤマシキミ属の*Skimmia reevesiana*《スキンミア・リーヴェシアナ》が含まれていた。

カルカッタには三月十五日に到着した。ウォードの箱を開けてみたところ、苗木の状態は良く、種子も発芽していた。じつは最初の年（一八四八）に収集した大量の苗木と種子は、そのほとんどが駄目になっていたのである。カルカッタに届けられた苗木は一万三千本だったが、農園のあるヒマラヤ山麓に届くまでにウォードの箱のガラスが割れ、生き残ったのはわずか八十本だけだった。最悪だったのは種子の方で、ひとつも発芽しなかった。茶の種子は生命力が非常に弱いため、すべて枯死してしまったのである。

フォーチュンは最初の失敗に鑑みて実験を繰り返し、今回は長江の絹の産地から採集した桑の木の間に茶の種子を蒔いてみた。これが見事、効を奏したのである。ウォードの箱に入れられカルカッタに届いた種子は無事生き延びたばかりか、航海中に発芽して、桑の木の間から茶の苗がびっしり生えていたのである。送られてきた種子と苗木の管理責任に当たったのは、東インド会社の社員で、当時カルカッタ植物園の園長を務めていたスコットランド人のヒュー・ファルコナー（一八〇八〜六五）であった。ファルコナーは、茶こそが東インド会社の命運を左右するものであり、インドで茶産業を起業するにあたってはカルカッタ植物園が中心的な役割を果たすにちがいないと確信していた。

中国茶の苗木と種子の運搬にあたり、成功の鍵を握っていたのは、やはりウォードの箱であった。茶の種子を桑の木の間に蒔くというフォーチュンの斬新な発想も見事であった。実のところ、アッサム地方でこの頃すでに自生のチャノキが見つかっていたのである。ところが、中国茶に比べればはるかに質が落ちる上、味も劣悪だった。フォーチュンの持ち込んだ中国のチャノキは東インド会社がヒマラヤ山麓にもっていた実験農園に植え込まれた。こうして東インド会社は、新たな茶の供給源の確保に成功したのである。

一方、キューの園長フッカーにしてみれば、胸中おだやかでなかったにちがいない。フォーチュンは、東インド会社の派遣したプラントハンターであり、キュー植物園所属のプラントハンターではなかったからである。

◉三回目の中国旅行―シャクナゲの発見

東インド会社の重役会はフォーチュンの仕事に大いに満足し、仕事の継続を依頼してきた。フォーチュンは一八五二年十二月、中国に向けて三回目の旅に出た。

だが、中国に到着すると太平天国の乱（一八五一～六四年。アヘン戦争後の清朝の圧政に対して、洪秀全が農民や流民を率いて蜂起したもの）が勃発し、長旅をおこなおうにも、できる状況になかった。それでも、この旅でフォーチュンは貴重なシャクナゲ（*Rhododendron fortunei*《ロドデンドロン・フォーチュネイ》）を発見した。それはほとんど偶然の産物といってよかった。一八五五年十月末、フォーチュンは見事なイヌガヤ属の*Cephalotaxus fortunei*《ケファロタクスス・フォーチュネイ》が生育しているとの情報を得た。その現場に行く途中で立派なシャクナゲを目にした。現地の中国人は、美しい花をつけると太鼓判を押した。フォーチュンは種子を集め、チズィックの種苗商グレンディニング商会に送り届けた。

こうして、のちにシャクナゲの交配において重要な役割を果たすことになるロドデンドロン・フォーチュネイが導入された。このシャクナゲはスパイスのような独特の香りを放つことでも知られる。一ないし二週間後にフォーチュンは香港に赴き、そのあとカルカッタに向けて出航した。カルカッタには一八五六年二月十日に到着した。インドで八ヶ月過ごしたあと、十二月二十日にイギリスに帰国した。四年に及ぶ旅だった。

ウォードの箱はフォーチュンがインドに搬送したチャノキによって、その実用性と有効性の双方が立証された。中国原産のチャノキはアッサム地方に移植され、その後ヒマラヤの麓にひろがる丘陵地帯ダージリンにも運ばれ、大々的に茶のプランテーション経営がおこなわれるようになった。歴史的にみれば、中国との貿易がアヘン戦争で行詰まり、茶の供給に不安が生じていたことも、インドにおける茶の大規模生産を促した大きな要因だった。

イギリス人の避暑地として開発が進められていたダージリンは一八五〇年にイギリスに併合されるが、それとともに茶の栽培が始められた。ダージリンの茶畑は標高二千mの高地にある。そこでは、雨季には昼間四十度近くになる気温が、夜間には十度近くにまで下がる。この著しい温度較差が紅茶に独特の香気をもたらすのである。

一八五八年、インドのムガール帝国が滅亡し、イギリス本国政府がインドの直接統治を開始すると、インドにおける茶の栽培も本格化した。茶農園がアッサムやシッキムにつくられ、十九世紀後半、茶は北インドの主要な輸出品のひとつとなった。茶の重要性はイギリスへの輸入総額

ロドデンドロン・フォーチュネイ
(『ボタニカル・マガジン』1866年)

で示される。それは一八五四年から一九二九年の七十五年間に、八百三十七％（二万四千ポンドから二十万八百八十ポンドへ）という驚異的な高騰を遂げたのである。

植民地インドで大量に茶が生産されるようになると、イギリス本国の紅茶の価格も下がり、紅茶は従来にもまして一般家庭に普及していった。一八六〇年代には、インド及びセイロン（現スリランカ）茶はそれまで茶の市場を独占していた中国茶の地位を脅かすまでになり、一八八〇年代末には輸入量で中国茶を上回るに至る。ともあれ、紅茶がイギリスの国民的飲料《ナショナル・ドリンク》になったのも、もとをただせばフォーチュンのおかげというわけである。

◉カルカッタ植物園と東インド会社

インド東部の西ベンガル州にあるカルカッタ（現コルカタ）植物園を創設したのは東インド会社付属の連隊将校ロバート・キッド（一七四六～九三）であった。彼はスコットランド北東部のフォーファーシャ（現アンガス）に商人の息子として生まれ、長じてエディンバラで医学を学んだものと思われる。一七六四年に東インド会社のベンガル軍に少尉として入隊し、中尉、少佐、そして一七八二年には中佐にまで昇りつめ、ベンガル軍の幹部将校として活躍した。

東インド会社所属の軍人としてインド、とりわけベンガル地方の統治にも関与したキッドは、他方で大の植物愛好家であり、園芸家でもあった。カルカッタ近郊にあった自宅の庭で多くの植物を栽培してはガーデニングを楽しんでいた。それらの植物の大半は、東インド会社の船長たちがマラッカ海峡沿岸部やマレー諸島から持ち込んでくれたものだった。

キッドは当時のインド総督ジョン・マクファーソン卿に植物園の創設を提案した。総督がこの企画を東インド会社の理事会にかけたところ首尾よく通り、実現の運びとなった。キッドの狙いは二つあった。ひとつは東インド会社の船舶の建造にあたってチーク材を使用すること、そのために造船所の近くにチークを植林するというものである。もうひとつは商業的利益を生む有用植物を重点的にベンガル地方で栽培するというものである。その中にはたとえば、樹幹から「サゴ」と呼ばれる食用デンプンが採れるサゴヤシやサトウキビ、染色用のインディゴ、サルサパリラ、白檀、カルダモン、樟脳、ナツメグ、クローヴといったスパイスが含まれていた。さらに木綿、タバコ、コーヒー、茶などもリストに挙げた。これらは経済的にみて有益性の高い所謂「エコノミック・プランツ」である。

一七八七年当時、東インド会社は依然として貿易会社の性格を有しており、ペナン、マラッカ、アンボイナ、スマトラ、その他に置かれていた商館から輸出されるナツメグをはじめとするスパイス貿易で利益を得ていた。キッドはそれらのスパイスを植物園で栽培しようとしたのである。

キッド自身、玄人肌のアマチュア植物学者であったが、きわめてエネルギッシュで賢明な男だった。彼は植物園創設の企画を通すために、あえて純然たる植物研究を目的とせず、上述のように経済的に価値のある植物に重点を置いた。そうすることで、東インド会社は競争相手を凌駕することができるであろうと主張した。とりわけオランダ東インド会社のスパイス貿易独占を打破したいという思いは強かった。また、ベンガル地方では一七六九年の凶作のあと大飢饉が起こったが、植物園の設立は記憶に新しい飢饉の回避にも役立つであろうという期待もあった。

キッドの提案した植物園設立の企画は一七八七年七月に、ロンドンのレドンホール街にある東インド会社の本部で開催された取締役会で承認され、キッドは名誉園長に就任した。植物園の管理は東インド会社が引き受けた。認可されてからわずか三年しか経っていない一七九〇年までに、キッドは四千種類もの植物を育てていた。一八四八年に同植物園を訪れた植物学者のジョセフ・フッカーはこう述べている。

「後にも先にも、この植物園ほど多くの有用かつ装飾用の熱帯植物を世界中の公的・私的な庭園に提供してきたところはない。」

カルカッタ植物園の最大の功績のひとつは、中国からチャノキをインドに導入し、ヒマラヤ・アッサム地域において紅茶産業を確立したことであ

1890年頃の王立カルカッタ植物園。現在の名称はインドの科学者の功績を記念した「アチャーヤ・ジャガディッシュ・チャンドラ・ボース植物園」に変更されている。

る。それに貢献したのがロバート・フォーチュンであった。奇しくも、カルカッタ植物園の創設者キッドも当時のインド総督ジョン・マクファーソン卿もともにフォーチュンと同様、スコットランド出身者であった。

一八五八年にイギリス政府は東インド会社の事業を引き継ぐが、このときカルカッタ植物園は王立植物園と改名された。

◉フォーチュンの日本訪問

ロバート・フォーチュンは幕末期の日本にもやって来た。一八六〇年のことである。その前年、中国に滞在中に日本の開港（長崎、横浜、箱舘）を知り、急遽日本訪問を決意する。

江戸では染井村の大規模な植木屋に感嘆し、団子坂ではキクに注目している。また、鎌倉に行く途中、満開に咲き乱れているヤマユリを見つけ、実際にその根を自分で掘り起こした。総じて、フォーチュンは日本人の花を愛でる国民性はイギリス人よりも優れているとして、「ガーデニング大国日本」を称賛している。

フォーチュンはイチョウ、コウヤマキ、イチイ、ツバキなどの樹木にも注目しているが、なかでも特筆すべきはアオキ（*Aucuba japonica*《アウクバ・ヤポニカ》）の雄木の導入である。雌雄異株のアオキは常緑低木で、その和名は枝も青いことに由来する。光沢のある葉の緑と実の赤のコントラストが美しい。

当時、ヨーロッパには斑入りの庭木はほとんどなかったが、アオキだけは斑入りの雌木がオランダ東インド会社によってヨーロッパに持ち込まれていた。ところが、雄木がなかったため、結実しなかったのである。フォーチュンが雄木を持ち込んだことによって、アオキは紅い実をつけ、ヨーロッパでも庭園や公園の植え込みなどに植栽されるようになった。フォーチュン自身、アオキの雄木を訪日の最大の褒美と考えていたふしがある。アオキの紅い実が祖国の家々の窓辺や街の広場を飾るようになれば、「はるばるイギリスから日本に渡り、旅しただけの甲斐があったというものだ。」という彼の言葉がそれを裏づけている。

あとがき

本書では、絵画に描かれている植物にも目を向け、ささやかながらその読み解きをおこなった。たとえば、有名なボッティチェリの《プリマヴェーラ（春）》では、ヴィーナスのまわりにギンバイカの小枝の茂みが描かれている。また、ティツィアーノの《ウルビーノのヴィーナス》では、窓辺にギンバイカの鉢植えが置かれている。これら二つの絵はいずれも婚礼画であり、描かれているギンバイカは花嫁を飾る花である。こう考えると、花嫁のブーケにギンバイカを入れる習慣も合点がいく。植物に込められた寓意を理解することは、少なくとも印象派以前の絵画を読み解く上では欠かせない。

印象派のモネがわざわざ新しい池を掘って水面に浮かべようと思ったスイレンはそれまでヨーロッパで知られていた白いスイレンとは異なる品種のものだった。本書で述べたように、モネは一八八九年のパリ万国博覧会で「色つき」のスイレンを目にし、それにすっかり魅了されてしまったのである。彩色のスイレンはそれまでヨーロッパにはなかったもので、ボルドー近郊の園芸商ラトゥール＝マーリアックが作出した新しい品種のスイレンだった。万国博覧会とジャポニスムといえば、一八六七年のパリ万国博覧会が想起されるが、少なくともモネの《睡蓮》を考えるとき、パリで開催された博覧会としては四回目となる一八八九年のパリ万博の方が決定的に重要なのである。筆者はここに歴史のなかの植物と絵画の幸運なマリアージュを見る。

イギリス東インド会社といえば、一般には紅茶かキャリコと相場が決まっている。しかしながら、バラとも浅からぬ関係にあった。それが証拠に十八世紀から十九世紀にかけて中国から持ち込まれたバラには、東インド会社の筆頭株主をはじめとする大物関係者の名前がつけられた。オールド・ローズからモダン・ローズへ、さらに現代のバラへと連なる道を切り拓いたのは、東インド会社の船舶が運んだ中国原産の四季咲きのバラだった。

中国原産のバラは一旦インドのカルカッタ植物園に持ち込まれ、そこからイギリスに運ばれた。これに関連して、カルカッタ植物園が東インド会社によって創設・管理されていた事実を忘れてはならない。同植物園がベンガル州に所在したところから、中国から持ち込まれたバラは、ベンガル・ローズとも呼ばれた。このいわゆるベンガル・ローズを交配親として、それまで西洋の赤いバラにはなかった鮮やかな赤の品種が誕生するのである。

珍しい植物を探し求めて、人跡未踏の地に分け入ったプラントハンターの中でも、ヒマラヤで多くのシャクナゲを発見したジョゼフ・フッカーは、自分の発見したシャクナゲに自らの採集活動を支えてくれた知人・友人の名前をつけている。それらの人びとは何らかの形でイギリス東インド会社やインド統治に関係していた人物である。シャクナゲの学名から見えてくる人間関係あるいは植民地支配の群像も興味深いものがある。

それにしても、プラントハンターにスコットランド人が多いのには驚かされる。ロブ兄弟はイングランド南西部コーンウォールの出身だが、雇い主のジョン・ヴィーチはスコットランド人で、十八世紀末にスコットランドからイングランド南西部のエクセター近郊に移り住み、ヴィーチ商会を創設した人物である。hardy《ハーディ》とは園芸用語で「耐寒性の」という意味だが、プラントハンターはおしなべて肉体的にも精神的にも強靭な hardy person《ハーディ・パーソン》だった。これもまたケルトの血を引くスコットランド人気質といえるのかもしれない。

植物は歴史と一体どう関わっているのか。植物から見えてくる歴史とはどのようなものなのか。あるいは植物は歴史や絵画と一体どのように繋がるのか。本書がこうしたことに思いをめぐらす一つのきっかけとなってくれれば、筆者としては望外の喜びである。

本書の刊行にあたっては、この度も八坂書房編集部の三宅郁子さんに、一方ならずお世話になった。ご一緒に仕事をするのは、今回で四回目になるが、この度は大部の原稿であるにもかかわらず、丹念にお読みいただき、煩瑣な原稿の整理にもご協力をいただいた。そのうえ、関連する絵画や図版・写真を多数取り揃え、掲載してくださった。感謝の念に堪えない。もとより、本書に誤謬があるとすれば、その責任は一にかかって筆者にあることはいうまでもない。

また、勤務先の大学図書館のスタッフのみなさん、わけても、一読者の立場から、絵画と植物に関連する部分の草稿に目を通してくださった小沢玲子さんに、この場をおかりして、心よりお礼申し上げる。なお、服飾史の文献については、娘・郁子の手を煩わせた。

すでに鬼籍に入られたが、恩師・小室榮一先生と令夫人・小室郁子様に、改めて感謝申し上げる次第である。先生の書斎で、奥様もまじえて過ごしたお茶の時間を懐かしく思い出す。

最後に、今は亡き妻・こずえへ。「いろいろとありがとう。」

二〇一九年八月

遠山茂樹

植物名索引

数字のあとの＊印は関連図版のある頁を示す。

事項索引

数字のあとの＊印は関連図版のある頁を示す。

【ア 行】

【カ 行】

【サ 行】

【マ 行】

主な参考文献

＊各国史の類は割愛した。

【邦文文献】

安部　薫『聖書と花』八坂書房　1992 年
安部　薫『シェイクスピアの花』八坂書房　1997 年
浅田　實『イギリス東インド会社とインド成り金』ミネルヴァ書房　2001 年
伊藤章治『ジャガイモの世界史』中公新書　2008 年
大槻真一郎『プリニウス博物誌〈植物篇〉』八坂書房　2009 年
大槻真一郎『プリニウス博物誌〈植物薬剤篇〉』八坂書房　2009 年
大場秀章『植物学と植物画』八坂書房　1996 年
大場秀章『名画の中の植物』八坂書房　2017 年
加藤憲市『英米文学植物民俗誌』冨山房　1976 年
川崎寿彦『楽園のイングランド』河出書房新社　1991 年
川島昭夫『植物と市民の文化』（世界史リブレット 36）山川出版社　1999 年
木村陽二郎『ナチュラリストの系譜』中公新書　1983 年
草光俊雄・菅　靖子『ヨーロッパの歴史 II』放送大学教育振興会　2015 年
能澤慧子『モードの社会史』有斐閣選書　1991 年
古賀　守『ワインの世界史』中公新書　1975 年
小関　隆「プリムローズの記憶―コメモレイトされるディズレイリー」『人文學報』（京都大学）第 89 巻　2003 年
小林頼子『花のギャラリー　改訂新版』八坂書房　2003 年
小林頼子『花と果実の美術館』八坂書房　2010 年
小林頼子他著、南日育子他訳『チューリップ・ブック』八坂書房　2002 年
酒井伸雄『文明を変えた植物たち　コロンブスが遺した種子』NHK ブックス　2011 年
桜井万里子・橋場　弦『古代オリンピック』岩波新書　2004 年
椎野昌宏・小森谷慧『世界の原種系球根植物 1000』誠文堂新光社　2014 年
椎野昌宏『日本園芸界のパイオニアたち』淡交社　2017 年
澁澤龍彦『フローラ逍遥』平凡社　1996 年
白幡洋三郎『プラントハンター』講談社選書メチエ　1994 年
世界のプリムラ編集委員会『世界のプリムラ』誠文堂新光社　2007 年
高橋健二『ゲーテ詩集』新潮文庫　1951 年
高橋忠彦「中国茶史におけるロバート・フォーチュンの旅行記の意義」『東京学芸大学紀要』第 41 号　1990 年
高畑美代子「イザベラ・バードの通訳兼召使い・イトーについて」『東日本英学史研究』第 8 号　2009 年
武田尚子『チョコレートの世界史』中公新書　2010 年

角山　栄『茶の世界史』中公新書　1980年
遠山茂樹『森と庭園の英国史』文春新書　2002年
遠山茂樹「所謂「カール大帝御料地令」第七十条瞥見」『東北公益文科大学総合研究論集』第15号　2008年
徳井淑子『図説 ヨーロッパ服飾史』河出書房新社　2010年
徳井淑子『黒の服飾史』河出書房新社　2019年
中島俊郎『オックスフォード古書修行』NTT出版　2011年
中野京子『名画の謎　ギリシャ神話篇』文藝春秋　2011年
中野京子『名画の謎　旧約・新約聖書編』文藝春秋　2012年
中尾佐助『花と木の文化史』岩波新書　1986年
中尾真理「薔薇の文化史（その一）」『奈良大学紀要』第38号　2010年
中尾真理「薔薇の文化史（その三）」『奈良大学紀要』第40号　2012年
野間晴雄「東洋の植物を求めて」『東アジア文化交渉研究』（関西大学）別冊4号　2009年
羽田　正『東インド会社とアジアの海』講談社　2007年
浜渦哲雄『大英帝国インド総督列伝』中央公論新社　1999年
バラの系譜編集委員会『オールドローズと現代バラの系譜』誠文堂新光社　2009年
春山行夫『花の文化史』講談社　1980年
深井晃子『ファッションから名画を読む』PHP新書　2009年
深井晃子監修『増補新装カラー版 世界服飾史』美術出版社　2010年
文化服装学院編『改訂版・西洋服装史』文化出版局　2012年
堀田　満代表編集『世界有用植物事典』平凡社　1989年
松下　智『アッサム紅茶文化史』雄山閣　1999年
松田美作子「ルネサンス期エンブレムブックにおける椰子の表象」『成城大学紀要』第4号　2010年
宮下規久朗『モチーフで読む美術史』ちくま文庫　2013年
宮下規久朗『モチーフで読む美術史2』ちくま文庫　2015年
三輪福松『美術の主題物語・神話と聖書』美術出版社　1971年
森　和男『雲南の植物』トンボ出版　2002年
山本紀夫『ジャガイモのきた道』岩波新書　2008年
由水常雄『花の様式　ジャポニズムからアール・ヌーヴォーへ』美術公論社　1984年
吉見俊哉『博覧会の政治学』中公新書　1992年
「特集ラン 甘美なる愛の罠」『ナショナルジオグラフィック』9月号、日経ナショナルジオグラフィック社　2009年
週刊『花百科』講談社　2004-05年
『世界美術大全集』小学館　1988-90年
『ART GALLERY　テーマで見る世界の名画』（全10巻）集英社　2017-18年

【翻訳文献】

アグネス・アーバー著、月川和雄訳『近代植物学の起源』八坂書房　1990年
アリス・M・コーツ著、白幡洋三郎・白幡節子訳『花の西洋史事典』八坂書房　2008年
アリス・M・コーツ著、遠山茂樹訳『プラントハンター 東洋を駆ける』八坂書房　2007年
A・アンダーソン著、竹田雅子訳『花の歴史』八坂書房　1998年
アンドルー・F・スミス著、竹田　円訳『ジャガイモの歴史』原書房　2014年
イザベラ・バード著、高梨健吾訳『日本奥地紀行』平凡社ライブラリー　2003年
ウィルフリッド・ブラント著、森村謙一訳『植物図譜の歴史』八坂書房　1986年
エリカ・ジャニク著、甲斐理恵子訳『リンゴの歴史』原書房　2015年
オウィディウス著、中村善也訳『変身物語』（全2巻）岩波文庫　1981年
オールコック著、山口光朔訳『大君の都』（上・中・下）岩波文庫　1962年
カオリ・オコナー著、大久保庸子訳『パイナップルの歴史』原書房　2015年
ガブリエル・ターギット著、遠山茂樹訳『図説 花と庭園の文化史事典』八坂書房　2014年
キース・トマス著、山内昶監訳『人間と自然界』法政大学出版局　1989年
キャシー・ウイリス・キャロリン・フライ著、川口健夫訳『キューガーデンの植物誌』原書房　2015年
グラディス・テイラー著、栗山節子訳『図説 聖人と花』八坂書房　2013年
クラリッサ・ハイマン著、大間知知子訳『オレンジの歴史』原書房　2016年
ゲーテ著、山崎章甫訳『ヴィルヘルム・マイスターの修行時代』（下）岩波文庫　2003年
サラ・ローズ著、築地誠子訳『紅茶スパイ』原書房　2011年
ジェームズ・ホール著、高階秀爾監修『西洋美術解読事典』河出書房新社　1988年
ジョゼフ・ダルトン・フッカー著、薬師義美訳『ヒマラヤ紀行』白水社　1979年
ジョン・プレスト著、加藤暁子訳『エデンの園』八坂書房　1999年
C・M・スキナー著、垂水雄二・福屋正修訳『花の神話と伝説』八坂書房　1999年
C・レジェ著、高橋達明訳『バラの画家 ルドゥテ』八坂書房　2005年
ダイアナ・ウェルズ著、矢川澄子訳『花の名物語100』大修館書店　1999年
デイヴィッド・E・アレン著、阿部治訳『ナチュラリストの誕生』平凡社　1990年
テオプラストス著、小川洋子訳『植物誌1』京都大学出版会　2008年
テオプラストス著、小川洋子訳『植物誌2』京都大学出版会　2015年
ドロシー・ミドルトン著、佐藤知津子訳『世界を旅した女性たち』八坂書房　2002年
H&A・モルデンケ著、奥本裕昭編訳『聖書の植物事典』八坂書房　2014年
ピエール・ラスロー著、寺町朋子訳『柑橘類《シトラス》の文化誌』一灯社　2010年
ピーター・レイビー著、高田　朔訳『大探検時代の博物学者たち』河出書房新社　2000年
ピーター・コーツ著、安部　薫訳『花の文化史』八坂書房　1978年
ビル・ローズ著、柴田譲治訳『図説 世界史を変えた50の植物』原書房　2012年
ファブリーツィア・ランツァ著、伊藤　綺訳『オリーブの歴史』原書房　2016年
ヘロドトス著、松平千秋訳『歴史』（上）岩波文庫　1971年
マイク・ダッシュ著、明石三世訳『チューリップバブル』文春文庫　2000年

マイケル・シドニー、タイラー＝ホイットル著、白幡洋三郎・白幡節子訳『プラント・ハンター物語』八坂書房　1983 年
マーガレット・フリーマン著、遠山茂樹訳『西洋中世ハーブ事典』八坂書房　2009 年
マルク・ミロン著、竹田　円訳『ワインの歴史』原書房　2015 年
マンフレート・ルルカー著、林　捷訳『シンボルとしての樹木』法政大学出版局　1994 年
リン・バーバー著、高山　宏訳『博物学の黄金時代』国書刊行会　1995 年
レイ・タナヒル著、栗山節子訳『美食のギャラリー』八坂書房　2008 年
ロス・キング著、長井那智子訳『クロード・モネ』亜紀書房　2018 年
ロバート・ハワスリー編著、植松靖夫訳『西洋博物学者列伝』悠書館　2009 年
ロバート・フォーチュン著、三宅　薫訳『幕末日本探訪記』講談社学術文庫　1997 年
W・シヴェルブシュ著、福本義憲訳『楽園・味覚・理性』法政大学出版局　1988 年

【欧文文献】

Arizzoli-Clémentel, P., *Les Jardins de Louis XIV à Versailles: Le chef-d'œuvre de Le Nôtre*, édition Gourcuff Gradenigo, Montreuil, 2009
Axelby, R., 'Calcuta Botanic Garden and the colonial re-ordering of the Indian environment', *Archive of Natural History*, 35 (1), 2008
Barnes, A.,'The first christmas tree', *History Today*, 56, 2006
Bartholomew, D.P., Pall, R.E., Rohrbach, K.G., ed. *The Pineapple: Botany, Production and Uses*, Oxford, 2003
Bleichmar, D., *Visual Voyages*, New Haven and London, 2017
Bradlow,F.R., *Francis Masson's Account of Three Journeys at the Cape of Good Hope 1772-1775*, Cape Town,1994
Bretschneider, E., *History of European Botanical Discoveries in China*, 2 vols.,St. Petersburg, 1898 (Ganesha Publishing, London, 2002)
Campbell-Culver, M., *The Origin of Plants: The People and Plants that have shaped Britain's Garden History since the Year 1000*, London, 2001
Carter, H.B., *Sir Joseph Banks 1743-1820*, London, 1988
Coats, A.M., *The Quest for Plants*, London, 1969
Coats, A.M.,'The Hon. and Rev. Henry Compton, Lord Bishop of London', *Garden History*, 4 (3), 1976
Colins, J.L., *The Pineapple: Botany, Cultivation and Utilization*, London, 1960
Cordon, W. J., 'Robert Fortune, plant collector', *Journal of Horticulture and Cottage Gardener*, New Series 38, 1899
Cowan, J. M. (ed.), *The Journeys and plant Introductions of George Forrest,* Oxford, 1952
Cox, E. H. M., *Plant-hunting in China: A History of Botanical Exploration in China and the Tibetan Marches*, London, 1945
Cox, E. H. M.,'Robert Fortune', *Journal of the Royal Horticultural Society*, 68, 1943
Davidian, H.H.,'History of Rhododendron Introductions from China During the 19th

Century', *Journal of American Rhododendron Society*, 50（1), 1996
Davidson, A., *The Oxford Companion to Food*, Oxford, 2006
Desmond, R., *The European Discovery of Indian Flora*, Oxford,1992
Desmond, R., *Kew, The History of the Royal Botanic Gardens*, The Harvill Press with the Royal Botanic Gardens, Kew, 1995
Douglas, D., *Journal kept by David Douglas during his travels in North America 1823-1827*, London, 1914
Duthie, R., *Florists'Flowers and Societies*, Aylesbury, 1988
Edwards, A., *The Story of the English Garden*, London, 2018
Elliott, B., *Flora: An Illustrated History of The Garden Flower*, London, 2001
Elliot, B., *The Rose*, London, 2016
Farrington, E.I., *Ernest H. Wilson: Plant Hunter*, Boston, 1931
Ferguson, D.K., Lauener, L.A., *The Introduction of Chinese Plants into Europe*, Amsterdam, 1996
Fortune, R., *A Journey to the Tea Countries of China*, London, 1852 (repr., 1987)
Fortune, R., *Three Years' Wandering in the Northern Provinces of China*, London, 1847 (repr., 1987)
Fox, R.L., *Thoughtful Gardening*, London, 2010
Fry, C., *The Plant Hunter*, London, 2009
Hix, J., *The Glasshouse*, London,1996
Hayman, R., *Trees: Woodland and Western Civilization*, London, 2003
Hearly, B. J., *The Plant Hunters*, New York, 1975
Hobhouse, P., *Plants in Garden History*, London, 1992
Holmes, C., *Water Lilies and Bory Latour-Marliac, the genius Monet's Water Lilies*, Woodbridge, 2015
Jellicoe, G., Jellicoe, S., Goode, P. and Lancaster, M.（eds.), *The Oxford Companion to Gardens*, Oxford, 1986
King, G.,'A sketch of the history of Indian botany', *British Association for Advancement of Science*, 69, 1899
Kingsbury, N., *Garden Flora*, Portland, 2016
Lancaster, R., *Plant Hunting in Nepal*, London, 1981
Le Rougetel, H., *A Heritage of Roses*, Keene, 1988
Lemmon, K., *The Golden Age of Plant Hunters*, London, 1968
Logan, T., *The Victorian Parlour*, Cambridge, 2001
Lyte, C., *The Plant Hunters*, London, 1983
Mitchell, A.L., House, S., *David Douglas*, London, 1999
Moore,T., Jackman, G., *Clematis as a Garden Flower*, London, 1872
Musgrave, T., Gardner C., and Musgrave W., *The Plant Hunters: Two hundred years of adventure and discovery around the world*, London, 1998
National Gallery Company, *Dutch Painting*, National Gallery Company,London, 2014
Nisbet, J., *The Collector: David Douglas and the Natural History of the Northwest*, Seattle, 2009

Quest-Riston, C., *The English Garden: A Social History*, New York, 2001
Rackham, O., *Trees and Woodland in British Landscape*, London, revised, 1990
Rackham, O., *Woodlands*, London, 2015
Pepys,S. (author), Latham, R., Matthews,W.G. (editors), *The Diary of Samuel Pepys*,Vol.5 and 7, Oakland, 2000
Shephard, S., Musgrave, T., *Blue Orchid and Big Tree*, Bristol, 2019
Shepherd, W., Cook, W., *Botanic Garden Wellington*, Havelock North, 1989
Silve, S., *Dutch Painting 1600-1800*, New Haven and London,1995
Wells, D., *Lives of the Trees: An Uncommon History*, New York, 2010
Whittingham, S., *The Victorian Fern Craze*, London, 2009
Whittigham, S., *Fern Fever: The Story of Pteridomania*, London, 2012
Woods, M., Warren, A ., *Glass Houses: A History of Greenhouses, Orangeries and Conservatories*, London, 1990

【参照ウェブサイト】

・The American Rhododendron Society, History of Rhododendron Discovery & Culture
https://www.rhodyman.net/rhodyhis.html
・Beeken, K., Primulas and the planthunters
https://www.auriculas.org.uk/Planthunters.htm
・The China（Rose）Revolution
https://www.monticello.org/.../the-china-rose-revolution/
・Cornett, P., Pinks,Gilliflowers,&Carnations
https://www.monticello.org/.../pinks-gilliflowers-carnatio...
・Davidian, H. H., History of Rhododendron Introductions from China during the 19th Century
https://www.rhododendron.org/v50n1p23.htm
・D.A.Boyd, P., Pteridomania-the Victorian passion for ferns
http://www.darwincountry.org/category.php3?trail=1258
・Grant, B., Marigold Flowers throughout Time
https://blog.gardeningknowhow.com/.../marigold-flowers-thro
・Haynes, J., History of Roses
https://fliphtml5.com/panp/jgzq/basic
・Harrison, N., A Brief History of the English Rose
https://www.historyextra.com > ... > Ancient Egypt
・Higson, H., The History and Legacy of the China Rose
https://www.quarryhillbg.org/page14.html
・Histoire—Latour-Marliac
https://latour-marliac.com/fr/content/category/4-histoire
・History of Rose
https://www.countrygardenroses.co.uk/...us/history-of-the-rose
・History of Rhododendron Discovery&Culture,The American Rhododendron Society

https://www.rhodyman.net/rhodyhis.html
・Howells, J., A Breif History of Clematis
https://www.howellsonclematis.co.uk/Pages/Clematis.html
・'James Hector' in Dictionay of New Zealand Biography
https://www.teara.govt.nz/en/biographies/1h15/hector-james
・Kew church monuments
https://www.speel.me.uk/chlondon/kewch.htm
・Livins, H., Social History of The Pineapple
https://www.levins.com/pineapple.html
・Lyus, S., Liverpool Botanic Gardens
https://www.merseysidermagazine.com/.../liverpool-botanic-gardens
・Marigolds : History and Culture
https://www.slideshare.net/.../marigolds-history-and-culture
・McHugh , K., Orchids: A Brief History of the Fascinating and Beautiful Plant
https://dengarden.com › Gardening › Flower
・National Sunflower Association, History of the Amazing Sunflower.
https://www.sunflowernsa.com/all-about/history/
・Nobel, C., Clematis on the Web
https://www.clematis.hull.ac.uk/new-clemnamedetail.cfm?dbke...
・Oliver, F.W. (ed.), Makers of British botany
https://www.biodiversitylibrary.org/bibliography/1365
・Ornduff, R., A Botanist View of the Big Tree
https://www.fs.fed.us/psw/.../psw_gtr151_04_ornduff.pd...
・Oxford Dictionary of National Biography Online
https://www.oxforddnb.com
・Oxford University Plants 400: Plant list - BRAHMS Onli
https://herbaria.plants.ox.ac.uk/bol/plants400/Profiles
・Plant Explorers.com
https://www.plantexplorers.com/
・Roxburgh's Flora Indica-Royal Botanic Garden, Kew
https://apps.kew.org/floraindica/home.do
・The Scottish Thistle
https://www.scottish-at-heart.com/scottish-thistle.html
・Types of Coniferous Woodland
https://www.countrysideinfo.co.uk/woodland_manage/conifer.htm
・The Victorian Web
https://www.victorianweb.org/
・Willis, K., Fry, C., How orchids become Britain's favorite flower
https://www.telegraph.co.uk/.../How-orchids-became-Bri...

＊以上のウェブサイトについては、2019 年 8 月 14 日に再度閲覧・点検をおこなった。

著者紹介
遠山茂樹（とおやま しげき）
1953年宮城県生まれ。早稲田大学教育学部卒業、明治大学大学院文学研究科西洋史学専攻博士後期課程単位取得退学。明治大学、玉川大学、千葉大学などの非常勤講師を経て、2001年より東北公益文科大学教授。現在、東北公益文科大学名誉教授。
著書：『森と庭園の英国史』（文春新書）
　　　『中世ヨーロッパを生きる』（共著、東京大学出版会）
訳書：A. M. コーツ『プラントハンター 東洋を駆ける〈増補版〉』、
　　　M. B. フリーマン『西洋中世ハーブ事典』、
　　　G. ターギット『図説 花と庭園の文化史事典』
　　　（ともに八坂書房）

歴史の中の植物 花と樹木のヨーロッパ史

2019年 9月10日 初版第1刷発行
2022年 2月25日 初版第2刷発行

著　者　遠山茂樹
発行者　八坂立人
印刷・製本　シナノ書籍印刷(株)

発行所　(株)八坂書房
〒101-0064 東京都千代田区神田猿楽町1-4-11
TEL.03-3293-7975 FAX.03-3293-7977
URL: http://www.yasakashobo.co.jp

ISBN 978-4-89694-265-1